# 气泡毁伤动力学

宗　智　张　弩　李章锐　著

科　学　出　版　社

北　京

## 内 容 简 介

水下爆炸对舰船构成了最严重的威胁。与空气中爆炸不同的是，除了冲击波，水下爆炸还产生威力巨大的气泡，可以造成舰船整体的折断。“二战”以来，气泡毁伤受到高度重视，成为一种重要的击毁舰船的模式。过去半个世纪见证了气泡毁伤数值方法的快速发展。

本书介绍了气泡毁伤的基本动力学过程以及相应的数值方法，可供水中兵器、舰船和计算力学专业的研究人员以及研究生参考。


**图书在版编目(CIP)数据**

气泡毁伤动力学/宗智，张弩，李章锐著. —北京：科学出版社，2021.6

ISBN 978-7-03-068707-4

Ⅰ. ①气… Ⅱ. ①宗…②张…③李… Ⅲ.①气泡动力学 Ⅳ.①O362

中国版本图书馆 CIP 数据核字（2021）第 079802 号

责任编辑：刘凤娟 赵 颖／责任校对：杨 然

责任印制：吴兆东／封面设计：无极书装

科学出版社 出版

北京东黄城根北街 16 号

邮政编码：100717

http://www.sciencep.com

北京科印技术咨询服务有限公司数码印刷分部印刷

科学出版社发行 各地新华书店经销

*

2021 年 6 月第 一 版 开本：720×1000 1/16

2025 年 2 月第三次印刷 印张：15 3/4

字数：309 000

**定价：119.00 元**

（如有印装质量问题，我社负责调换）

# 序　言

第二次世界大战 (简称二战)，特别是太平洋战争，暴露了早期海军发展的盲点，带来了战后海军在发展范式上的迅速变化。二战海战证明了水下打击威力远大于空中打击威力和舰载武备 (水面) 的打击威力，因此水下爆炸领域得以快速发展。舰艇的防护从水上转移到水下，大型战列舰被迅速淘汰，代之而起的是高强度钢材料和新型结构形式的广泛应用。

水下打击中非接触 (Standoff) 爆炸比接触 (Contact) 爆炸威力更大，其原因在于非接触爆炸产生的气泡脉动压力可以造成船体的整体毁伤折断，直至沉没。因此，二战后，水下爆炸气泡毁伤的研究得到各海军强国的高度重视。特别是发展气泡毁伤的数值计算方法，成为该领域中最重要的进展；代表成果是美国洛斯 · 阿拉莫斯国家实验室开发的水下冲击分析 (Underwater Shock Analysis, USA) 软件。该软件分为水下冲击波和气泡脉动载荷及对船体结构冲击响应的计算预报两部分，并用于美国新型驱逐舰 DDG 系列的设计。

气泡毁伤提供了一种新的毁伤模式，可能为水中兵器的设计提供新的理念、为舰船抗爆设计提出新的要求。根据联合调查组的报告，2010 年“天安号”被炸沉事件中主要的毁伤机理就是气泡载荷。

气泡毁伤是一个复杂的流固耦合动力过程。气泡脉动的过程中不但会发生大小的变化，还可能产生流体区域的拓扑变化，给数值计算造成了严重的挑战。流体脉动的周期和结构自身的动力特性持续时间跨度大，造成流固耦合困难。该书中，介绍了可变拓扑边界元法和气泡结构全耦合的计算方法，结合有限元，有效地解决了气泡毁伤的计算困难，成功地应用于实船实验预报。

目前，还缺少专门专著阐述气泡毁伤的问题。该专著的出版，有利于从事水中兵器、舰艇抗爆的设计者以及有关的研究者深入探讨气泡动力学及其毁伤效果的数值计算方法；有利于促进力学成果向工程的转化，吸引更多的年轻研究者加入该领域的研究。

方岱宁

2020 年 3 月

# 前　言

水下爆炸气泡脉动是水下爆炸特有的一种现象。

高能炸药在水中爆炸后，产生高温高压气团。该气团首先在水中产生冲击波。冲击波以大于声速的速度很快传播出去。冲击波后面的气团，则在内部高压驱动下，以大约几十米每秒的速度迅速膨胀至原半径的十几倍甚至更大，内部压力随之迅速降低，形成近乎真空的气泡。此时，由于内部压力低于外部环境静水压力，气泡停止膨胀，开始收缩，收缩速度也越来越快，直至气泡半径和初始气泡半径相当。此时，内部气体由于体积几百倍地收缩，形成高压，向水中释放。同时内部的高压又迫使气泡反弹，开始第二次膨胀。这个过程就是气泡的脉动。在有利的情况下，实验中可以观察到十几次的气泡脉动。

气泡半径最小时产生的压力可以高达兆帕级，持续时间达到几百毫秒。由于船体梁低阶固有周期大约几百毫秒，与气泡脉动周期相近，因此，气泡脉动可以激起附近船体梁的振动响应，造成船体总体毁伤。与水中冲击波相比，非接触爆炸产生的气泡引起船体结构的毁伤以总体毁伤为主，特点是整个船体拦腰折断，船体沉没水中。而冲击波引起的毁伤以局部结构毁伤为主，不一定能引起船体沉没。因此，对于非接触水下爆炸，气泡毁伤可能造成更严重的后果。所以，自从二战中人们意识到气泡毁伤效果后，就致力于建立气泡载荷作用下舰船结构的动态响应力学模型，并对气泡毁伤进行预报。最重要的理论进展是 Hicks 于 1986 年发表的气泡载荷作用下船体梁鞭状响应数学模型，建立了船体结构气泡毁伤动力学的基本分析方法。21 世纪初商业软件的普及，大大促进了这个领域的进展。

气泡毁伤提供了一种新的毁伤模式，可能为水中兵器的设计提供新的理念。最近的实例就是 2010 年“天安号”被炸沉事件。根据联合调查组的结论，其主要的毁伤机理就是气泡载荷。因此，气泡毁伤对于军舰的抗冲击设计，或者对于水中兵器的爆炸威力评估都具有不可或缺的重要作用。尽管如此，迄今却没有一本专门的著作来介绍船体气泡毁伤的工作，本书目的就是介绍这方面的研究，为从事这个领域的研究者提供基本的理论和计算方法。同时，气泡动力学作为流体力学的一个研究方向，本书也为气泡动力学在工程中的应用提供实例和背景。

本书在内容上大致分为三部分。第一部分 (第 1 章) 是对水下爆炸现象和船体结构毁伤效应的简单介绍。第二部分 (第 2~5 章) 介绍球形气泡动力学建模及其计算。着重介绍气泡作用下船体结构的水弹性响应、刚体运动、水弹塑性响应和三维全船结构的动态响应建模以及数值方法，揭示舰船结构在气泡脉动载荷作用下的一些响应机理和特征。一般来讲，在靠近固壁或者自由表面时，由于受到不均匀流体力的作用，气泡不再保持球形，而是向一方塌陷，甚至形成射流。因此，第三部分 (第 6~10 章) 介绍非球形气泡动力学的计算方法以及和结构的作用。

感谢国家自然科学基金面上项目 (51679037) 和国家自然科学基金重点项目 (51639003) 的资助。感谢为本书做出贡献的所有人。限于作者水平有限，书中不足之处在所难免，恳请读者批评指正。

宗　智

2020 年 7 月 22 日于大连

# 目　录

## 第三部分: 非球形气泡毁伤

# 第一部分　概　　述

# 第 1 章　水下爆炸现象和结构毁伤效应

水下爆炸指的是在水中很小区域内大量能量 (爆源) 突然释放的过程 [1,2]。其实质是水下含能固体 (如炸药) 或者液体 (如液化天然气) 在极短的时间内变为高温高压气体的过程。

实现水下爆炸最简单的方法就是在水下引爆高能炸药 (如三硝基甲苯炸药，简称 TNT 炸药)。2010 年 3 月 26 日，韩国海军导弹护卫舰 “天安号” 在黄海白翎岛西南方附近海域因遭受鱼雷袭击，发生水下爆炸事故而沉没。根据韩国地质资源研究院的分析报告，该次水下爆炸威力相当于 260kg TNT 炸药 [3]。水下爆炸也可以自然发生。甲烷在 −182.5℃下呈固态 (可燃冰)，许多海域的海底存储有大量的固体甲烷晶体。甲烷的沸点是 −161.5℃，一旦遇到常温的水，甲烷晶体就会瞬间气化，形成高压气体。2010 年 4 月 20 日晚位于墨西哥湾的“深水地平线”钻井平台起火爆炸，造成 7 人重伤、至少 11 人失踪。事故的原因是深海钻井平台作业时在海底碰到甲烷晶体，接触海水的甲烷晶体瞬间变成甲烷气泡。这些甲烷气泡从钻杆底部高压处上升到低压处，突破数处安全屏障，涌向一处有易燃物的房间，并在那里发生第一起爆炸，随后发生一系列爆炸，点燃了冒上来的原油，造成美国历史上最严重的生态灾难 [4]。

## 1.1　水下爆炸的物理现象

在一定深度下实施的水中爆炸与周围的水介质相互作用 (图 1.1(a))，主要可以分为：① 炸药的爆轰波阶段，此时化学反应将固体炸药转化为高温高压气体，爆轰波压力峰值高达 $10^9$Pa，持续时间微秒级，见图 1.1(b)。② 冲击波阶段，当爆轰波从爆心传播到炸药和水介质交界面后 (图 1.1(c))，周围流体速度迅速增大，并产生巨大的惯性载荷，在水中形成冲击波向外传播，见图 1.1(d)，此时压力峰值大约 $10^9$Pa，持续时间毫秒级；冲击波在自由水面和结构的作用下还可能产生空化，造成二次加载。③ 气泡脉动阶段，冲击波后面的高温高压气体形成的气泡，产生脉动和上浮 (迁移)，见图 1.1(e)、(f)，这一阶段的明显特征是达到的压力峰值较冲击波的压力峰值低，但持续时间长，约为几百毫秒。

下面详细介绍冲击波、气泡，对爆轰波不做介绍，有兴趣的读者可参阅 Cole 的经典著作 [1]。

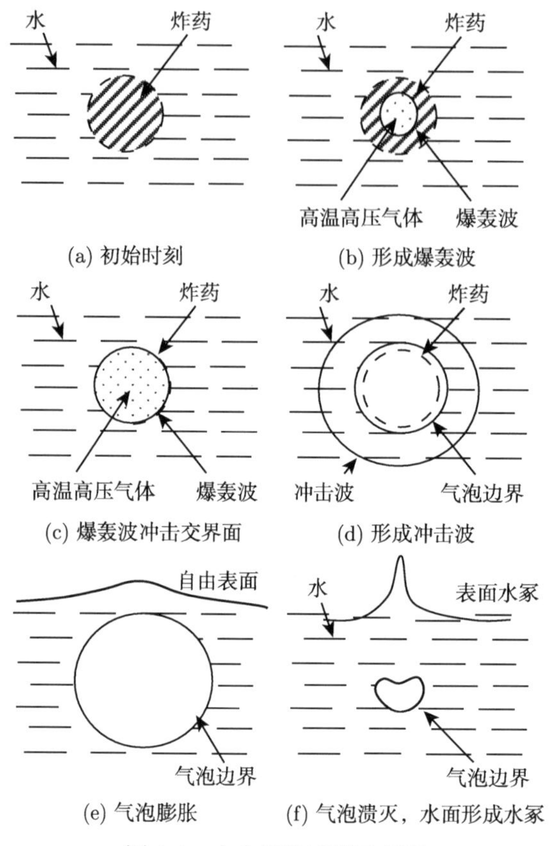


图 1.1　水中爆炸过程示意图

### 1.1.1　冲击波

水下爆炸把含能固体或者液体迅速转化成高温高压气体。如果是化学反应，气泡内的温度可高达 3000℃，压力高达 50000atm*。图 1.1(c) 所示的是爆轰波撞击药包的最外层。由于爆轰波初始压力非常大，爆轰产物 (气体) 就会突然膨胀，压缩药包周围的水介质，在水中产生冲击波。冲击波由两部分构成：波前和波尾。波前是一个压力间断面，压力突然升起；波尾变化复杂，刚开始时，波尾中压力近似为指数衰减，在后半部，压力尽管衰减较慢，但是已经变得不重要了。冲击波在水中的传播速度快于后续的气泡膨胀速度，离开药包后基本上沿径向向外传播。除了在爆炸点附近，冲击波基本上可以用一个声学球形波来近似，亦即随着波的传播，压力峰值的衰减比声学衰减 (和距离的倒数成正比) 稍微快一些，冲击波传播的速度 (大约 1500m/s) 比水中声波稍微快一些。图 1.2 拍摄的是 3g TNT 炸药在水中产生的冲击波图像，图中可以清晰地看到冲击波 [5]。

* 1atm $=1.01325\times10^5$Pa。

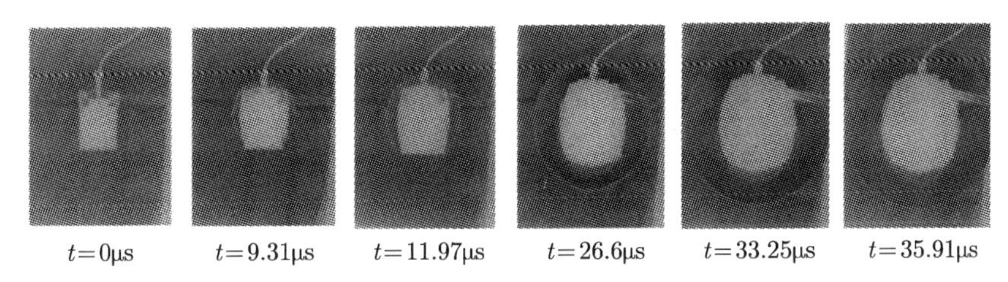


图 1.2 3g TNT 炸药在水中爆炸时拍摄的冲击波 [5]

### 1.1.2 气泡脉动和迁移

在形成初始冲击波的同时，爆炸气体产物开始膨胀，以气泡的形式推动周围的水运动。气泡的压力随着膨胀而不断减小，当降到周围环境压力时，气泡由于惯性继续膨胀，一直到最大半径。这时，气泡内的压力最小，且低于周围环境压力。周围的水开始反向运动，压缩气泡，使气泡不断收缩至最小；此时气泡内部压力又高于周围环境压力，气泡开始再次膨胀，产生第二个向外传播的波。一旦气泡再次膨胀到最大半径又开始收缩。相同的膨胀收缩过程可以重复很多次。这个过程通常称为气泡脉动过程。在气泡脉动过程中，由于浮力作用，气泡逐渐上升 (迁移)。气泡膨胀时，阻力大，上升缓慢；而气泡压缩时，阻力小，上升较快。图 1.3 所示的是 4.5g PETN 炸药 (太恩炸药或季戊四醇四硝酸酯炸药) 爆炸产生的气泡脉动和迁移过程 [6]。

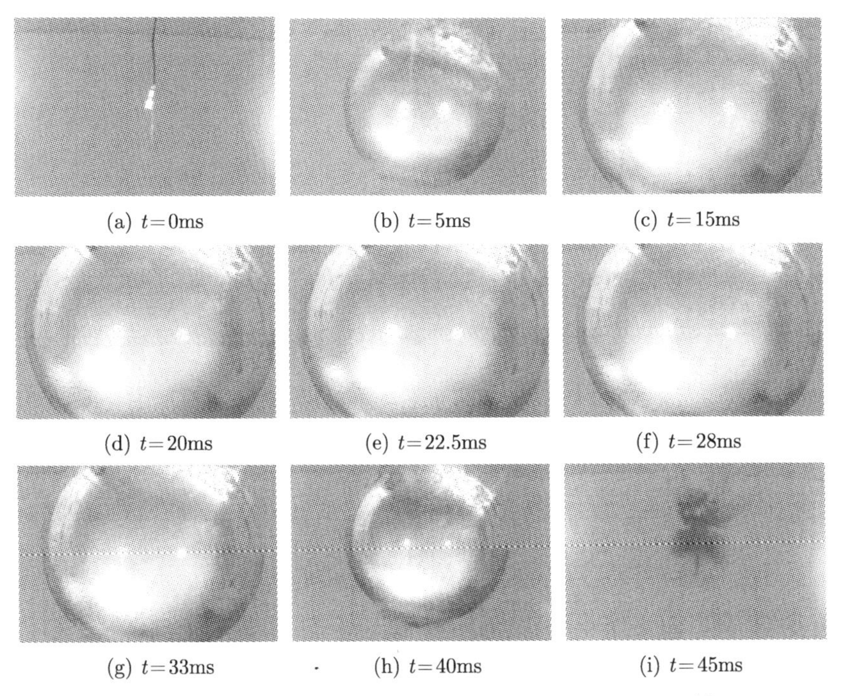


图 1.3 气泡脉动和迁移过程图像 (4.5g PETN 炸药) [6]

爆炸产物在水中的膨胀过程仍然近似为球形。气泡在开始膨胀阶段体积变化较快；而当气泡快膨胀到最大时，气泡表面径向速度较低且持续时间较长；当气泡收缩到最小时，可以从图像上很清晰地看到气泡底部的爆炸产物随着气泡表面的收缩而迅速卷入气泡内部的过程 [6]。

图 1.4(a) 形象地描述了压力变化过程和气泡脉动迁移过程 [1,2]。第一次气泡脉动后，气泡内的剩余能量只有初始能量的 7%左右，因此一般在研究气泡脉动对舰船的毁伤效应时只关注第一次气泡脉动。冲击波和气泡在传播过程中携带不同的能量，冲击波大约占 53%的能量，而气泡占 47%。在传播过程中，冲击波损失约 20%的能量；而气泡第一次膨胀、收缩过程损失约 13%的能量，有 17%的能量会在气泡被压到最小时散失，剩下的用于产生第二次的压力波。图 1.4(b) 给出一个具体实例：在自由水面下 15m 处，135kg TNT 炸药爆炸时，距爆炸中心 18m 处观测点的压力时间曲线 [1]。冲击波压力峰值是气泡压力峰值的 22 倍，持续时间只有几毫秒。气泡脉动载荷持续的时间约为 100ms。

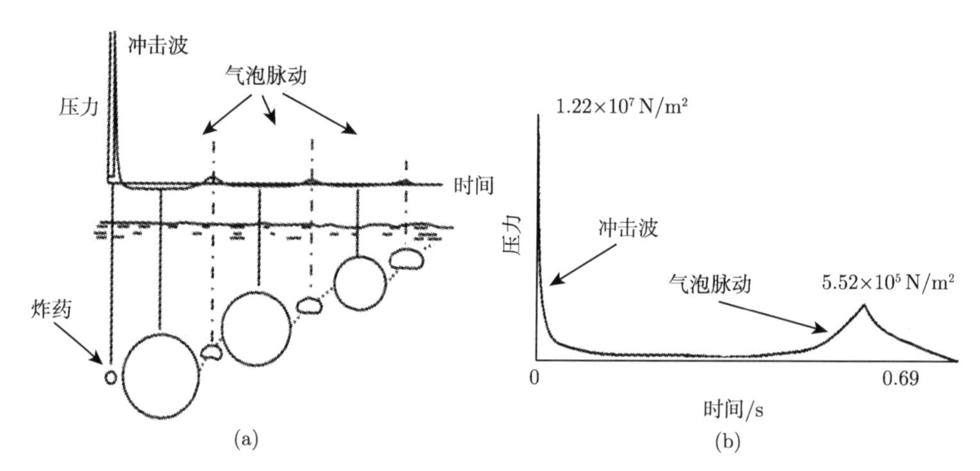


图 1.4 压力变化过程和气泡脉动迁移过程 [7] (a) 及 135kg TNT 炸药距爆炸中心 18m 处观测点的压力时间曲线 (b) [1,2]

图 1.5 解释了典型水下爆炸的主要边界 [2]，其中横坐标是径向位移，纵坐标是时间。图中阴影 $OO'M$ 表示的是炸药。起爆发生在炸药原点 $O$。爆轰波以常速度沿 $OO'$ 在炸药中传播；同时在爆轰波的后面，边界 $OA'$ 把高压区和低压区区别开来。当爆轰波到达炸药外壳 $O'$ 点后，一部分爆轰波继续向周围水介质传播，形成水中冲击波 $O'D$，另外一部分被水–气界面反射，形成向内的稀疏波 $O'A'$。反应物气体和周围介质水的交界面则沿着 $O'C$ 以较慢的速度膨胀，这就是气泡。气泡在膨胀过程中，向内同样会形成稀疏波 $O'B$。但是，我们通常不考虑这个波，而简单地把气泡内气体当成是均匀分布的。

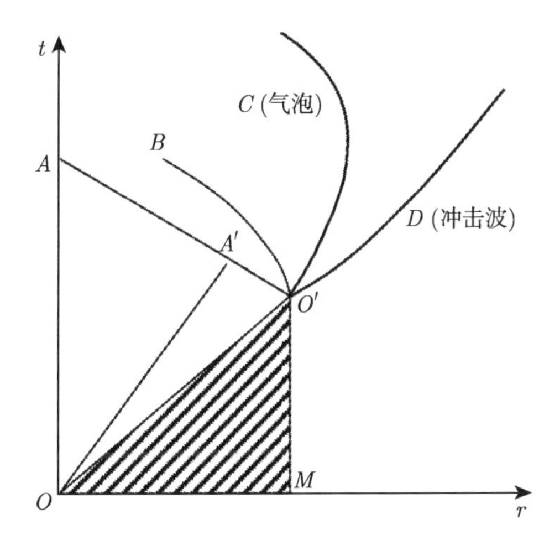


图 1.5 水下爆炸边界示意图 (图中阴影为炸药)

## 1.2 气泡毁伤

海战中交战双方关心的核心问题是: 多少炸药可以炸沉一艘战舰。诸多因素影响该问题的答案，包括武备 (机枪、导弹、火炮等)、目标船的大小、炸药的爆炸位置等。结合第二次世界大战 (简称二战) 的部分数据和近年国外军演的数据，我们对这个问题做了简浅的分析，发现重要的影响参数有三个。尽管数据非常有限，但是结论却异常清晰，叙述如下。我们尽可能选取比较确定的信息，比如，鱼雷攻击后，引爆目标船的弹药库爆炸，属于次生灾害造成的沉没。再比如，明显的设计缺陷造成的沉没，不计入分析中。所用的数据和照片都是网上公开的，版权均属于发布者。

### 1.2.1 排水量和炸药的关系

图 1.6 所示是大型军舰排水量和 TNT 当量的关系。纵坐标是 TNT 当量的自然对数，单位是千磅 *。横坐标是被击沉军舰的排水量，单位是千吨。数据取自美国 [7](实黑三角形符号)、日本 [8](钻石形符号) 和英国 [9](黑圆形符号) 二战中的数据。空三角形符号表示的是澳大利亚 [10] 近年的军演结果。

该图的最大特征是存在四个区域。第一区域是排水量介于 1 千吨到 1 万吨之间，TNT 当量 1~2 千磅；第二个区域排水量位于 1 万吨到 3 万吨之间，TNT 当量 2~5 千磅；第三区域排水量增加到 3 万吨到 5 万吨，TNT 当量集中在 5 千磅。第四区域是 6 万吨级排水量，TNT 当量变化较大。该区域的船只只找到四艘，

* 1 磅 = 0.453592 千克。

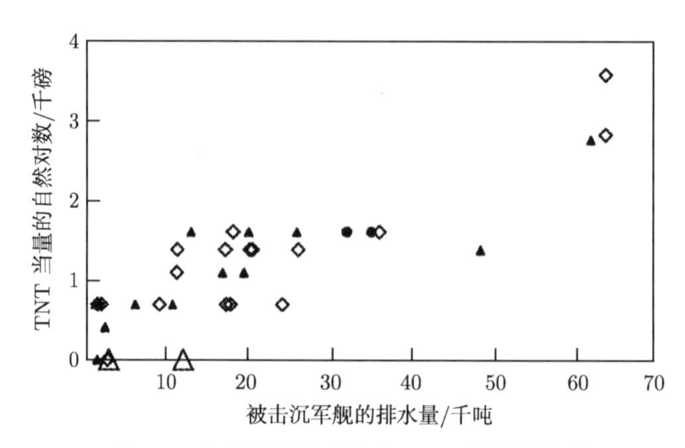


图 1.6　大型军舰排水量和 TNT 当量的关系

纵轴是 TNT 当量的自然对数。钻石形符号代表日本的军舰，实黑三角形符号代表美国军舰，黑圆形符号是英国军舰，空三角形符号是澳大利亚近年军演的结果

其中日本 Shinano 号航母由于重大的设计缺陷，被四发鱼雷击沉，此处剔除。图中的三艘 6 万吨航母，TNT 当量都接近或者超过 2 万磅 (1 万千克)。它们分别是美国 2005 年军演击沉的 America 号、二战中日本的 Yamato 号 (11 发炸弹 +6 发鱼雷) 及 Musashi 号战列舰 (19 发鱼雷 +17 发炸弹)。

第一区域以驱逐舰和轻型巡洋舰为主。无论二战，还是近年军演，都证明它们很容易被 1~2 发鱼雷击沉，千吨级军舰抵抗水下爆炸的能力很弱。

第二区域以重型巡洋舰和轻型航母为主。从毁伤角度来讲，需要的 TNT 药量突然增加。该区域 TNT 当量存在较大的变化，说明船体结构的变化和爆炸位置影响较大。

第三区域是航母区，TNT 当量集中在 5 千磅，体现了毁伤的难度急剧增加，结构的细节和爆炸位置反而不重要了。

第四区域是超级航母区 (6 万吨级)。无论是二战，还是近年军演，都表明超大型船 (超级航母) 极难击沉，大约需要 20 千磅 (约 1 万千克) TNT 当量的炸药。考虑到现有鱼雷或者导弹的药量有限，表明在现代战争中，单靠增加药量击沉一艘超级航母几乎是不可能的。

### 1.2.2　空中打击与水下打击

除了吨位，爆炸的位置对毁伤效果也有重要的影响，甚至决定海战的模式。

二战中，美国海军共有 93 起沉船事件，包括 2 艘战列舰 (BB)、4 艘舰队航母 (CV)、1 艘轻航母 (CVL)、6 艘护卫航母 (CVE)、7 艘重型巡洋舰 (CA)、3 艘轻型防空巡洋舰 (CL 或者 CLAA)、60 艘驱逐舰 (DD)、9 艘护卫舰 (DE)，还有 1 艘轻型防空巡洋舰被炮弹击中毁坏后，被美军用炸药炸沉。以上 93 起沉船事件中，48

起和鱼雷有关，占比约 52%，如表 1.1 所示 [7]。

**表 1.1 二战美军沉没军舰统计**

| 沉没原因 | 艘数 | 百分比/% |
|---|---|---|
| 鱼雷 | 38 | 40.86 |
| 自杀飞机 (神风) | 16 | 17.20 |
| 炸弹 | 12 | 12.90 |
| 炮火 | 11 | 11.83 |
| 鱼雷 + 炮火 | 6 | 6.45 |
| 水雷 | 5 | 5.38 |
| 鱼雷 + 炸弹 | 4 | 4.30 |
| 炸弹 + 炮火 | 1 | 1.08 |

表 1.2 只列出了表 1.1 中 23 艘被击沉的大型主力舰 (战列舰、航母、巡洋舰)，其中有 17 艘和鱼雷有关 (约 74%)。战列舰和航母则 100% 是鱼雷炸沉的。即使是炮弹击沉的 2 艘战舰，也是击中了水线以下，其中 1 艘是 (CA 34) 重型巡洋舰 Astoria 号 (1942 年 8 月 9 日在萨沃岛战役中沉没)，它至少中了 8in*和 5in 炮弹的 65 次打击，其中 5in 炮弹都击中水线以下。另外 1 艘是航母冈比亚湾号 (CVE 73)(1944 年 10 月 25 日在萨马尔战役中沉没)，被击中 26 次。两枚炮弹穿透水线下外壳，并在前机房和后机舱爆炸。

**表 1.2 二战大型美国军舰沉没原因统计**

| 沉没原因 | 艘数 | 百分比/% |
|---|---|---|
| 鱼雷 | 10 | 43.5 |
| 鱼雷和炮火 | 4 | 17.4 |
| 炸弹和鱼雷 | 3 | 13.0 |
| 自杀飞机 | 3 | 13.0 |
| 炮弹 | 2 | 8.7 |
| 炸弹 | 1 | 4.3 |

没有发现炮弹击沉 3000 吨以上军舰的记录，说明舰载火炮在大型海战中不具有毁伤力。

考虑到二战中炸弹和鱼雷的 TNT 当量是相当的，甚至更大，那么以上数据说明，对于大型目标船，空中打击和水面打击已经丧失了优势，从而转向更有效的水下打击。这也解释了为什么二战后战列舰被迅速淘汰。战列舰是陆地装甲思维在海上的延伸。水线以上披背重甲的战列舰，水下却是薄弱环节。另外，水几乎是不可压介质，水下爆炸产生的威力比空气中大得多。

---

* 1in = 2.54cm。

近年的海上军演也证实了以上的观察。在 2000 年环太平洋演习中的导弹射击演习，前美国 Buchanan (DDG-14) 号导弹驱逐舰 (满载 4526 吨，1962 年服役)，受到三发“地狱火”导弹、三发反舰导弹、一发 2400 磅激光制导炸弹的打击，竟没沉没，说明空中打击效果不佳。退役的 Gen. Hugh J. Gaffey (AP-121) 号是满载 20120 吨的运输船，于 1944 年服役，被 13 发炮弹击中 9h 后才沉没。最显著的就是 America 号航母在 2005 年军演中的沉船试验。经过一个多月的空中和水下打击，仍然不沉，直到最后使用内爆的方法，才将该船炸沉。上面数据说明，二战后新设计的军舰，抗爆能力显著提高。

一般来讲，水面爆炸威力大约是空中爆炸威力的四倍；而水下爆炸威力大约是空中爆炸的十倍。

### 1.2.3 接触爆炸转向非接触爆炸毁伤模式

二战中的主导毁伤模式是接触爆炸。无论是鱼雷还是炸弹，都是直接到达船体，穿透钢板，在内部爆炸。二战后设计的战舰大大提高了军舰的破舱稳性，于是一两个舱破坏，已经足以使舰船沉没。水下接触爆炸逐渐被水下非接触爆炸所替代。

非接触爆炸的好处是除了利用水中冲击波外，还可以充分利用气泡产生的毁伤效果。冲击波和气泡的联合作用会产生令人惊奇的毁伤效果。

澳大利亚皇家 Torrens (排水量 2700 吨) 在 1999 年 6 月 14 日军演中，被一发 Mark 48 Mod 4 鱼雷击沉 (图 1.7)。其船尾部分在鱼雷击中后迅速沉没，但它的船头仍然浮在水面上，经过了一段时间才沉没。

这次军演中，鱼雷战斗部 TNT 当量大约是 1200 磅 (约 544 千克)。非接触爆炸距离合适时，冲击波首先使船体构件 (板架、加强筋等) 产生破坏，降低剖面模数，从而降低船体总体强度；继之气泡迅速膨胀，和冲击波联合作用，迫使船体梁产生中拱 (图 1.7(a))；膨胀后的气泡内部压力很低，产生向下的吸引力，使船体中垂，产生塑性铰 (图 1.7(b))；气泡溃灭，在水中产生一个巨大的二次加载，使船体梁发生中拱 (图 1.7(c))；溃灭后气泡再一次膨胀，产生低压，船体梁再一次发生中垂 (图 1.7(d))；中垂的船体梁在塑性铰处发生断裂，分成两段 (图 1.7(e)，(f))，直至沉没。冲击波只在最初的 10ms 起作用，上述的毁伤模式显然是气泡为主造成的。气泡毁伤可以造成船体梁的整体折断，要比接触爆炸毁伤效果好得多。

在 2012 年环太平洋演习 (RIMPAC) 的沉船演习中，澳大利亚海军使用一枚 Mark 48 鱼雷 (TNT 当量 1200 磅)，击中美国退役舰基拉韦亚 (Kilauea，排水量 12106 吨) 号，击中后旋即断成两节 (图 1.8)，大约 40min 后沉没 [10]。

(a) 冲击波和气泡膨胀使船体中拱

(b) 气泡膨胀时内部低压对船体产生向下的吸力

(c) 溃灭气泡产生向上的冲击力

(d) 船体再次发生中垂，可见塑性铰

(e) 塑性铰的强度丧失

(f) 船体在塑性铰处断裂

图 1.7 船体在水下爆炸作用下发生折断沉没 [10]

(a)

(b)

图 1.8 在 2012 年环太平洋演习 (RIMPAC) 中被炸沉军舰 (一艘)

我们注意到，两次爆炸目标船的排水量相差 1 万吨；因此气泡毁伤直至 1 万吨级是有效的。这两次试验用空三角形符号标在图 1.6 中。从 TNT 当量来看，这两次试验位于图的最下端，表明非接触爆炸毁伤效果，特别是气泡毁伤效果显著。

图 1.9 显示的是 2018 年 6 月 11 日土耳其海军在鱼雷发射演习中击沉一艘 4000 吨退役海军油轮。很显然，这也是因为总体失效，造成塑性较处的折断。

图 1.9 2018 年 6 月 11 日土耳其海军在鱼雷发射演习中击沉一艘 4000 吨退役海军油轮。军演中使用了 533mm 鱼雷 SST-4 Mod 0。油轮被炸成两截后沉没 [11]

图 1.10 显示的是二战后进行的潜艇水面爆炸试验。同样，我们观测到了总体的失效模式。

前述海上试验证明了气泡毁伤模式的有效性。

(a) 冲击波和气泡膨胀使船体中拱

(b) 气泡膨胀时内部低压对船体产生向下的吸力

(c) 溃灭气泡产生向上的冲击力

(d) 船体再次发生中垂，可见塑性较

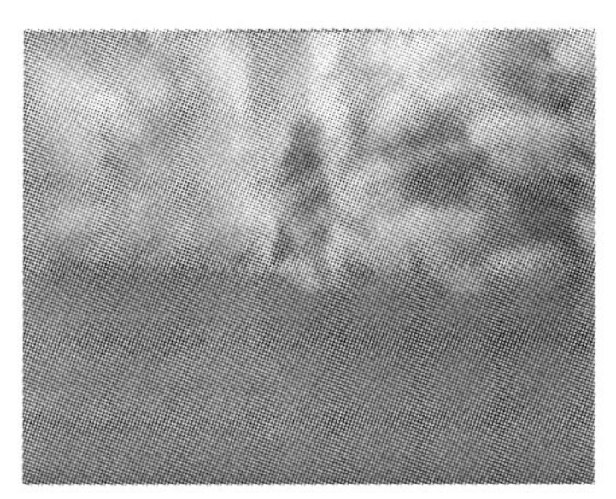

(e) 塑性铰的强度丧失

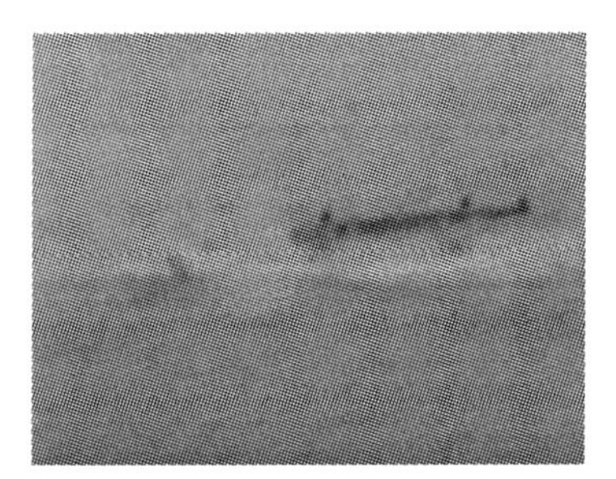

(f) 船体在塑性铰处断裂

图 1.10 潜艇气泡毁伤照片 [12] 可以看到明显的中拱

### 1.2.4 气泡毁伤模式

接触爆炸毁伤的特点是产生局部毁伤，然后船体进水造成船体的沉没。而非接触爆炸不同，一般情况下，非接触爆炸不能造成穿孔。非接触水下爆炸发生时，首先作用在船体上的是冲击波。冲击波持续时间短，主要造成船体局部结构 (板、板架等) 的塑性变形，如图 1.11 所示。

(a) 内凹

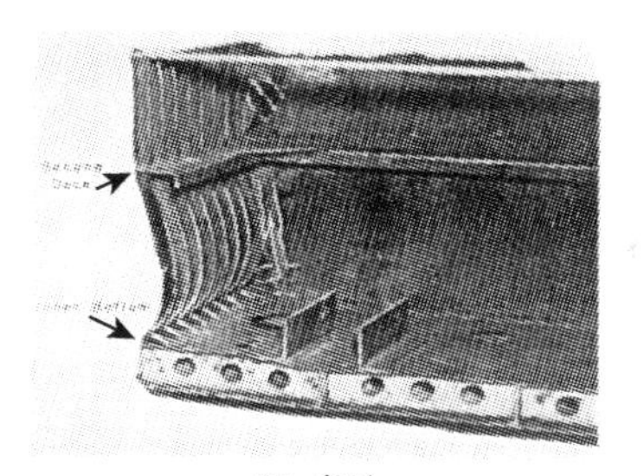

(b) 瘦马

图 1.11 冲击波造成的船体局部结构的毁伤 [2]

冲击波过后，气泡的作用力才作用到船体上。气泡的脉动频率和船体梁的低阶频率接近，通过船体梁的大幅振动产生屈服，形成塑性铰，直至断裂 (图 1.7)。它直接造成船体梁拦腰折断而沉没。因此，气泡毁伤的显著特点是形成塑性铰和折断。从图 1.7 中可以看出这种毁伤模式比接触爆炸的毁伤效果有效得多。

气泡毁伤并不是说冲击波毁伤不重要。这样的区分是为了研究方便，也是强调气泡毁伤的重要性。二战中明显地忽略了气泡的作用。作为一种突破二战毁伤模式的新机理，气泡毁伤值得关注和研究。

针对如上问题，本书主要就非接触爆炸中的气泡载荷及船体结构在气泡载荷作用下的动态响应进行研究，通过建立一系列理论和数值计算方法，分别对气泡载荷作用下船体的水弹性响应、刚体运动、弹塑性响应和三维全船结构的动态响应进行详细的探究与分析，旨在揭示气泡载荷与船体结构的耦合特性及船体结构在气泡载荷作用下的一些毁伤机理。而对于冲击波毁伤本书不做考虑。

## 1.3 研究简述

船体结构气泡毁伤涉及气泡动力学、结构动力学、流固耦合等。其中每个方面都可以写一本专著，但这里只能选取我们感兴趣的研究工作，做一简单的介绍。感兴趣的读者可以分别参考相关的文献。

### 1.3.1 气泡动力学

基于流体无黏、无旋、不可压缩、气泡内部气体为绝热过程的假定，1917 年 Rayleigh 给出了著名的球形气泡膨胀和收缩所满足的 Rayleigh 方程 [13]:

$$R\ddot{R}+\frac{3}{2}\dot{R}^2=\frac{1}{\rho}\left(P_{\text{wall}}-P_{\infty}\right) \tag{1.1}$$

式中，$R$ 为气泡半径，$\rho$ 为流体密度，$P_{\infty}$ 为距气泡无穷远处的流体压力，$P_{\text{wall}}$ 为气泡表面的压力。Rayleigh 方程满足球形气泡的质量守恒与动量守恒定律。Rayleigh 之后，除了考虑了流体的黏性、表面张力影响 [14] 及可压缩性影响 [15] 外，一个重要的进展是 Vernon 提出了既考虑气泡脉动又考虑气泡迁移的球形气泡动力方程组 (式 (1.2))，为气泡毁伤工程评估提供了更加准确的数学模型 [16]。

$$\frac{\mathrm{d}x}{\mathrm{d}t}=-\frac{3\delta}{2\delta-x}\left[\frac{\dot{x}^2}{x}\left(1-\frac{2x}{3\delta}\right)-\frac{\dot{\varsigma}^2}{6x}+\frac{\varsigma}{x\varsigma_0}-\frac{(\gamma-1)k}{x^{3\gamma+1}}+\frac{1x}{4\delta^2}\left(C_{\mathrm{d}}\frac{\dot{x}^2}{4x}+\frac{\dot{x}\dot{\varsigma}}{3}-\frac{x}{\varsigma_0}\right)\right] \tag{1.2a}$$

$$\dot{\varsigma}=-3\left[\frac{1}{\varsigma_0}+\frac{\dot{x}\dot{\varsigma}}{x}-C_{\mathrm{d}}\frac{\dot{\varsigma}^2}{4x}+\frac{x}{4\delta^2}(3\dot{x}^2+x\ddot{x})\right] \tag{1.2b}$$

其中，$x$ 和 $\varsigma$ 是无量纲气泡半径和迁移量。

靠近固壁或者自由表面时，气泡会偏离球形变成扁球形，甚至溃灭形成环形。对于非球形气泡一般必须使用数值计算方法来模拟。早期的研究以边界元方法计算为主，研究靠近壁面二维气泡的变形 [17,18]，其关键点是引进两个点涡来处理气泡溃灭产生的流体区域拓扑变化 (从双连通域变为多连通域) 以及射流问题。该方法进一步被推广到三维气泡的溃灭、穿透和射流计算 [19,20]。除了引进涡环处理流体区域拓扑变化外，三维非球形气泡还需采用弹性网格来进行光滑 [21]。CFD (计算流体动力学) 的兴起，为三维非球形气泡的演化提供了一种新的选择 [22−25]，可以准确地模拟气泡在固壁附近的动力行为。这些方法为近场和接触爆炸提供了可靠的计算模型。但是，在远场和中场 (非接触爆炸) 场合，气泡还是基本保持球形。

### 1.3.2 气泡载荷作用下船体梁的总体响应

Keil 第一个系统描述了气泡产生的船体毁伤效果，总结了海上实船水下爆炸的测量结果，确立了气泡毁伤的严重性和特点，确定了该领域的基本研究对象和科学问题 [26]。Hicks 首先建立了水下爆炸气泡载荷造成船体鞭状响应的数学模型，并提出了相应的分析方法 [27]。他采用无黏且不可压缩流场中固定的球形气泡理论来模拟气泡载荷，采用切片法建立了考虑流体–结构耦合效应的船体欧拉梁动态响应模型。其计算结果用一艘 2500 吨的驱逐舰海上实船的弹性响应测试结果进行了验证，确立了船体气泡毁伤动力学。Hicks 理论被进一步拓展到复杂的 Timoshenko 梁模型 [28] 以及复合的船体梁刚体运动和弹性变形 [29]。

对于水下爆炸问题，最关注的是目标承载超过弹性极限，发生永久变形，直至变薄达到断裂点的毁伤情况。舰船和潜艇受到水下爆炸气泡载荷作用发生永久塑性变形的实例在真实海战和试验中反复被观察到。Zong[30,31] 分别研究了气泡载荷作用下，水面和水中自由均匀梁的动态刚塑性响应，通过水塑性分析，证明了对于刚塑性材料的均匀梁，最多形成两个塑性铰。陈学兵和李玉节 [32] 通过数值计算证明弹塑性均匀梁受气泡作用，可以形成三个塑性铰。二战中的确观测到两个塑性铰的毁伤实例 [26]。

### 1.3.3 气泡作用下三维结构的动态响应

船舶在水下爆炸载荷作用下的动态响应是一个非常复杂的问题，涉及水下爆炸载荷的模拟、爆炸气泡的动力学特性、流固耦合分析及水中结构的非线性动态响应等多项研究内容。其中流体与结构的耦合问题一直是船舶结构水下爆炸动响应分析中的难点。突破进展是 20 世纪 70 年代 Geers[33] 提出的双渐近近似 (Doubly Asymptotic Approximation, DAA) 法，该方法巧妙地将冲击波响应分成早期响应和后期响应。前者假设爆炸早期输入的载荷频率很高，声学波的波长将远远低于结构运动的特征响应长度，从而可将流体–结构交界面上的每一个小面元都认为是一小块向外辐射平面波的运动平板，即 Mindlin 和 Bleich 提出的平面波近似 (Plane Wave Approximation, PWA) 法 [34]；后期将流体近似成不可压缩理想流体，通过计算运动的结构周围流体的动能，考虑了流体的流动性和惯性作用，即 Chertock 提出的虚质量法 [35]。DAA 法在高频段采用了平面波假设理论进行逼近，而低频段采用虚质量假设理论进行逼近，在中频段采用线性的过渡方法，这样，结构的响应在高频、中频和低频均能有良好的精度。DAA 法已经得到了国际上的广泛认可，其优势在于可以将有限元方法与边界元方法相结合，从而可以应用于工程上的大型计算。单纯应用有限元方法，必须对船体结构和周围水域同时进行建模，要求水域网格密度很小并且水域巨大，因此模型大，计算量大，严重影响计算效率。而利用 DAA 可以用流体–结构耦合方程来表征作用在船体结构上的爆炸载荷及其变化，不需要对结构周围的水域进行建模，可以大幅度提高计算效率。美国的商业软件 USA[36](Underwater Shock Analysis) 就是基于上述理论开发的。

对 DAA 拓展的研究之一是刘建湖 [37] 提出的声学 DAA (Acoustic DAA, ADAA) 法。这种方法适用于一些声学材料的流固耦合分析，适合于分析玻璃钢与消声瓦等声学材料的水声辐射，对于潜艇减振降噪具有重要的应用。尽管 DAA 法是针对水下冲击波提出的，但是稍加改进，DAA 法同样适用于气泡结构耦合计算 [38]。

## 1.4 本书的主要内容

本书主要介绍非接触水下爆炸气泡脉动作用下的船体结构的水弹性响应、刚体运动、水弹塑性响应和三维全船结构的动态响应，旨在诠释舰船结构在气泡脉动载荷作用下的一些响应机理，提供预报的计算模型。具体内容概括如下。

(1) 球形气泡动力学 (第 2 章)：基于势流理论，介绍考虑气泡迁移效应、自由表面效应和气泡阻力的 Vernon 气泡模型。

(2) 球形气泡作用下船体梁的动力响应模型 (第 3~5 章)：介绍球形气泡作用下船体刚体运动的水弹性模型、水弹塑性响应模型以及基于 DAA 的三维全船结构在气泡载荷作用下的动态响应模型。

(3) 非球形气泡动力学 (第 6 章、第 7 章) 以及气泡和自由表面的作用 (第 8 章)：介绍边界元法模拟非球形气泡的膨胀、收缩、拓扑变化的动力学过程，并与试验结果对比验证。

(4) 非球形气泡和结构的流固耦合 (第 9 章、第 10 章)：介绍基于边界元的气泡、结构流固耦合的计算模型和计算方法。

# 第二部分：球形气泡毁伤

# 第 2 章　球形气泡动力学

本章介绍球形气泡动力学的相关理论和计算方法，包括球形气泡动力学的基本假设、控制方程、边界条件等。基于势流理论，介绍一个考虑气泡迁移效应、自由表面效应和气泡阻力的球形气泡模型；通过数值计算，讨论不同药量和气泡沉深下，气泡迁移和自由表面效应对计算结果的影响；对气泡的半径、周期、上浮量及流体加速度等运动特性进行了分析，最后对气泡周期和最大半径的数值计算结果进行了对比和验证。

## 2.1　球形气泡动力学理论

### 2.1.1　基本假设

本节主要研究中场非接触水下爆炸中的球形气泡脉动，引入如下的基本假设。

1) 流体无黏且不可压缩

气泡脉动时，其表面的速度要比水中声速小一个数量级以上。因此可以将此时的流体看成是不可压缩的。以气泡的半径为特征长度计算雷诺数，这个雷诺数的数值在气泡脉动的大部分过程中是非常高的，即惯性力和黏性力的比值非常高。因此，忽略气泡脉动过程中流体的黏性对问题求解的精度并没有太大的影响，但是带来的方便是可以利用势流理论来分析流场 [1,27]。

2) 船体结构的运动对气泡没有影响

对于中场气泡，气泡与船体结构的距离较远，因此假设船体结构不会对气泡本身的运动及气泡周围流场的速度势产生影响 [27]。

3) 气泡运动过程绝热

整个气泡运动过程，认为气泡运动足够快，因此阻止了气泡与周围环境流体之间主要的热交换，气泡脉动过程是一个绝热过程。

4) 气泡在运动过程中始终保持球形

假定气泡在运动过程中始终保持球形。大量试验数据也证明，在气泡大部分的运动过程中，球形边界很接近气泡的真实外形。

### 2.1.2　简单球形气泡模型

考虑最简单的情形，爆炸点在距离自由液面较大的深度，不受自由表面的影响，如图 2.1 所示。假设气泡的中心位置是固定的，气泡在任意时刻的半径为 $a(t)$。

这样气泡中心可以看成是一个固定的点源，这个点源在流场中的任意场点所产生的速度势为

$$\varphi = \frac{e_1}{r} \tag{2.1}$$

式中，$e_1$ 为点源的源强，$r$ 为场点到气泡中心的径向距离。

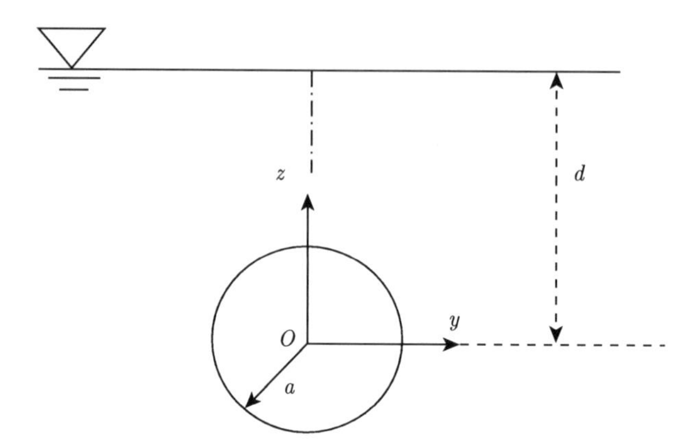


图 2.1　中场爆炸气泡几何示意图

在流场区域内，速度势 $\varphi$ 满足 Laplace 方程和脉动气泡表面上的边界条件：

$$\nabla^2\varphi = 0 \quad (\text{在整个流场内}) \tag{2.2a}$$

$$\frac{\mathrm{d}a}{\mathrm{d}t} = -\frac{\partial\varphi}{\partial r} \quad (\text{在气泡的表面上}) \tag{2.2b}$$

$$|\nabla\varphi| \to 0 \quad (\text{在距气泡无限远处}) \tag{2.2c}$$

将式 (2.1) 代入式 (2.2b), 可以得到

$$\frac{\mathrm{d}a}{\mathrm{d}t} = \frac{e_1}{a^2} \tag{2.3}$$

这样，在距气泡中心径向距离为 $r$ 的场点处的径向流体速度为

$$u_r = -\frac{\partial\varphi}{\partial r} = \frac{a^2\dot{a}}{r^2} \tag{2.4}$$

气泡还要满足系统内的能量守恒方程，如下式所示：

$$E_0 = E_\mathrm{k} + E_\mathrm{p} \tag{2.5}$$

式中，$E_0$ 为爆炸的初始气泡能量，由炸药的类型和药量所决定；$E_\mathrm{k}$ 和 $E_\mathrm{p}$ 分别为气泡的动能和势能。其中动能来自气泡周围的流体，而势能则是气泡的压力势能和内部气体生成物的能量的总和。动能 $E_\mathrm{k}$ 可以由下面的积分得到

$$E_\mathrm{k} = \frac{1}{2}\int_a^\infty \rho u_r^2(4\pi r^2)\mathrm{d}r = 2\pi\rho a^3\dot{a}^2 \tag{2.6}$$

此时系统的总能量可以表示为 [1,27]

$$E_0 = 2\pi\rho a^3\dot{a}^2 + \frac{4}{3}\pi\rho a^3 gz + E_{\text{in}} \tag{2.7}$$

式中，右端第一项为气泡的径向运动引起的流体动能；第二项为气泡的压力势能，即等于气泡反抗流体的静压力所做的功，其中 $z$ 为压力水头；第三项 $E_{\text{in}}$ 为爆炸生成物的内能。

爆炸生成物是压力均衡的理想气体，按照 2.1.1 节的基本假设，忽略气泡运动过程中的热交换过程，则爆炸生成物的状态方程为

$$P\left(\frac{V}{W}\right)^{\gamma} = k_1 \tag{2.8}$$

式中，$W$ 为炸药量；$V$ 为气泡的体积；$P$ 为气体的压强；$k_1$ 为绝热常数；$\gamma$ 为比热率。对于理想气体，$\gamma$ 取为 1.4；对于 TNT 炸药水下爆炸生成的气泡，$\gamma$ 一般取为 1.25[1]。

由式 (2.8)，可以得到爆炸生成物的内能为

$$E_{\text{in}} = \int_{V(a)}^{\infty} P\mathrm{d}V = \frac{k_1}{\gamma-1}\frac{W^{\gamma}3^{\gamma-1}}{(4\pi)^{\gamma-1}a^{3(\gamma-1)}} \tag{2.9}$$

式 (2.7) 可以整理为

$$E_0 = \pi\rho a^3\left(2\dot{a}^2 + \frac{4}{3}gz\right) + \frac{k_1}{\gamma-1}\frac{W^{\gamma}3^{\gamma-1}}{(4\pi)^{\gamma-1}a^{3(\gamma-1)}} \tag{2.10}$$

将式 (2.10) 进行无量纲化，其中无量纲参数表示如下：

$$x = \frac{a}{L} \tag{2.11}$$

$$\varsigma = \frac{z}{L} \tag{2.12}$$

$$\varsigma_0 = \frac{z_0}{L} \tag{2.13}$$

$$\tau = \frac{t}{T} \tag{2.14}$$

$$k = \frac{(\rho g z_0)^{\gamma-1}}{\gamma-1}k_1\left(\frac{W}{E_0}\right)^{\gamma} \tag{2.15}$$

式 (2.11)~ 式 (2.15) 中，$x$ 为无量纲气泡半径，$z_0$ 为初始压头，$\varsigma_0$ 为无量纲初始压头，$\varsigma$ 为无量纲压头，$\tau$ 为无量纲时间，$k$ 为无量纲能量参数，$L$ 为长度比例因子，$T$ 为时间比例因子，$L$ 和 $T$ 分别为

$$L = \left[\frac{3E_0}{4\pi\rho g z_0}\right]^{\frac{1}{3}} \tag{2.16}$$

$$T=\left[\frac{3}{2gz_0}\right]^{\frac{1}{2}} \tag{2.17}$$

根据试验，爆炸的气泡总能量 $E_0$ 可以表示为

$$E_0=\varepsilon W \tag{2.18}$$

式中，$\varepsilon$ 为单位质量爆炸物的能量，对于 TNT 炸药，$\varepsilon$ 约等于 $2.051\times10^6$J/kg[1,16]。

将式 (2.18) 代入式 (2.15)，则无量纲能量参数 $k$ 可以近似表达为

$$k\approx 0.00743(z_0)^{\frac{1}{4}} \tag{2.19}$$

按照式 (2.11)~ 式 (2.15) 的无量纲参数表达，将式 (2.10) 进行无量纲化，可以得到

$$\dot{x}^2x^3+\frac{k}{x^{3(\gamma-1)}}+x^3-1=0 \tag{2.20}$$

除了能量守恒的方法，还有另外一种求解固定球形气泡的方法，参见附录 A。

### 2.1.3　气泡在重力作用下的运动

气泡在重力和浮力的作用下会发生垂直方向的迁移，如图 2.2 所示。在给定的时刻，气泡迁移速度为 $u_0$，半径变化的速度为 $\mathrm{d}a/\mathrm{d}t$，气泡表面上的径向速度可以表示为

$$u=\frac{\mathrm{d}a}{\mathrm{d}t}+u_0\cos\theta \tag{2.21}$$

式中，$\theta$ 为气泡半径方向与垂直线的夹角，如图 2.2 所示。

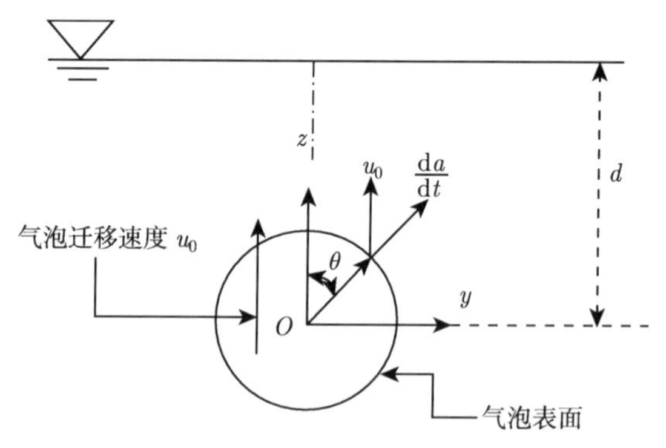


图 2.2　迁移气泡的几何示意图

于是流场中的速度势应满足下列方程：

$$u=-\frac{\partial\varphi}{\partial r} \tag{2.22}$$

式 (2.22) 也是使 Laplace 方程在无穷远处化为 0 的解。这样可以将速度势设为 Laplace 方程对于球坐标的已知解的形式，如下式所示：

$$\varphi=\frac{e_1}{r}+\frac{e_2}{r^2}\cos\theta \tag{2.23}$$

式中，$e_1$ 为源强，$e_2$ 为偶极强度。

将式 (2.23) 代入式 (2.21)，可以求得 $e_1$ 和 $e_2$：

$$e_1=a^2\dot{a} \tag{2.24}$$

$$e_2=\frac{a^3u_0}{2} \tag{2.25}$$

于是，流场中的速度势 $\varphi$ 为

$$\varphi=\frac{a^2\dot{a}}{r}+\frac{1}{2}\frac{a^3}{r^2}u_0\cos\theta \tag{2.26}$$

气泡还要满足系统内的能量守恒方程，可以表示为 [1]

$$E_0=2\pi\rho a^3\left(\frac{\mathrm{d}a}{\mathrm{d}t}\right)^2+\frac{\pi}{3}\rho a^3u_0^2+\frac{4}{3}\pi\rho a^3gz+\frac{k_1}{(\gamma-1)}\frac{(W)^{\gamma}3^{(\gamma-1)}}{(4\pi)^{\gamma-1}a^{3(\gamma-1)}} \tag{2.27}$$

式中，第二项为气泡的迁移引起的流体动能。

按照式 (2.11)~式 (2.15) 的无量纲参数表达，将式 (2.27) 进行无量纲化，并对时间进行求导，可以得到

$$\frac{\mathrm{d}}{\mathrm{d}\tau}\left[x^3\dot{x}+x^3\dot{\varsigma}^2+x^3\frac{\varsigma}{\varsigma_0}+\frac{k}{x^{3(\gamma-1)}}\right]=0 \tag{2.28}$$

应用 Lagrange 方程的能量表达式：

$$\frac{\mathrm{d}}{\mathrm{d}t}\left[\frac{\partial}{\partial\dot{z}}(E_{\mathrm{k}}-E_{\mathrm{p}})\right]=\frac{\partial}{\partial z}(E_{\mathrm{k}}-E_{\mathrm{p}}) \tag{2.29}$$

可以得到气泡迁移运动的控制方程：

$$\frac{\mathrm{d}}{\mathrm{d}\tau}(x^3\dot{\varsigma})=-\frac{3x^3}{\varsigma_0} \tag{2.30}$$

下面令

$$\sigma=\dot{x} \tag{2.31}$$

$$\lambda=\dot{\varsigma} \tag{2.32}$$

则由式 (2.28) 和式 (2.30)，可以得到

$$\dot{\sigma}=-\frac{3}{2}\left(\frac{\sigma^2}{x}-\frac{\lambda^2}{6x}+\frac{\varsigma}{x\varsigma_0}-\frac{(\gamma-1)k}{x^{3\gamma+1}}\right) \tag{2.33}$$

$$\dot{\lambda} = -3\left(\frac{1}{\varsigma_0} + \frac{\sigma\lambda}{x}\right) \tag{2.34}$$

当初始条件给出时，方程 (2.31)~方程 (2.34) 就可应用 Runge-Kutta 方法数值求解，得到的解是与时间有关的两个函数 $x(t)$ 和 $\varsigma(t)$。

### 2.1.4　自由表面效应

前面章节中，对气泡的分析都是基于气泡在无限水介质中的运动的假定。因此，气泡周围的流场所受到的限制，仅仅是在流场的无穷远处速度为零。但是，实际的流场并不是无限的，水介质还会受到自由表面的限制。对于自由水面，它的所有质点上压力均相等。忽略自由表面上的重力波，自由表面可以看成是一个零势的平面。这样，可以用镜像法来分析，将自由表面看作一个反对称的平面，在平面上方则有一个镜像气泡，如图 2.3 所示。

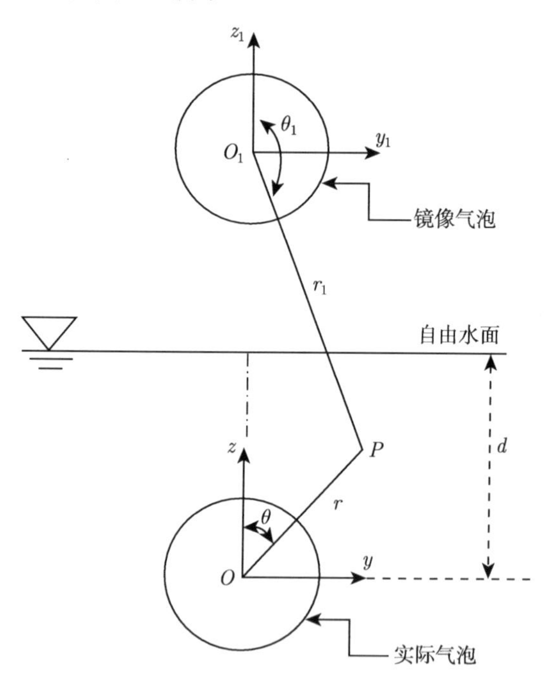


图 2.3　考虑自由表面效应的气泡的几何示意图

镜像气泡使自由水面上的水平方向压力和加速度相互抵消，增加了垂直方向的压力和加速度。此时，流场中的速度势 $\varphi$ 的表达式为

$$\varphi = \frac{e_1}{r} + \frac{e_2}{r^2}\cos\theta - \frac{e_1}{r_1} + \frac{e_2}{r_1^2}\cos\theta_1 \tag{2.35}$$

式中，$r$ 为所取源点到气泡中心的径向距离，$r_1$ 为该源点对应的镜像气泡到气泡中心的径向距离，$\theta$ 为 $r$ 方向与垂直方向的夹角，$\theta_1$ 为 $r_1$ 方向与垂直方向的夹角，$e_1$

为源强，$e_2$ 为偶极强度，定义如下：

$$e_1 = a^2\dot{a} \tag{2.36}$$

$$e_2 = \frac{a^3}{2}\left(u_0 - \frac{a^2\dot{a}}{4d^2}\right) \tag{2.37}$$

由此，系统的总能量为

$$E_0 = \pi\rho a^3\left[2\dot{a}^2\left(1-\frac{a}{2d}\right)+\frac{1}{3}\dot{a}u_0\left(\frac{a^2}{d^2}\right)+\frac{4}{3}gz\right]+\frac{k_1(W)^\gamma}{(\gamma-1)}\left(\frac{4\pi a^3}{3}\right)^{(\gamma-1)} \tag{2.38}$$

同 2.1.3 节，将式 (2.38) 无量纲化并求导得

$$\frac{\mathrm{d}}{\mathrm{d}\tau}\left\{x^3\left[\dot{x}^2\left(1-\frac{x}{2\delta}\right)+\frac{1}{6}\dot{\varsigma}^2+\frac{1}{4}\dot{x}\dot{\varsigma}\left(\frac{x}{\delta}\right)^2+\frac{\varsigma}{\varsigma_0}\right]+\frac{k}{x^{3(\gamma-1)}}\right\}=0 \tag{2.39}$$

式中，$\delta$ 为无量纲气泡中心深度，即

$$\delta = \frac{d}{L} \tag{2.40}$$

同理，应用 Lagrange 方程的能量表达式，可以得到

$$\frac{\mathrm{d}}{\mathrm{d}\tau}\left(\frac{x^3\dot{\varsigma}}{3}\right) = -\left[\frac{3x^4\dot{x}^2}{4\delta^2}+\frac{x^5\dot{x}^2}{4\delta^2}+\frac{x^3}{\varsigma_0}\right] \tag{2.41}$$

### 2.1.5 气泡阻力

气泡迁移时会受到一个周围流体的阻力，使其运动速度减慢。因此，引入一个气泡阻力项来考虑流体阻力的影响，定义如下：

$$F = \frac{1}{2}\rho C_{\mathrm{d}} A u_0^2 \tag{2.42}$$

式中，$A = \pi a^2$ 为气泡的投影面积；$C_{\mathrm{d}}$ 为阻力系数；$\rho$ 为流体的密度。

由于气泡是可变形的，所以它的阻力系数 $C_{\mathrm{d}}$ 并不能直接使用刚体球的阻力系数。确定气泡的阻力系数是一个复杂的问题，有专门的著作讨论，这里我们只作简单的论述。

可变形气泡的迁移阻力系数主要和三个无量纲参数有关，即 Froude 数 ($Fr$)，雷诺数 ($Re$) 和 Haberman-Morton 数 ($Hm$)。$Hm$ 定义为 $Hm = \dfrac{g\mu^4}{\rho S^4}$，其中 $\mu$ 是流体的动力学黏性系数，$S$ 是表面张力系数。图 2.4 给出不同 $Re$ 和 $Hm$ 时的气泡迁移阻力系数 $C_{\mathrm{d}}$。

由于爆炸气泡迁移时雷诺数很大，量阶估计大约在 $10^5$ 甚至更高。根据图 2.4 阻力系数趋于常值，并且有 $C_{\mathrm{d}} \approx 2.5$[39]，我们采用该值作为水下气泡迁移的阻力系数。

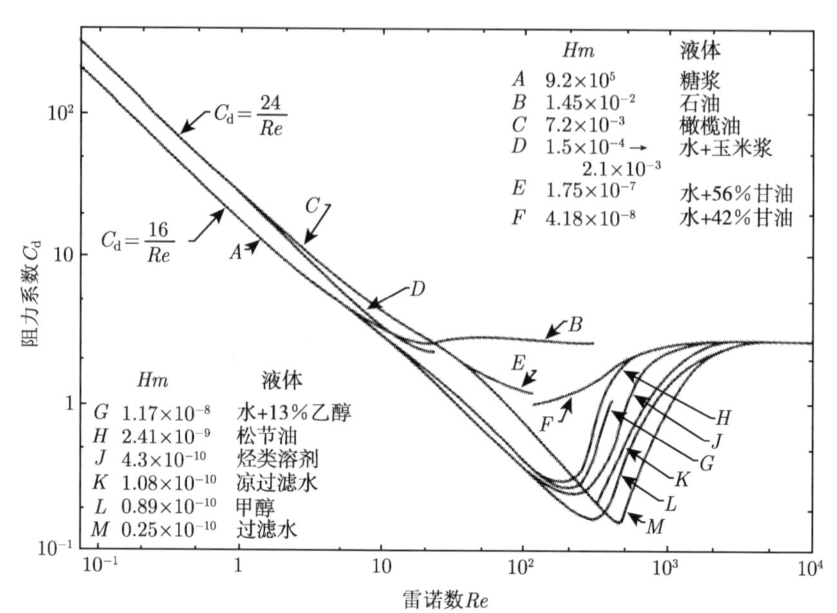


图 2.4 不同 $Hm$ 下，气泡迁移阻力系数 $C_{\mathrm{d}}$ 与雷诺数 $Re$ 的函数关系 (数据取自 Brennen[39])

加入气泡阻力后，按照前面的方法将系统的总能量无量纲化并求导得

$$\frac{\mathrm{d}}{\mathrm{d}\tau}\left[x^3\left(\dot{x}^2\left(1-\frac{x}{2\delta}\right)+\frac{1}{6}\dot{\varsigma}^2+\frac{1}{4}\dot{x}\dot{\varsigma}\left(\frac{x}{\delta}\right)^2+\frac{\varsigma}{\varsigma_0}\right)+\frac{k}{x^{3(\gamma-1)}}\right]=C_{\mathrm{d}}\frac{x^2\dot{\varsigma}^3}{4} \tag{2.43}$$

同样应用 Lagrange 方程的能量表达式，可以得到

$$\frac{\mathrm{d}}{\mathrm{d}\tau}\left(\frac{x^3\dot{\varsigma}}{3}\right)=-\left[\frac{3x^4\dot{x}^2}{4\delta^2}+\frac{x^5\dot{x}^2}{4\delta^2}+\frac{x^3}{\varsigma_0}\right]+C_{\mathrm{d}}\frac{x^2\dot{\varsigma}^3}{4} \tag{2.44}$$

### 2.1.6 球形气泡数值求解方法

由 2.1.5 节中的式 (2.43) 和式 (2.44)，可以得到下列的无量纲方程组，即 Vernon 无量纲方程组 [16,29]：

$$\sigma=\dot{x} \tag{2.45a}$$

$$\lambda=\dot{\varsigma} \tag{2.45b}$$

$$\dot{\sigma}=-\frac{3\delta}{(2\delta-\beta x)}\left[\frac{\sigma^2}{x}\left(1-\frac{2\beta x}{3\delta}\right)-\frac{\lambda^2}{6x}+\frac{\varsigma}{x\varsigma_0}-\frac{(\gamma-1)k}{x^{3\gamma+1}}+\frac{\beta x}{4\delta^2}\left(C_{\mathrm{d}}\frac{\lambda^2}{4x}+\frac{\sigma\lambda}{3}-\frac{x}{\varsigma_0}\right)\right] \tag{2.45c}$$

$$\dot{\lambda}=-3\alpha\left[\frac{1}{\varsigma_0}+\frac{\sigma\lambda}{x}-C_{\mathrm{d}}\frac{\lambda^2}{4x}+\frac{\beta x}{4\delta^2}(3\sigma^2+x\dot{\sigma})\right] \tag{2.45d}$$

式中，$\alpha$ 为气泡迁移控制系数，$\alpha$ 只取值 0 或 1，$\alpha$=0 表示不考虑气泡的迁移效应；$\beta$ 为自由表面效应控制系数，同样只取值为 0 或 1，$\beta=0$ 表示不考虑自由表面效应。在本章后面的计算中，可以通过对 $\alpha$ 和 $\beta$ 不同的取值来计及或者不计及气泡的迁移效应和自由表面效应。

上述方程组 (2.45a)~(2.45d) 是把气泡的迁移、自由表面效应和气泡阻力均考虑在内的。当初始条件给定时就可以应用四阶 Runge-Kutta 方法进行数值求解，求得 $x(t)$ 和 $\varsigma(t)$。定义初始条件为：$x = x_0$, $\varsigma = \varsigma_0$, $\sigma = 0$, $\lambda = 0$, 而其中 $x_0$ 可以由下面固定气泡的无量纲能量守恒方程 [29] 得到

$$\dot{x}^2 x^3 + \frac{k}{x^{3(\gamma-1)}} + x^3 - 1 = 0 \tag{2.46}$$

$x_0$ 即是方程 (2.46) 的最小根，求解得到

$$x_0 = k^{\frac{1}{3(\gamma-1)}} \left[1 + \frac{k^{\frac{1}{(\gamma-1)}}}{3(\gamma-1)}\right] \tag{2.47}$$

由上文的讨论可知，此时流场中速度势可以表示为

$$\varphi = \frac{e_1}{r} + \frac{e_2}{r^2}\cos\theta - \frac{e_1}{r_1} + \frac{e_2}{r_1^2}\cos\theta_1 \tag{2.48}$$

在此种情况下，$e_1$ 和 $e_2$ 及其 1 阶导数分别为

$$e_1 = \frac{L^3 x^2}{T}\sigma \tag{2.49}$$

$$e_2 = \frac{L^4}{2T}\left(x^3\lambda - \frac{x^5\sigma}{4\delta^2}\right) \tag{2.50}$$

$$\dot{e}_1 = \frac{L^3}{T^2}(2x\sigma^2 + x^2\dot{\sigma}) \tag{2.51}$$

$$\dot{e}_2 = \frac{3L^4\sigma x^2}{2T^2}\left[\lambda - \frac{x^2\sigma}{4\delta^2}\right] + \frac{x^3 L^4}{2T^2}\left[\dot{\lambda} - \left(\frac{2x\sigma + x^2\dot{\sigma}}{4\delta^2}\right)\right] \tag{2.52}$$

由方程组 (2.45a)~(2.45d) 可以计算出任意时刻的气泡半径 $x(t)$ 和压头 $\varsigma(t)$，流场中的流体速度和加速度也可以计算出来。

对于势流，速度为速度势的负梯度。垂向速度分量为

$$u_z = -\frac{\partial\varphi}{\partial Z} = \frac{1}{Y^2+Z^2}\left[\frac{e_1 Z}{(Y^2+Z^2)^{\frac{1}{2}}} - \frac{e_2}{(Y^2+Z^2)^{\frac{1}{2}}}\left(1 - \frac{3Z^2}{Y^2+Z^2}\right)\right] \tag{2.53}$$

式中，$Y$ 和 $Z$ 分别为以气泡中心作为原点的直角坐标系的横坐标和纵坐标。

流体垂向加速度可以表示为

$$\dot{u}_z = \frac{\partial u_z}{\partial t} - u_0\frac{\partial u_z}{\partial Z} \tag{2.54}$$

其中，$u_0$ 为气泡的垂向迁移速度。

式 (2.54) 中的两项可以分别表达为下面两式：

$$\frac{\partial u_z}{\partial t}=\frac{1}{(Y^2+Z^2)^{\frac{3}{2}}}\left[\dot{e}_1 Z-\dot{e}_2\left(1-\frac{3Z^2}{(Y^2+Z^2)}\right)\right] \tag{2.55}$$

$$\frac{\partial u_z}{\partial Z}=\frac{e_1}{(X^2+Z^2)^{\frac{3}{2}}}\left(1-\frac{3Z^2}{(X^2+Z^2)}\right)+\frac{3Ze_2}{(X^2+Z^2)^{\frac{3}{2}}}\left(3-\frac{5Z^2}{(X^2+Z^2)}\right) \tag{2.56}$$

根据上面所述的理论，就可以通过数值积分方法对流体加速度进行求解。

气泡计算的主要步骤如下：

(1) 给定药量和气泡沉深，确定初始条件和无量纲参数 (式 (2.11)~式 (2.17))；

(2) 确定时间步长与总时间步数；

(3) 将初始条件等信息代入程序，利用 Runge-Kutta 方法计算每一时间步的 $e_1, e_2, \dot{e}_1, \dot{e}_2$，并把它们代入式 (2.55) 和式 (2.56) 中，然后由式 (2.54) 就可以求解得到该时间步的流体加速度 $\dot{u}_z$。

## 2.2　气泡的数值计算与验证

本节中选取不同的工况，通过算例进行分析，讨论气泡迁移和自由表面效应对气泡特性的影响以及气泡本身的运动特征。最后对气泡周期与最大半径的计算结果进行验证。

### 2.2.1　气泡迁移效应和自由表面效应对气泡特性的影响

首先来讨论气泡的迁移效应和自由表面效应对气泡的影响，算例中，选取不同药量和气泡沉深的三种工况进行分析，如表 2.1 所示。

**表 2.1　气泡算例的不同工况**

| 工况 | TNT 药量/kg | 气泡沉深/m |
|---|---|---|
| 工况 1 | 200 | 20 |
| 工况 2 | 200 | 40 |
| 工况 3 | 400 | 20 |

为了比较气泡的迁移效应和自由表面效应分别对气泡特性产生的影响，按照前面章节所叙述的数值计算方法，分别计算了各工况下的固定气泡 (下面图中用双点划线表示)、只考虑迁移效应的气泡 (短虚线)、只考虑自由表面效应的气泡 (长虚线) 和同时考虑两种效应的气泡 (实线) 四种情况下的气泡半径与周期、最大流体加速度和气泡中心位置的上浮量，分别如图 2.5~ 图 2.13 所示，图中为忽略冲击波效应的影响，取爆炸后 0.05s 作为初始时间。

图 2.5 给出的是工况 1(200kg TNT/20m) 条件下的四种气泡的气泡半径的时间历程曲线。从图中可以观察到，四种情况下最大气泡半径相差不大，尤其是第一次气泡脉动的最大半径，差别很小。也就是说气泡的最大半径对气泡的迁移和自由表面效应并不十分敏感。但是第二次脉动的气泡半径峰值有一些差别，考虑气泡迁移效应的两种气泡的第二次脉动最大半径要比两种固定气泡小一些。显然气泡的迁移效应吸收了能量，削减了气泡在第二次脉动中的膨胀体积，但是自由表面效应却对气泡半径影响很小。

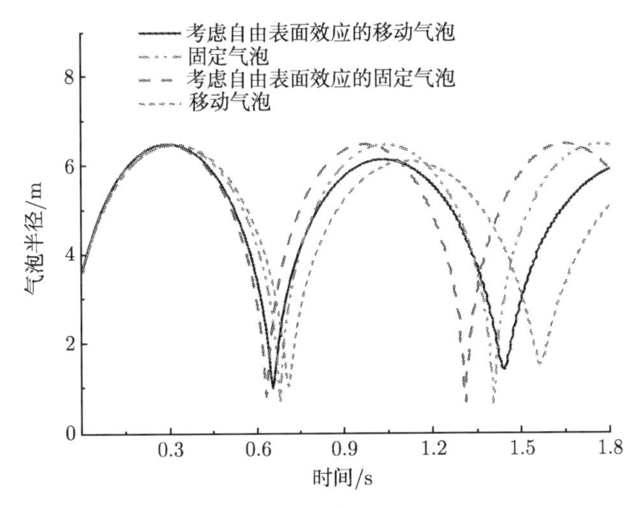


图 2.5　气泡半径的时间历程曲线 (工况 1: 200kg TNT/20m)

虽然对气泡的最大半径的影响不是很大，然而，两种效应对气泡的脉动周期影响却很大。可以看到两种效应对气泡脉动周期的影响截然相反。气泡的迁移使气泡脉动周期增大，而自由表面的影响却削减了气泡脉动的周期。

图 2.6 为工况 1(200kg TNT/20m) 条件下的四种气泡的最大流体加速度的时间历程曲线。图中最明显的特点是气泡的迁移效应对流体加速度的影响极大。如不考虑气泡的移动将会产生很大的误差，加速度峰值将偏大很多，而且加速度的变化更剧烈，峰值的持续时间变短。如果不考虑自由表面效应，流体加速度的峰值会有所减小，但是峰值的持续时间变长。总的来说，相比于气泡的迁移效应，自由表面效应对气泡的影响相对小一些。同样，在本图中也可以观察到气泡的迁移使气泡脉动周期增大，而自由表面的影响使气泡脉动的周期减小。

图 2.7 所示的是工况 1(200kg TNT/20m) 条件下的自由表面效应对气泡迁移的影响。从图中可以观察到，自由表面效应使气泡的上浮量有所降低，同样，也使气泡的上浮变化周期提前一些，即自由表面的反射阻碍了气泡上升的幅度，同时削减了气泡的脉动周期。

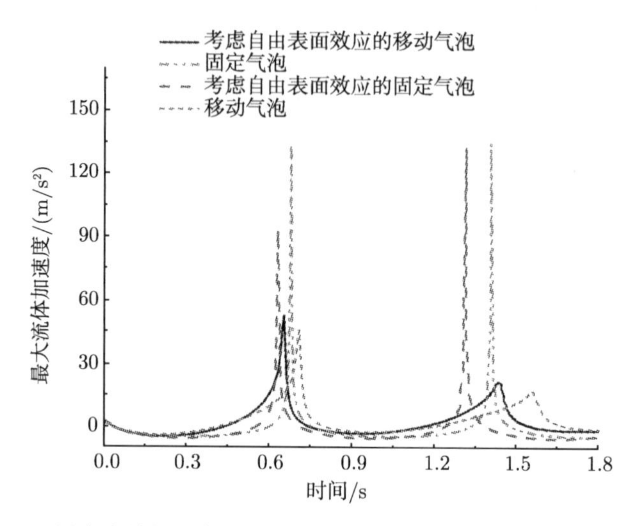


图 2.6 最大流体加速度的时间历程曲线 (工况 1: 200kg TNT/20m)

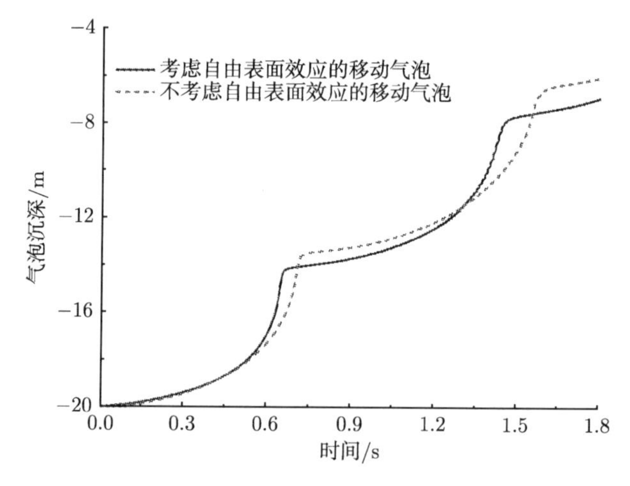


图 2.7 气泡沉深的时间历程曲线 (工况 1: 200kg TNT/20m)

接下来调整气泡的沉深，按工况 2 的初始条件，即 200kg TNT 药包布置在水下 40m 处。如图 2.8~图 2.10 所示，来讨论气泡沉深对气泡特性的影响。

图 2.8 为工况 2(200kg TNT/40m) 的四种气泡的气泡半径的时间历程曲线。从图中可以观察到，自由表面的反射对气泡半径的影响很小，主要是因为随着气泡沉深的增加，气泡距离自由表面越来越远，受到自由表面的反射影响也越来越弱。

工况 2 条件下自由表面对气泡脉动周期的影响与上文对工况 1 的算例分析相同，自由表面效应同样削减了气泡的脉动周期，但是随着深度的增加，对气泡脉动周期削减的幅度已经很小。

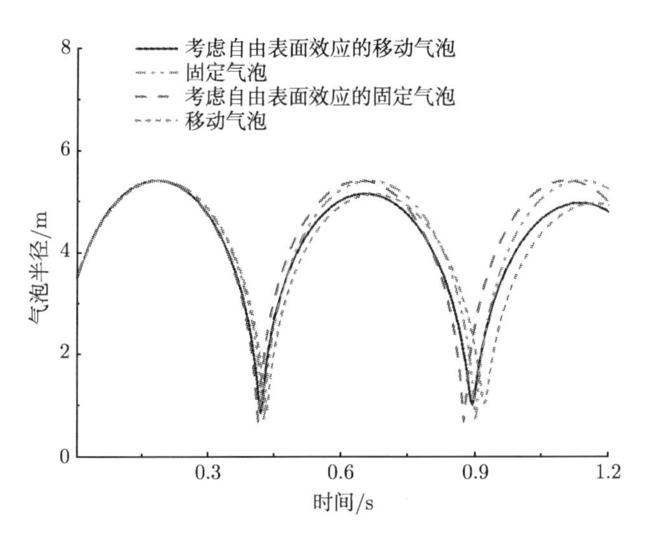


图 2.8 气泡半径的时间历程曲线 (工况 2: 200kg TNT/40m)

然而，气泡的迁移效应对气泡半径的影响仍然比较显著，其影响并没有因为气泡沉深的增加而减弱。和前面的分析一样，气泡的迁移吸收了能量，削减了气泡第二次脉动的最大半径，同时使气泡的脉动周期增大。

图 2.9 给出了工况 2(200kg TNT/40m) 的四种气泡的最大流体加速度的时间历程曲线。同样，在较大的气泡沉深的条件下，自由表面的影响已经很微弱，对最大流体加速度的峰值影响不大，只是对气泡的脉动周期有所影响。

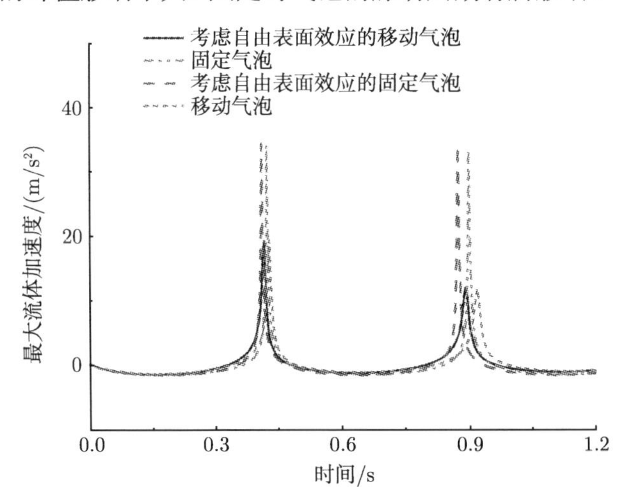


图 2.9 最大流体加速度的时间历程曲线 (工况 2: 200kg TNT/40m)

但是，气泡的迁移效应对流体加速度的峰值影响仍非常显著。如果不考虑气泡的迁移效应，计算结果将会产生非常大的误差，使计算得到的最大流体加速度的峰值距离真实值偏大很多。

图 2.10 所示的是工况 2(200kg TNT/40m) 条件下的自由表面效应对气泡迁移的影响。可以直观地观察到两条曲线几乎重合，进一步验证了深水爆炸中，由于距离自由表面较远，自由表面效应的影响很小。

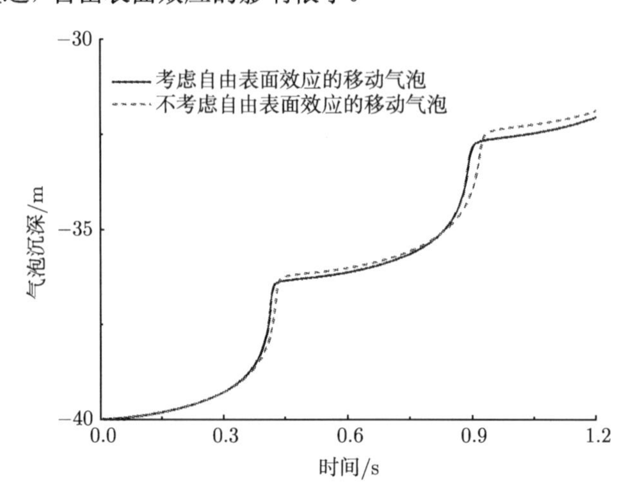


图 2.10　气泡沉深的时间历程曲线 (工况 2: 200kg TNT/40m)

最后来讨论药量对气泡特性的影响。在初始条件中增大药量，即按工况 3 的条件，将 400kg TNT 药包布置在水下 20m 处。药量的增加使爆炸威力增强，会使气泡的最大半径和最大流体加速度均大幅增加。图 2.11~图 2.13 所示为工况 3 条件下四种气泡的特征参数的时间历程曲线。

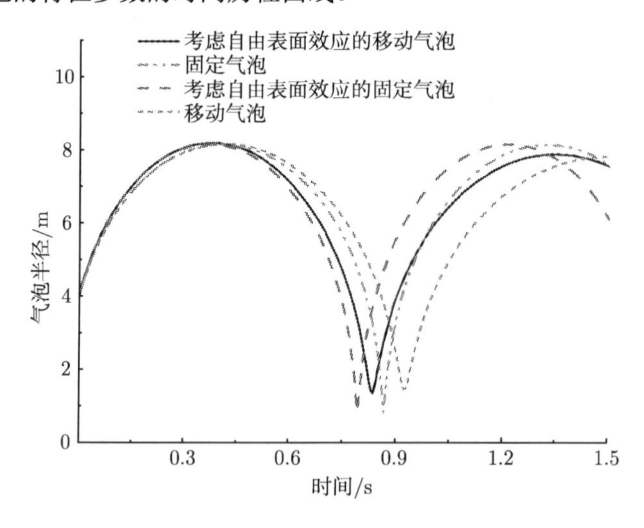


图 2.11　气泡半径的时间历程曲线 (工况 3: 400kg TNT/20m)

图 2.11 给出了工况 3(400kg TNT/20m) 条件下四种气泡的气泡半径的时间历程曲线。和前面两种工况相比，工况 3 的最大特点是脉动气泡的最大半径和周期都明显增大。从图中可以观察到，四种条件下的最大气泡半径仍然相差不大。即使药量大幅增加，气泡的迁移效应和自由表面效应对最大半径的影响仍然不是很显著。

但可以明显观察到，两种效应对气泡的脉动周期影响要比前面两种工况更为显著。气泡的迁移使气泡脉动周期增大，而自由表面的影响却削减了气泡脉动的周期。这种差异在气泡第一次脉动时就已经明显显现出来。可见大药量下，气泡的迁移效应和自由表面效应对气泡周期的影响加大。

图 2.12 为工况 3(400kg TNT/20m) 的四种气泡的最大流体加速度的时间历程曲线。由于药量较大，最大流体加速度的峰值也非常大。

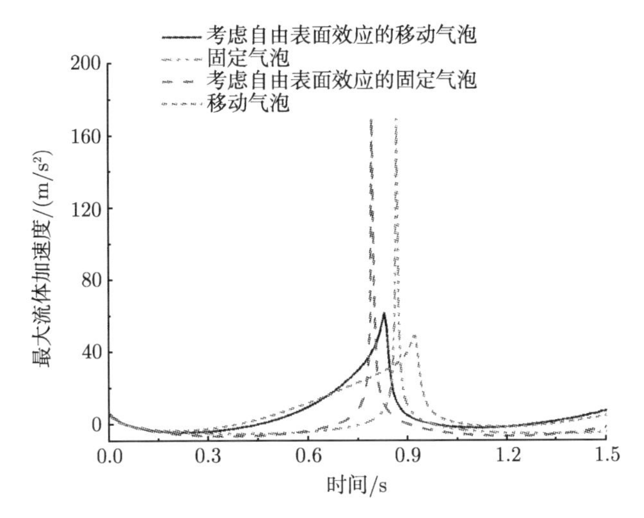


图 2.12 最大流体加速度的时间历程曲线 (工况 3: 400kg TNT/20m)

和前面的分析相同，在工况 3 条件下，气泡的迁移效应对流体加速度的影响仍然非常显著，不考虑迁移效应的气泡的最大流体加速度峰值比迁移气泡要高出 3 倍多，误差很大。

大药量条件下，自由表面效应对流体加速度的峰值也有较大削弱，同时使气泡的第一次脉动周期发生了显著的减小。

图 2.13 所示的是工况 3(400kg TNT/20m) 条件下的自由表面效应对气泡迁移的影响。可以观察到两条曲线差异很明显，在第一次气泡急速上升的拐点处，两者有 1m 左右的差别。

因此，由工况 3 的几组算例得到的结论是：随着药量的增加，气泡迁移效应和自由表面效应对气泡特性的影响会加大，即药量越大，越不能忽略上述两种效应对气泡所产生的影响。

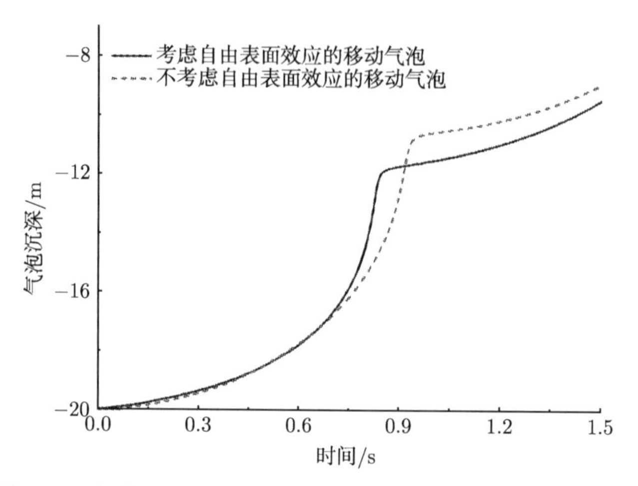


图 2.13　气泡沉深的时间历程曲线 (工况 3: 400kg TNT/20m)

### 2.2.2　气泡的运动特征分析

2.2.1 节通过算例分析了不同工况下气泡的迁移效应和自由表面效应对气泡的影响，本节主要来研究气泡本身的运动特征。

取 200kg TNT 炸药布置在自由水面下 20m 处。计算中考虑气泡的迁移效应和自由表面效应。同样为忽略冲击波效应的影响，仍取爆炸后 0.05s 作为初始时间。气泡半径、气泡沉深和最大流体加速度的时间历程曲线如图 2.14 所示。

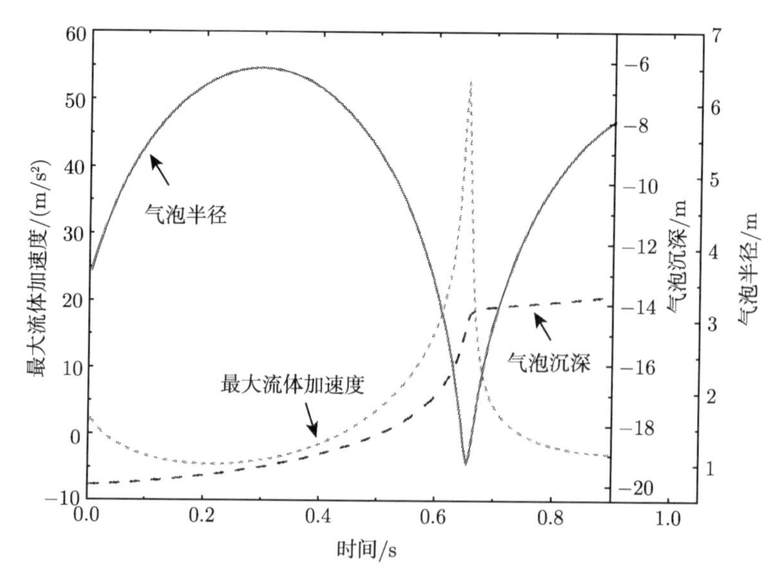


图 2.14　气泡半径、气泡沉深和最大流体加速度的时间历程曲线 (200kg TNT/20m)

从图 2.14 中可以看到，气泡半径首先增大到最大值，然后在 $t = 0.65\text{s}$ 时减小到最小值。因为在这一过程中，在气泡内部气体的高压力作用下，气泡会发生急速膨胀，并推动周围的水介质快速向外运动。与此同时，气泡内部的压力下降，直到和周围水介质的压力相等。但是由于惯性的作用，气泡还会继续膨胀，直到气泡内部压力比周围的水介质压力低很多，气泡的半径达到最大值。

随后，由于周围水压高于气泡内部压力，水介质开始反向向爆心流动，同时压缩气泡。随着气泡半径的减小，气泡内部的压力迅速增加。流体的最大加速度也随着气泡半径的减小而迅速增加。

之后，流向爆心的水介质又使气泡过度压缩，气泡的内部压力又高于周围静水压力，在 $t = 0.65\text{s}$ 气泡半径减小到最小值之后，气泡开始回弹，因为此时气泡内部压力已经变得非常大。此时的气泡载荷作用于结构上，会对结构造成很大的冲击和破坏。随后气泡半径随着时间增加而增大。同时，在气泡回弹的过程中，流体加速度迅速衰减到零以下。

当气泡半径在最大值附近时，气泡中心位置上升得很缓慢，而当气泡半径要达到最小值时，气泡开始快速地向上迁移。

按照上面所述的运动特征，气泡如此反复地进行振荡，即形成了水中气泡的脉动现象。

### 2.2.3 气泡周期与最大半径的验证

为了验证气泡计算的正确性，选取 TNT 炸药的药量分别为 200kg、300kg 和 400kg；气泡沉深分别为 20m、30m 和 40m。这样共 9 种工况。分别计算 9 种工况下的气泡最大半径和第一次脉动周期。

同样，利用 Cole[1] 基于试验观测得到的经验公式进行 9 种工况条件下的计算，如式 (2.57) 与式 (2.58) 所示：

$$T_{\mathrm{b}} = 2.11\frac{W^{\frac{1}{3}}}{(D+10.3)^{\frac{5}{6}}} \tag{2.57}$$

$$R_{\max} = 3.38\left(\frac{W}{D+10.3}\right)^{\frac{1}{3}} \tag{2.58}$$

式中，$W$ 为爆炸药量；$D$ 为气泡沉深；$T_{\mathrm{b}}$ 为气泡的第一次脉动周期；$R_{\max}$ 为气泡的最大半径。

将各种工况条件下的数值计算结果和 Cole 的经验公式的计算结果分别列在表 2.2 中。从表中计算结果的比较可以看到，数值计算结果与经验公式结果吻合很好，从而验证了本节中气泡数值计算方法的可行性和有效性。

表 2.2　气泡最大半径与第一次脉动周期的比较

| 药量/kg | 深度/m | 最大半径/m | | 第一次脉动周期/s | |
|---|---|---|---|---|---|
| | | 本节 | Cole | 本节 | Cole |
| 200 | 20 | 6.5 | 6.4 | 0.70 | 0.72 |
| 200 | 30 | 5.9 | 5.8 | 0.56 | 0.57 |
| 200 | 40 | 5.4 | 5.4 | 0.47 | 0.47 |
| 300 | 20 | 7.5 | 7.3 | 0.80 | 0.82 |
| 300 | 30 | 6.7 | 6.6 | 0.63 | 0.65 |
| 300 | 40 | 6.2 | 6.1 | 0.53 | 0.54 |
| 400 | 20 | 8.2 | 8.0 | 0.88 | 0.91 |
| 400 | 30 | 7.4 | 7.3 | 0.70 | 0.71 |
| 400 | 40 | 6.8 | 6.8 | 0.58 | 0.59 |

## 2.3　本章小结

本章主要对球形气泡的动力学理论和计算方法进行了介绍。基于势流理论，介绍了一个考虑气泡迁移效应、自由表面效应和气泡阻力的球形气泡模型。通过算例计算，讨论了不同药量和气泡沉深下，气泡迁移效应和自由表面效应对计算结果的影响，并对气泡的运动特征进行了分析，详细讨论了气泡的半径、流体的最大加速度和气泡沉深的时间历程变化特点。最后，对气泡周期与最大半径的数值计算结果进行了对比和验证。

通过算例的分析，可以得到以下结论。

(1) 气泡的迁移效应和自由表面效应对气泡的最大半径的影响并不很大。两种效应对第一次气泡脉动的最大半径影响很小。气泡的迁移吸收了能量会削减气泡第二次脉动的最大半径。

(2) 气泡的迁移效应和自由表面效应对气泡的脉动周期影响很大。气泡的迁移使气泡脉动周期增大，而自由表面效应的影响会使气泡脉动的周期减小。

(3) 气泡的迁移效应对流体加速度的影响极大，如不考虑气泡的迁移将会产生很大的误差，而自由表面效应对流体加速度的峰值影响相对较小，会使流体加速度的峰值有所削弱，持续时间变长。

(4) 随着气泡沉深的增加，气泡距离自由表面越来越远，受到自由表面的反射效果影响越来越弱。

(5) 随着药量的增加，气泡迁移效应和自由表面效应对气泡特性的影响加大。

(6) 当气泡半径收缩到最小时，周围的流体加速度急速增加到最大，此时的气泡载荷如果作用于结构上，会对结构造成较大的冲击和破坏。

# 附录 A　另一种简单球形气泡模型 [30]

考虑最简单的情形，爆炸点在距离自由液面较大的深度，如图 A.1 所示。这样的气泡不会受到自由水面的影响。假设气泡的中心位置是固定的，气泡在任意时刻的半径和压力分别为 $a(t)$ 和 $P(t)$。

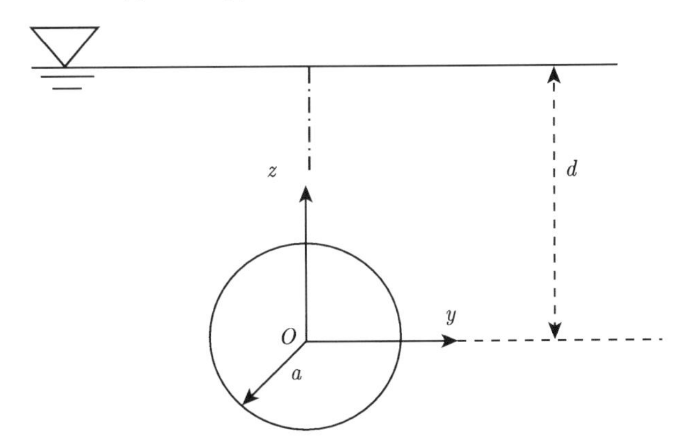


图 A.1　中场爆炸气泡几何示意图

假设初始半径 $a_0$ 和压力 $P_0$ 已给定。在该流场区域内，速度势 $\varphi$ 满足 Laplace 方程和脉动气泡表面上的边界条件：

$$\nabla^2\varphi = \frac{\partial^2\varphi}{\partial x^2} + \frac{\partial^2\varphi}{\partial y^2} + \frac{\partial^2\varphi}{\partial z^2} = 0 \qquad \text{(在整个流场内)} \tag{A.1a}$$

$$\frac{\partial\varphi}{\partial t} = -\frac{P_{\mathrm{g}}}{\rho_0} - \frac{1}{2}|\nabla\varphi|^2 - g\mathrm{d} \qquad \text{(在脉动气泡的表面上)} \tag{A.1b}$$

$$\frac{\mathrm{d}a}{\mathrm{d}t} = \frac{\partial\varphi}{\partial r} \qquad \text{(在脉动气泡的表面上)} \tag{A.1c}$$

$$|\nabla\varphi| \to 0 \qquad \text{(在距气泡无限远处)} \tag{A.1d}$$

其中，$P_{\mathrm{g}}$ 是气泡内部的压力；$d$ 是气泡沉深；$g$ 是重力加速度；$\rho_0$ 是流体的密度。而气泡内部是压力均衡的理想气体，这样，可以得到

$$\frac{P_{\mathrm{g}}}{P_0} = \left(\frac{\frac{4}{3}\pi a_0^3}{\frac{4}{3}\pi a^3}\right)^{\gamma} = \left(\frac{a_0}{a}\right)^{3\gamma} \tag{A.2}$$

式中，$\gamma$ 为比热率，对于 TNT 水下爆炸而生成的气泡，$\gamma$ 一般取为 1.25[1]。

方程 (A.1a)～(A.1d) 联立的解可由设置在气泡中心的点源来近似，设点源的强度为 $e$，则解的形式可以表示为

$$\varphi = \frac{e}{r} \tag{A.3}$$

将式 (A.2) 和式 (A.3) 分别代入式 (A.1b) 与式 (A.1c), 可以得到

$$\frac{\mathrm{d}e}{\mathrm{d}t} = -\frac{aP_0}{\rho_0}\left(\frac{a_0}{a}\right)^{3\gamma} - \frac{e^2}{2a^3} - gad_0 \tag{A.4a}$$

$$\frac{\mathrm{d}a}{\mathrm{d}t} = -\frac{e}{a^2} \tag{A.4b}$$

当给定初始条件时，就可用四阶 Runge-Kutta 方法对方程 (A.4a) 和 (A.4b) 进行求解，得到的解是与时间有关的两个函数 $e(t)$ 和 $a(t)$。

# 第 3 章　球形气泡载荷作用下船体的刚体和弹性响应

中场非接触水下爆炸中，船体在气泡载荷作用下的弹性响应通常由两部分组成：弹性变形和刚体运动。船长较小的船体在水下爆炸气泡载荷作用下，会产生明显的刚体位移。二战中，实际观测到潜艇在气泡脉动载荷作用下的刚体位移可以达到 7～10m。

本章主要建立弹性船体梁与气泡之间的包含刚体运动的流体–结构耦合模型。并以不同船型的两条实船作为算例，分别计算两船在气泡载荷作用下包含刚体运动和不包含刚体运动的动态响应，讨论气泡作用下船体梁的水弹性响应特征，详细分析船体梁在气泡脉动载荷作用下产生的共振破坏机理 [29,38]。

## 3.1　船体梁总体响应理论

船体细长，一般可以将船体简化为一个浮在水面的变截面梁。船体梁上任意一点的位移由刚体位移和弹性变形组成。因此，计算船体梁的动态响应时需要特殊的解法。

根据 Bernoulli-Euler 梁理论，气泡载荷作用下船体梁的瞬态响应的平衡方程为

$$\frac{\partial^2}{\partial x^2}\left(\mathrm{EI}\frac{\partial^2 W(x,t)}{\partial x^2}\right)+M_{\mathrm{h}}\frac{\partial^2 W(x,t)}{\partial t^2}+\rho g S W(x,t)=F(x,t) \tag{3.1}$$

式中，EI 为船体梁的截面刚度；$W(x,t)$ 为船体梁在某截面处的挠度；$M_{\mathrm{h}}$ 为船体梁某截面处 (厚度为单位长度) 的质量；$\rho$ 为水的密度；$S$ 为水线面的宽度；$F(x,t)$ 为加载在船体梁某截面处的总流体载荷。

对于船体梁某截面上的总流体载荷 $F(x,t)$，可以用图 3.1 中的流体–结构耦合模型来研究。假设流体为无黏且不可压缩，这样流场中存在速度势 $\varPhi$ 满足 Laplace 方程。假设气泡距离船体梁较远，这样将流体域分为两部分：一部分为靠近气泡但远离船体梁的流体域 $D_{\mathrm{b}}$，另一部分为远离气泡但靠近船体梁的流体域 $D_{\mathrm{p}}$。在 $D_{\mathrm{b}}$ 中，气泡产生了纯径向的流速，且这个流速可以沿三个方向分解，分别对应沿船长的纵轴 $x$、横轴 $y$ 和垂直轴 $z$；而对于 $D_{\mathrm{p}}$，近似地认为仅 $z$ 轴方向对船体梁有作用，且在每一个船体梁截面周围，流速的大小和方向一致。这样，在 $D_{\mathrm{p}}$ 内，可以应用二维流场来近似取代三维流场。这种处理方法类似于切片法 [40]。基于上述假设，在 $D_{\mathrm{p}}$ 内，可得

$$\nabla^2 \Phi = \frac{\partial^2 \Phi}{\partial y^2} + \frac{\partial^2 \Phi}{\partial z^2} = 0 \quad (\text{在 } D_{\mathrm{p}} \text{ 内}) \tag{3.2a}$$

$$\frac{\partial \Phi}{\partial r} = \frac{\partial W}{\partial t} \cos\theta \quad (\text{在物面上}) \tag{3.2b}$$

$$\frac{\partial \Phi}{\partial r} = 0 \quad (\text{在无穷远处}) \tag{3.2c}$$

$$\Phi = 0 \quad (\text{在自由表面上}) \tag{3.2d}$$

其中，式 (3.2b) 为物面条件，表示物面上流体质点的法向速度必须和物面的法向方向一致，也称为物面不可穿透条件。式中的 $\theta$ 为法向向量与横轴 $y$ 的夹角。式 (3.2d) 为自由表面条件，需要应用镜像法来研究：利用船体梁浸没在水中的部分截面加上自由表面上方对应的镜像截面组成无限流场，以代替存在自由表面的半无限流场。这样，等效于无限流场中的一个封闭边界的物面，如图 3.1 所示。

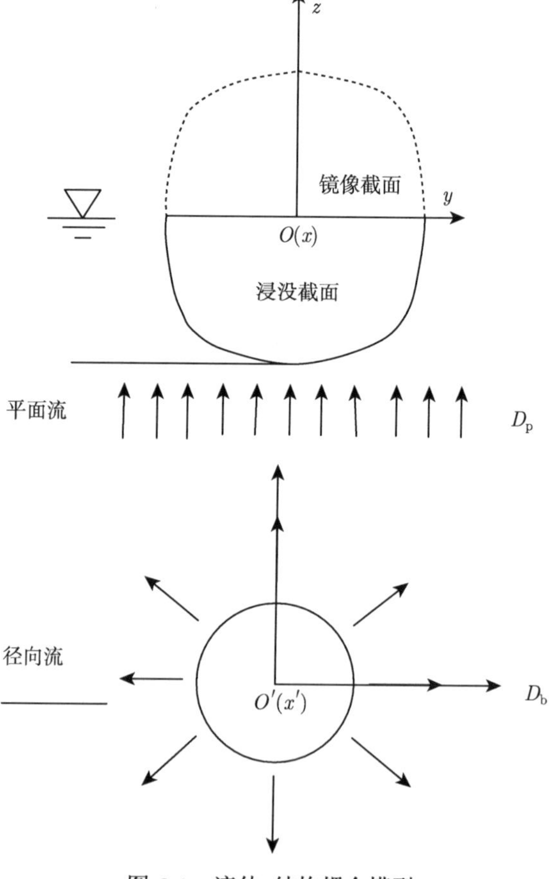


图 3.1　流体–结构耦合模型

流场中的总速度势 $\Phi$ 由三部分组成:

$$\Phi = \varphi_{\mathrm{b}} + \varphi_{\mathrm{D}} + \varphi_{\mathrm{R}} \tag{3.3}$$

其中，$\varphi_{\mathrm{b}}$ 为物体不存在时，来流在物体所在处产生的入射势；$\varphi_{\mathrm{D}}$ 为船体梁无任何变形时引起的绕射势；$\varphi_{\mathrm{R}}$ 为由船体梁的响应产生的辐射势。

此时作用在船体梁上的动压力可以由线性 Bernoulli 方程 $P = -\rho\partial\Phi/\partial t$ 求得，船体梁某截面上 (厚度为单位长度) 的总流体载荷 $F(x,t)$ 可以由动压力 $P$ 在梁表面上的积分得到。

对于入射势 $\varphi_{\mathrm{b}}$ 产生的入射载荷 $F_{\mathrm{b}}(x,t)$ 可表示为

$$F_{\mathrm{b}}(x,t) = \oint_{C(x)} P_{\mathrm{b}}(x,y,z;t) n_z \mathrm{d}l(y,z;x) = \oint_{C(x)} \left(-\rho\frac{\partial\varphi_{\mathrm{b}}}{\partial t}\right) n_z \mathrm{d}l(y,z;x) \tag{3.4}$$

式中，$\oint_{C(x)}(\cdot)n_z\mathrm{d}l(x)$ 为船体梁截面 $C(x)$ 处的积分；$n_z$ 为船体梁截面的外表面单位向量的方向余弦的垂直方向分量。根据高斯公式，近似有

$$\oint_{C(x)} \left(-\rho\frac{\partial\varphi_{\mathrm{b}}}{\partial t}\right) n_z \mathrm{d}l \approx \oint_{C(x)} \nabla\left(-\rho\frac{\partial\varphi_{\mathrm{b}}}{\partial t}\right)\mathrm{d}V(x) \tag{3.5}$$

式中，$V(x)$ 为单位厚度的船体梁截面 $C(x)$ 处的浸没体积，

$$\nabla\left(-\rho\frac{\partial\varphi_{\mathrm{b}}}{\partial t}\right) \approx \rho\frac{\partial}{\partial z}\left(\frac{\partial\varphi_{\mathrm{b}}}{\partial t}\right) = \rho\frac{\partial}{\partial t}\left(\frac{\partial\varphi_{\mathrm{b}}}{\partial z}\right) = \rho\dot{u} \tag{3.6}$$

入射载荷 $F_{\mathrm{b}}(x,t)$ 为

$$F_{\mathrm{b}}(x,t) = \oint_{C(x)} \nabla\left(-\rho\frac{\partial\varphi_{\mathrm{b}}}{\partial t}\right)\mathrm{d}V(x) = \rho\dot{u}V(x) = \overline{M}_{\mathrm{w}}(x)\dot{u} \tag{3.7}$$

式中，$\overline{M}_{\mathrm{w}}(x)$ 为船体梁截面 $C(x)$ 处的排水质量；$\dot{u}$ 为该截面的垂向流体加速度。

对于绕射势 $\varphi_{\mathrm{D}}$，在域 $D_{\mathrm{p}}$ 内满足

$$\nabla^2\varphi_{\mathrm{D}} = 0 \quad (\text{在 } D_{\mathrm{p}} \text{ 内}) \tag{3.8a}$$

$$\frac{\partial\varphi_{\mathrm{D}}}{\partial r} = -u\cos\theta \quad (\text{在物面上}) \tag{3.8b}$$

$$|\nabla\varphi_{\mathrm{D}}| \to 0 \quad (\text{在无穷远处}) \tag{3.8c}$$

式中，$u$ 为域 $D_{\mathrm{p}}$ 内来流的垂向速度。

对于绕射势 $\varphi_{\rm D}$ 产生的绕射载荷 $F_{\rm D}(x,t)$:

$$F_{\rm D}(x,t)=\oint_{C(x)}P_{\rm D}n_z{\rm d}l=\oint_{C(x)}\left(-\rho\frac{\partial\varphi_{\rm D}}{\partial t}\right)n_z{\rm d}l=\dot{u}\rho\oint_{C(x)}\left(\varphi_{\rm D}\frac{\partial\varphi_{\rm D}}{\partial n}\right){\rm d}l=M_{\rm a}\dot{u} \tag{3.9}$$

式中，$M_{\rm a}$ 为单位长度附加质量。

同样，由船体梁的响应产生的辐射势 $\varphi_{\rm R}$ 满足:

$$\nabla^2\varphi_{\rm R}=0\quad(\text{在 }D_{\rm p}\text{ 内}) \tag{3.10a}$$

$$\frac{\partial\varphi_{\rm R}}{\partial r}=\frac{\partial W}{\partial t}\cos\theta\quad(\text{在物面上}) \tag{3.10b}$$

$$|\nabla\varphi_{\rm R}|\to 0\quad(\text{在无穷远处}) \tag{3.10c}$$

此时对于辐射势 $\varphi_{\rm R}$ 产生的辐射载荷 $F_{\rm R}(x,t)$ 为

$$F_{\rm R}(x,t)=\oint_{C(x)}\left(-\rho\frac{\partial\varphi_{\rm R}}{\partial t}\right)n_z{\rm d}l=-\frac{\partial^2W}{\partial t^2}\rho\oint_{C(x)}\left(\varphi_{\rm R}\frac{\partial\varphi_{\rm R}}{\partial n}\right){\rm d}l=-M_{\rm a}\frac{\partial^2W}{\partial t^2} \tag{3.11}$$

综上分析，由式 (3.7)、式 (3.9) 与式 (3.11) 可得，此时加载在船体梁某截面上的总流体载荷 $F(x,t)$ 为 [16,29,30,31]

$$F(x,t)=(M_{\rm a}+\overline{M}_{\rm w})\dot{u}-M_{\rm a}\frac{\partial^2W(x,t)}{\partial t^2} \tag{3.12}$$

其中，附加质量 $M_{\rm a}$ 可以采用数值方法计算，或者可以由下式估算:

$$M_{\rm a}=\frac{1}{2}\alpha_{\rm V}k_{\rm V}c_{\rm V}\rho\pi b^2 \tag{3.13}$$

式中，$b$ 为船体截面在水线处的半宽值；$\alpha_{\rm V}$ 为浅水修正系数，这个系数主要表征水深对附加质量的影响，按照水深和半宽值 $b$ 的比值进行查表确定，对无限水深条件下，$\alpha_{\rm V}$ 取为 1.0；$k_{\rm V}$ 为三维流动修正系数，用来表征船体截面周围流体三维流动对附加质量计算的影响，按照船长和船宽的比值可以进行查表确定；$c_{\rm V}$ 为形状修正系数，用来表征船体截面不规则形状对附加质量的影响，同样，按照船体截面的半宽和吃水的比值与中横剖面系数进行查表确定。

将式 (3.12) 代入式 (3.1) 中可以得到

$$\frac{\partial^2}{\partial x^2}\left({\rm EI}\frac{\partial^2W(x,t)}{\partial x^2}\right)+(M_{\rm h}+M_{\rm a})\frac{\partial^2W(x,t)}{\partial t^2}+\rho gSW(x,t)=(M_{\rm a}+\overline{M}_{\rm w})\dot{u} \tag{3.14}$$

设

$$M=M_{\rm h}+M_{\rm a} \tag{3.15}$$

$$F = (M_{\mathrm{a}} + \overline{M}_{\mathrm{w}})\dot{u} \tag{3.16}$$

$$h = \rho g S \tag{3.17}$$

式 (3.14) 可以写成

$$\frac{\partial^2}{\partial x^2}\left(\mathrm{EI}\frac{\partial^2 W(x,t)}{\partial x^2}\right) + M\frac{\partial^2 W(x,t)}{\partial t^2} + hW(x,t) = F(x,t) \tag{3.18}$$

对式 (3.18) 进行无量纲化，引入无量纲量：

$$\frac{W(x,t)}{L} = w(x,t) \tag{3.19}$$

$$\frac{\mathrm{EI}}{\varDelta L^4} = k \tag{3.20}$$

$$\frac{M}{\varDelta} = m \tag{3.21}$$

$$\xi = \frac{x}{L} \tag{3.22}$$

$$f = \frac{F}{\varDelta L} \tag{3.23}$$

式中，$L$ 为半船长；$\varDelta$ 为排水量。

利用关系式

$$\frac{\partial}{\partial x} = \frac{\partial}{\partial \xi}\cdot\frac{1}{L} \tag{3.24}$$

$$\frac{\partial^2}{\partial x^2} = \frac{\partial^2}{\partial \xi^2}\cdot\frac{1}{L^2} \tag{3.25}$$

式 (3.18) 可以写成

$$\frac{\partial^2}{\partial \xi^2}\left(k\frac{\partial^2 w(\xi,t)}{\partial \xi^2}\right) + m\frac{\partial^2 w(\xi,t)}{\partial t^2} + hw = f(\xi,t) \tag{3.26}$$

船体梁的变形可以表达为一系列振型函数的线性组合。应用 Rayleigh-Ritz 方法，选取均匀自由梁的振型函数作为近似振型函数，它满足自由梁的边界条件 (即两自由端的弯矩和剪力为零)。同样定义一系列船体梁的振型坐标 $\zeta_{j-1}(t)$，这样可以得到

$$w(\xi,t) = \sum_{j=1}^{N}\zeta_{j-1}(t)\psi_{j-1}(\xi) \tag{3.27}$$

式中，$\psi_{j-1}(\xi)$ 为均匀梁的第 $j-1$ 阶振型；$N$ 为选取的最大振型的阶数。

这里需要提到的是，$\psi_0(\xi)$, $\psi_1(\xi)$ 为均匀梁的刚体运动的振型函数，分别代表刚体的平动和转动。对于船体梁来说，它们则分别表示船体的升沉和纵摇。在后面的计算中，可以通过 $\psi_0(\xi)$,$\psi_1(\xi)$ 来考虑船体梁的刚体运动。

在式 (3.26) 两端分别乘以 $\psi_{i-1}(\xi)$，然后沿船长积分，有

$$\int_{-1}^{1}\frac{\partial^2}{\partial\xi^2}\left(k\frac{\partial^2 w(\xi,t)}{\partial\xi^2}\right)\psi_{i-1}(\xi)\,\mathrm{d}\xi+\int_{-1}^{1}m\frac{\partial^2 w(\xi,t)}{\partial t^2}\psi_{i-1}(\xi)\,\mathrm{d}\xi$$
$$+\int_{-1}^{1}hw(\xi,t)\,\psi_{i-1}(\xi)\,\mathrm{d}\xi=\int_{-1}^{1}f(\xi,t)\psi_{i-1}(\xi)\mathrm{d}\xi \tag{3.28}$$

再将式 (3.27) 代入式 (3.28)，可以得到

$$\sum_{j=1}^{N}\ddot{\zeta}_{j-1}(t)\int_{-1}^{1}m\psi_{j-1}(\xi)\,\psi_{i-1}(\xi)\,\mathrm{d}\xi+\sum_{j=1}^{N}\zeta_{j-1}(t)\int_{-1}^{1}\frac{\partial^2}{\partial\xi^2}\left[k\psi''_{j-1}(\xi)\right]\psi_{i-1}(\xi)\,\mathrm{d}\xi$$
$$+\sum_{j=1}^{N}\zeta_{j-1}(t)\int_{-1}^{1}h(\xi)\,\psi_{j-1}(\xi)\psi_{i-1}(\xi)\,\mathrm{d}\xi=\int_{-1}^{1}f(\xi,t)\psi_{i-1}(\xi)\mathrm{d}\xi \tag{3.29}$$

令

$$\boldsymbol{Z}=(\zeta_0,\zeta_1,\cdots,\zeta_N)^{\mathrm{T}} \tag{3.30}$$

$$\boldsymbol{F}_i=\int_{-1}^{1}f(\xi,t)\psi_{i-1}(\xi)\,\mathrm{d}\xi \tag{3.31}$$

$$\boldsymbol{M}_{ij}=\int_{-1}^{1}m\psi_{j-1}(\xi)\psi_{i-1}(\xi)\,\mathrm{d}\xi \tag{3.32}$$

$$\boldsymbol{K}_{ij}=\int_{-1}^{1}\frac{\partial^2}{\partial\xi^2}\left[k\psi''_{j-1}(\xi)\right]\psi_{i-1}(\xi)\,\mathrm{d}\xi+\int_{-1}^{1}h(\xi)\,\psi_{j-1}(\xi)\psi_{i-1}(\xi)\,\mathrm{d}\xi \tag{3.33}$$

式 (3.33) 右端项的第一项可以进行分部积分得到

$$\int_{-1}^{1}\frac{\partial^2}{\partial\xi^2}\left[k\psi''_{j-1}(\xi)\right]\psi_{i-1}(\xi)\,\mathrm{d}\xi$$
$$=\frac{\partial}{\partial\xi}\left[k\psi''_{j-1}(\xi)\right]\psi_{i-1}(\xi)\Big|_{-1}^{1}-\int_{-1}^{1}\frac{\partial}{\partial\xi}\left[k\psi''_{j-1}(\xi)\right]\psi'_{i-1}(\xi)\,\mathrm{d}\xi \tag{3.34}$$

同样式 (3.34) 右端项的第二项可以继续进行分部积分：

$$\int_{-1}^{1}\frac{\partial^2}{\partial\xi^2}\left[k\psi''_{j-1}(\xi)\right]\psi_{i-1}(\xi)\,\mathrm{d}\xi$$
$$=\frac{\partial}{\partial\xi}\left[k\psi''_{j-1}(\xi)\right]\psi_{i-1}(\xi)\Big|_{-1}^{1}$$
$$-\left[k\psi''_{j-1}(\xi)\right]\psi'_{i-1}(\xi)\Big|_{-1}^{1}+\int_{-1}^{1}k\psi''_{j-1}(\xi)\psi''_{i-1}(\xi)\,\mathrm{d}\xi \tag{3.35}$$

式 (3.35) 中右端项的第一项和第二项均等于 0，因为它们分别为边界处的剪力和弯矩。于是式 (3.33) 可以写成：

$$\boldsymbol{K}_{ij}=\int_{-1}^{1}k\psi_{j-1}''(\xi)\psi_{i-1}''(\xi)\,\mathrm{d}\xi+\int_{-1}^{1}h(\xi)\,\psi_{j-1}(\xi)\psi_{i-1}(\xi)\,\mathrm{d}\xi \tag{3.36}$$

根据式 (3.30)~式 (3.32) 和式 (3.36)，式 (3.29) 可以表达为矩阵形式：

$$\boldsymbol{M}\ddot{\boldsymbol{Z}}+\boldsymbol{K}\boldsymbol{Z}=\boldsymbol{F} \tag{3.37}$$

当给定初始条件，式 (3.37) 就可以利用四阶 Runge-Kutta 方法进行数值求解。它的解即为 $\zeta_{j-1}(t)$, $j=1\sim N$。

这样可以得到每一时间步的 $\zeta_{j-1}(t)$，再由式 (3.27) 就可以得到船体梁在气泡作用下的弹性动态响应。

同样，弹性船体梁的弯矩可表示为

$$M(\xi,t)=\mathrm{EI}(\xi)W''(\xi,t)=\varDelta L^3k(\xi)w''(\xi,t) \tag{3.38}$$

利用式 (3.38)，可以得到船体梁在每一时刻的弯矩响应。

## 3.2 算例分析 1：A 船

### 3.2.1 实船模型介绍

首先选取一艘船长较大的实船作为算例，为了简便，后面的计算中将该船简称为 A 船。A 船为一艘液化石油气船，其总布置图如图 3.2 所示，主尺度如表 3.1 所示。可以看出 A 船具有较大的主尺度，垂线间长 204m，型宽 34m，排水量为 61046t。

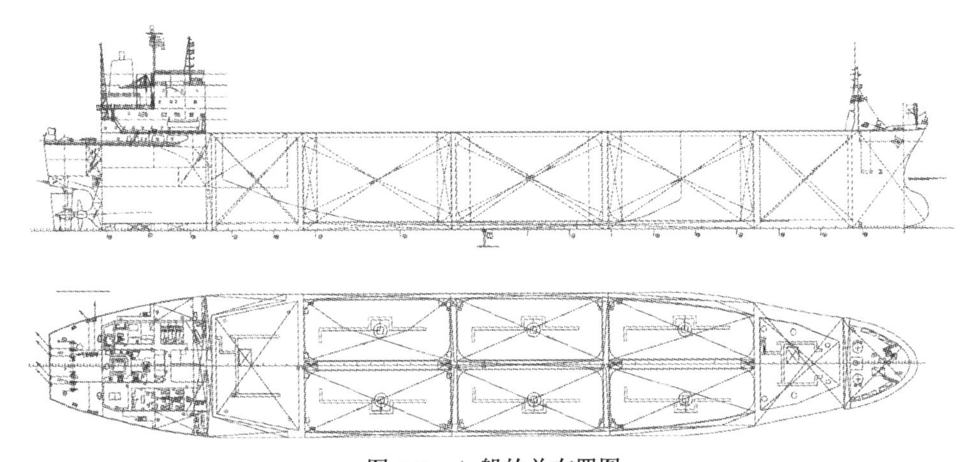

图 3.2 A 船的总布置图

**表 3.1 A 船的主尺度**

| 主尺度 | |
|---|---|
| 总长/m | 215.0 |
| 垂线间长/m | 204.0 |
| 型宽/m | 34.0 |
| 型深/m | 23.0 |
| 吃水/m | 12.027 |
| 长宽比 | 6.0 |
| 排水量/t | 61046 |

将 A 船沿船长平均分为 20 站，分别计算 A 船的各站剖面处的结构惯性矩、单位长度质量、单位长度附加质量，并统计各站剖面处的水线半宽值。将以上数据汇总，如表 3.2 所示。根据这些数据，则可以利用前面的理论对 A 船在气泡载荷下的动态响应进行计算和分析。

**表 3.2 A 船各站惯性矩、单位长度质量、单位长度附加质量值与水线半宽值**

| 站号 | 结构惯性矩/$m^4$ | 单位长度质量/(kg/m) | 单位长度附加质量/(kg/m) | 水线半宽/m |
|---|---|---|---|---|
| 0 | 87.76 | 59569.73 | 109782.3 | 8.36 |
| 1 | 172.92 | 59569.73 | 230741.2 | 12.12 |
| 2 | 194.89 | 59569.73 | 338049.3 | 14.67 |
| 3 | 216.86 | 59569.73 | 415810 | 16.27 |
| 4 | 236.24 | 362836.4 | 445455.2 | 16.84 |
| 5 | 259.93 | 367196.4 | 453960.1 | 17 |
| 6 | 260.79 | 405194.8 | 453960.1 | 17 |
| 7 | 260.79 | 405194.8 | 453960.1 | 17 |
| 8 | 260.79 | 405194.8 | 453960.1 | 17 |
| 9 | 260.79 | 405194.8 | 453960.1 | 17 |
| 10 | 260.41 | 387768.4 | 453960.1 | 17 |
| 11 | 260.13 | 383411.8 | 453960.1 | 17 |
| 12 | 260.13 | 383411.8 | 453960.1 | 17 |
| 13 | 260.01 | 382478.5 | 453960.1 | 17 |
| 14 | 259.87 | 365782 | 453960.1 | 17 |
| 15 | 253.64 | 365782 | 447043.8 | 16.87 |
| 16 | 238.56 | 365782 | 383740.7 | 15.63 |
| 17 | 223.48 | 293344.4 | 279113.1 | 13.33 |
| 18 | 208.40 | 240974 | 146883.4 | 9.67 |
| 19 | 180.90 | 240974 | 45296.9 | 5.37 |
| 20 | 81.77 | 45669.29 | 238.9181 | 0.39 |

对于舰船受到气泡载荷作用，最危险的情况是气泡位于船中部正下方的情况。此时气泡载荷作用于船体梁上，使船体梁遭受的总纵弯矩最大。因此本章的算例中，气泡均布置在船体梁的正中下方，用以研究气泡载荷作用下船体梁的总体响应。

如图 3.3 所示，设气泡位于船体梁的正中下方，这样气泡位置就仅由气泡沉深 $D$ 来确定。

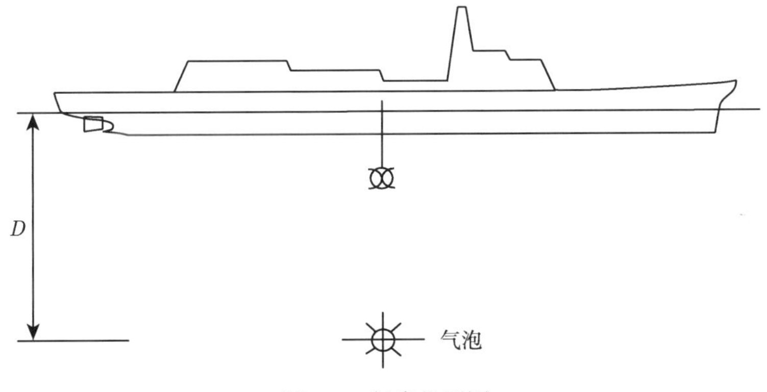


图 3.3 气泡位置图

### 3.2.2 船体梁的位移和弯矩时程响应特征

取 200kg TNT 药包布置在船中下方沉深 30m 处。这样的工况选取满足前面气泡动力学和船体梁的流体–结构耦合理论的假设。

A 船在不同时刻的典型位移曲线如图 3.4 所示。图中的位移和船长均用无量纲量来表示，即除以 A 船的半船长 $L/2$。从图 3.4 中可以观察到，A 船发生了很大的弹性变形，但刚体位移相对较小。此时 A 船的变形以一阶弹性模态响应为主，这是因为本算例中气泡的脉动频率和船体梁的一阶固有频率接近。在 0.4s 时，船体梁为中垂变形，之后在 0.8s 时，船体梁发生了反向的中拱弯曲变形。如加大药量和减小气泡沉深，会造成船体梁更大幅度的响应。在气泡载荷作用下，船体梁会这样往复弯曲运动，严重时会对船体的总体强度造成很大的影响和破坏。一般细长船体受到如气泡这样的外载荷作用时，船体容易激起与其低阶固有频率相对应的振型，呈现出一种同步弯曲运动。这种运动非常类似于长鞭在水上做波浪运动，被称为船体的鞭状振动。

当鞭状振动达到足够大的幅度时，船体梁将会受到非常大的总纵弯矩，严重时会引起船体梁的屈曲、船壳的撕裂及塑性变形毁伤。对浮在水面的细长船体来说，本节所分析的这种中场气泡脉动载荷，由于其周期性很强，当气泡载荷的脉动频率接近船体梁一、二阶固有频率时，很容易诱发鞭状振动的产生。同时，鞭状振动也会对舰船上所安装的低频设备产生非常严重的影响，引起低频设备的破坏。

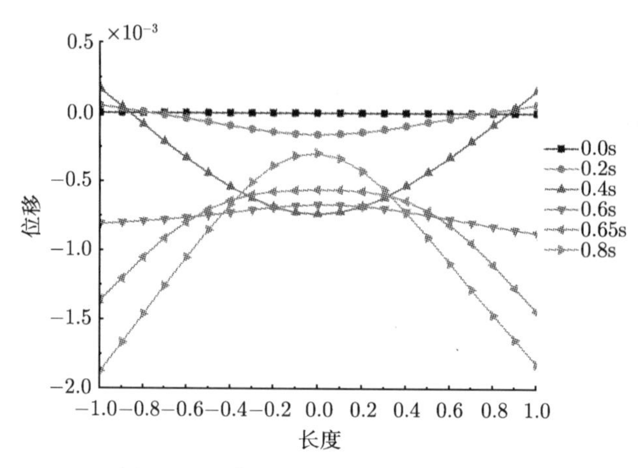


图 3.4　A 船在不同时刻的位移曲线图

图 3.5 为 A 船在不同时刻的典型弯矩曲线。图中的弯矩用无量纲量来表示，即除以各自的极限弯矩 $M_{\mathrm{u}}$。极限弯矩值是根据日本船级社的入级规范 [29] 计算得到的。A 船的极限弯矩 $M_{\mathrm{u}}$ 为 $5.33\times10^9\mathrm{N\cdot m}$。

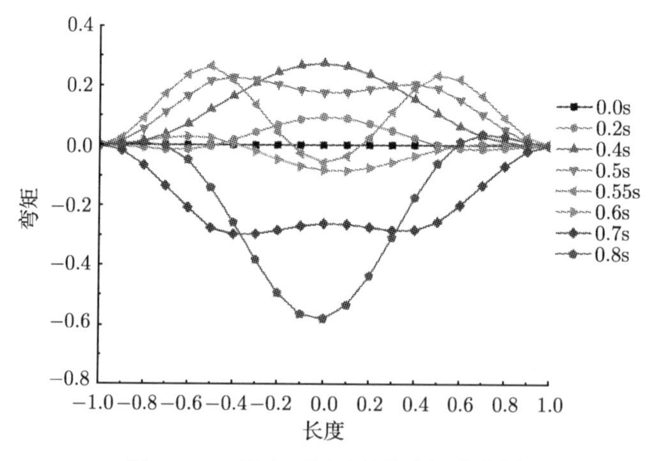


图 3.5　A 船在不同时刻的弯矩曲线图

从图 3.5 中可以观察到，气泡载荷作用下，A 船的最大弯矩发生在船中剖面处，而船首和船尾附近的弯矩最小。即船中剖面是船体梁受到气泡载荷作用时最危险的位置，此处受到的外载荷最大，总纵强度受到的挑战也最大。

选取船中剖面作为研究对象，首先讨论刚体运动对 A 船的船中处位移的影响，来比较 A 船在考虑刚体位移和不考虑刚体位移两种情况下船中位移时程变化。

两种情况的位移随时间变化曲线如图 3.6 所示。在图中，将船体梁的运动和下面气泡的运动特性联系起来观察，可以看到随着气泡的收缩，周围流体向气泡流动，促使船体梁同样向气泡移动。与此同时，气泡内部的压力逐渐变大，大约在 0.5s 时，气泡内部的压力达到最大值并传递给周围流体。此时流体对船体梁产生了很大的载荷，并使船体梁突然改变了运动方向，开始向远离气泡的方向移动。这一过程清楚地表明了气泡急速收缩和坍塌时的压力会对船体梁产生非常大的载荷。随后气泡又开始膨胀，气泡内压力不断减小，重新对船体梁产生了向下吸引的力。

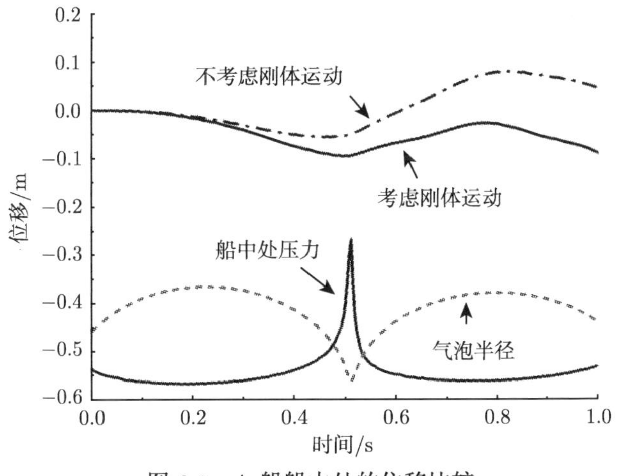


图 3.6 A 船船中处的位移比较

同样在图 3.6 中可以观察到，考虑刚体运动和不考虑刚体运动两种情况下的弹性变形的幅值和变化相差不大，刚体运动的影响不是很明显。即对于 A 船这种船长较大的船体，弹性变形占主导，而刚体运动的影响可以忽略不计。

下面继续讨论刚体运动对 A 船的船中处的总纵强度的影响。图 3.7 为 A 船在

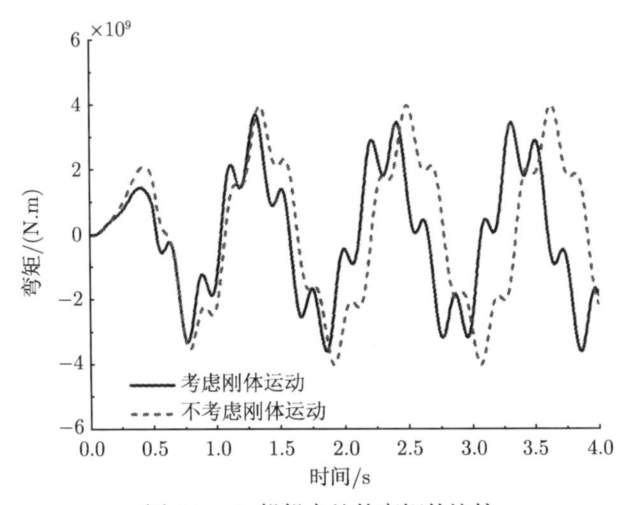


图 3.7 A 船船中处的弯矩的比较

考虑刚体运动和不考虑刚体运动两种情况下，船中处弯矩的时间历程曲线。可以观察到两种情况下的弯矩峰值和变化周期均非常接近。考虑刚体运动时，弯矩的峰值略小于不计刚体运动的工况。同时，考虑刚体运动的船体梁弯矩的振动周期也略微缩短了一些。

从而可以得出结论：比起弹性变形，此时的刚体运动对船体梁的总纵弯矩影响很小。因此对于 A 船这类船长较大的舰船，刚体运动的影响可以忽略。

### 3.2.3 气泡载荷引起的船体梁的共振响应

由 3.2.2 节分析可知，对于 A 船这类船长较大的舰船，刚体运动的影响很小，可以忽略。本节中，同样以 A 船作为算例，忽略刚体运动，重点分析和讨论船体梁的弹性变形响应的一些特征。

对于中场水下爆炸，气泡布置在足够深度，通常可以观察到气泡的一次至两次全振。取两次气泡脉动，工况为 200kg TNT 药包布置在自由水面下 20m 处。计算得到的气泡半径、最大流体加速度和气泡沉深的时间历程曲线如图 3.8 所示。同样如前面章节的分析，气泡半径先增大到最大值，然后减小到最小值。在这个过程中，随着气泡半径的减小，气泡内部的压力迅速增加，流体加速度也迅速增加。

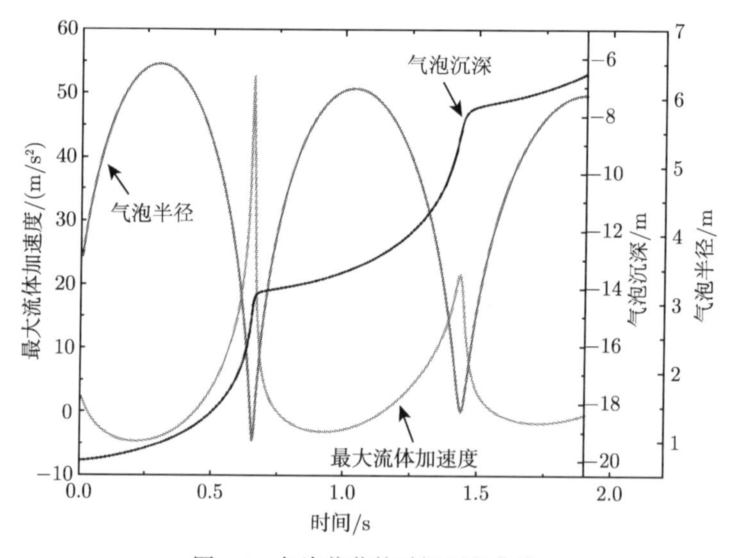


图 3.8 气泡载荷的时间历程曲线

当气泡半径减小到最小值之后，由于过度压缩，气泡开始发生回弹，随后气泡半径随着时间而增大。在回弹过程中，最大流体加速度迅速衰减到零以下。当气泡半径在最大值附近时，气泡中心位置上升得很缓慢，而当气泡半径要达到最小值时，气泡开始快速地向上迁移。而由于气泡阻力和气泡的上浮运动消耗了能量，第二次脉动的压力都要比第一次脉动小很多。正是气泡脉动的压力随着脉动次数的增加而迅速衰减，一般来说，考虑到第二次脉动压力为止就已经足够精确。因此，在本节后续的计算中，均取两次气泡脉动。

下面来分析气泡载荷作用下船体梁的弹性变形和弯矩时程响应特征和机理。以上述的 A 船作为算例，分别取 200kg TNT 药包布置在水下 30m、35m 和 40m 的三种工况。如前面分析，取两次气泡脉动。A 船在气泡载荷作用下船中处位移的时间历程曲线如图 3.9~图 3.11 所示。

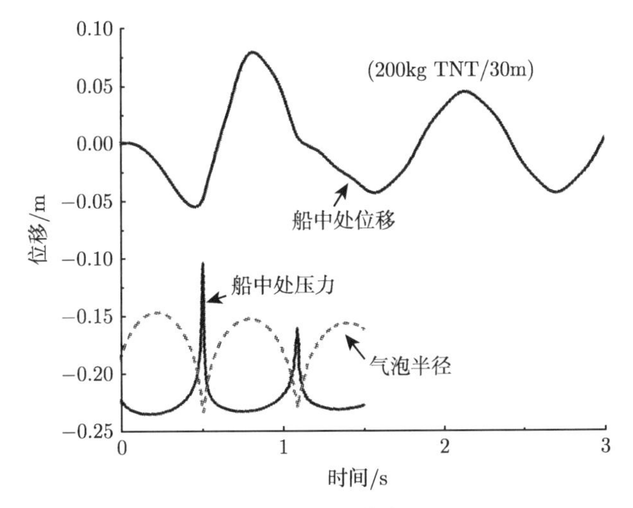


图 3.9　船中处位移的时间历程曲线 (200kg TNT/30m)

从图 3.9 中可以观察到，随着气泡半径的收缩，周围流体向气泡流动，这样船体梁同样被气泡所吸引，首先向气泡方向移动。在大约 0.5s 时，气泡内部的压力已经非常大，开始反向推动周围流体向外流动，气泡也开始向外膨胀。同样流体也作用在船体梁上，对船体梁产生一个向外的推力，船体梁在此时突然改变运动方向，开始向远离气泡的方向运动。

同样从图 3.9 中还可以清楚地观察到，气泡脉动产生的船体梁的第二次位移峰值比第一次小一些。在这种情况下，船体梁的鞭状振动呈现减弱的趋势。

在图 3.10 中，当气泡沉深增加到 35m 时，可以看到船体梁的弹性运动特性和图 3.9 中相似。但是，气泡脉动造成的船体梁的第二次弹性位移峰值基本和第一次持平，此种工况下，虽然第二次气泡载荷压力有所减弱，两次气泡脉动下的船中的鞭状振动保持稳定。

而图 3.11 所示的位移图为气泡沉深 40m 的工况，却可以观察到：虽然第二次气泡脉动载荷减弱，但船中处位移的第二次峰值却比第一次更大，即船中的鞭状振动越来越剧烈，出现了明显的共振加强的效应。

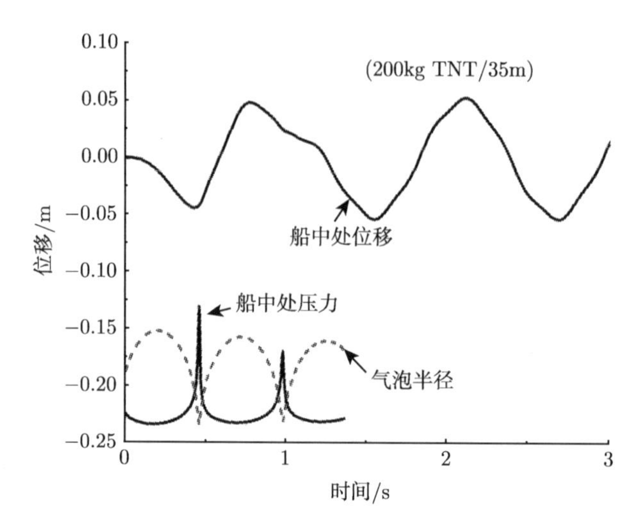


图 3.10　船中处位移的时间历程曲线 (200kg TNT/35m)

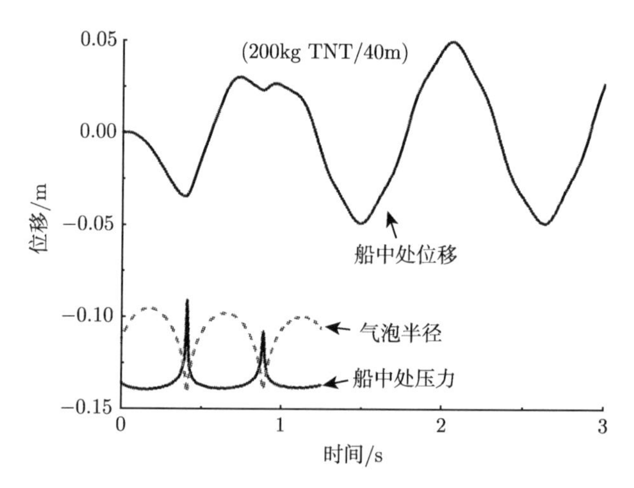


图 3.11　船中处位移的时间历程曲线 (200kg TNT/40m)

接下来讨论气泡载荷作用下，船体梁的船中处弯矩在不同工况下的时间历程特征。三种工况下船中弯矩的时间历程曲线如图 3.12~图 3.14 所示。

从图 3.12~图 3.14 的船体梁的船中弯矩时间历程曲线中可观察到，与前面的图 3.9~图 3.11 所给出的位移时程曲线不同，当气泡载荷压力达到最大时，船中的弯矩并没有同时发生剧烈变化而改变运动方向，此时在弯矩曲线上仅表现为一个小的波动，而后一段时间才到达峰值而改变方向，即弯矩的极值并不是出现在气泡压力最大值处，而是发生在气泡第一次脉动压力峰值后，气泡达到第二次负压的时候。因此可以得到结论：船体梁的最大弯矩是气泡压力峰值过后由船体梁自身的鞭状振动所诱导出的。

但是，结合两次气泡脉动，也可以发现三种工况下船中弯矩的变化也有和前面图 3.6~图 3.8 中的位移变化相同的特点，如下。

(1) 图 3.12 中，当气泡沉深为 30m 时，气泡脉动产生的船体梁的第二次弯矩峰值比第一次小一些。船体梁的弯矩响应呈现减弱的趋势。

(2) 图 3.13 中，当气泡沉深为 35m 时，船体梁的弯矩峰值基本和第一次脉动持平，虽然第二次气泡载荷有所减弱，两次气泡脉动下的船中弯矩峰值基本保持稳定。

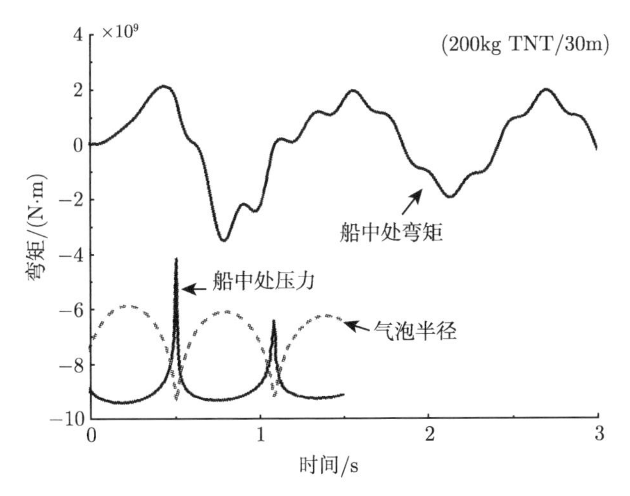


图 3.12 船中处弯矩的时间历程曲线 (200kg TNT/30m)

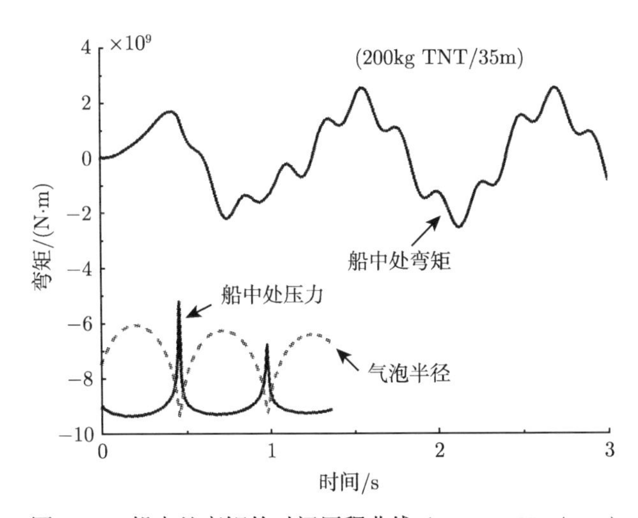


图 3.13 船中处弯矩的时间历程曲线 (200kg TNT/35m)

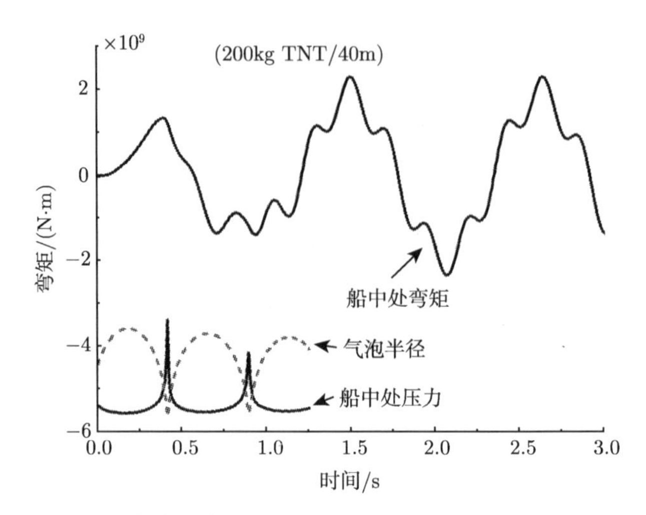


图 3.14　船中处弯矩的时间历程曲线 (200kg TNT/40m)

(3) 图 3.14 中，当气泡沉深为 40m 时，虽然第二次气泡脉动载荷峰值减弱，但船中弯矩的第二次峰值却比第一次更大，弯矩响应越来越剧烈。这种现象的产生主要是由于气泡的脉动频率和船体梁的垂向固有频率相接近而发生了共振加强。

下面进一步讨论这种船体梁的共振响应及其对船体梁总纵强度的影响。仍取 A 船作为算例，分别计算了气泡沉深从 30m 到 50m，药量从 80kg 到 440kg 等多种工况，每种工况下计算得到的船中处最大弯矩值如图 3.15 所示。

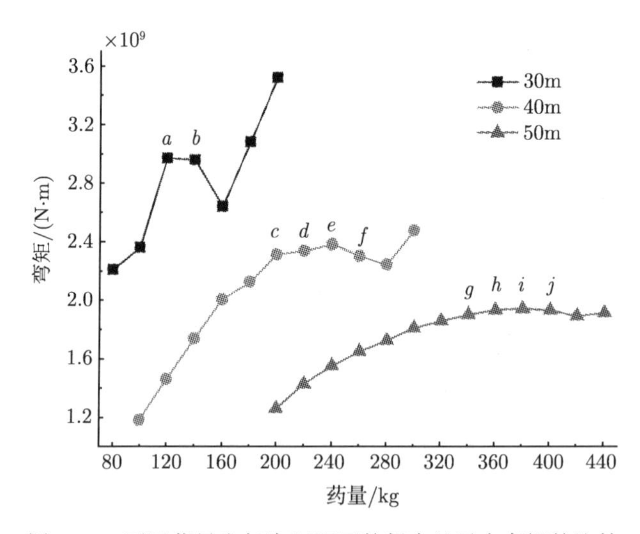


图 3.15　不同药量和气泡沉深下的船中处最大弯矩的比较

从图 3.15 中可以观察到：船中最大弯矩值的基本变化趋势是随着药量的增加

而增加，随着气泡沉深的增加而减小。但三条曲线最突出的特点是曲线上均有一个凸起，这表示在一些工况下，小的药量却能产生较大的弯矩。产生这种现象的原因是气泡的脉动频率和船体梁的垂向固有频率接近而发生了共振响应。

图 3.15 中用字母 $a \sim j$ 标出的点即为发生共振的工况，这些工况下气泡脉动的周期和频率如表 3.3 所示。从表中可以看到，这些工况下气泡的脉动频率非常接近，都在 2.0Hz 左右。而表 3.4 列出了 A 船的前两阶垂向固有频率。对比可知，发生共振的工况的气泡脉动频率和 A 船的一阶垂向固有频率非常接近。因此可得出结论，在这一频率附近船体梁会发生严重的共振现象而遭受非常大的载荷。这种共振现象会对船体的总纵强度造成很大影响，甚至会对船体造成严重的总体毁伤。

**表 3.3 不同药量和气泡沉深下的气泡脉动周期和频率的比较**

| 编号 | 药量/kg | 气泡沉深/m | 脉动周期/s | 脉动频率/Hz |
|---|---|---|---|---|
| $a$ | 120 | 30 | 0.477 | 2.095 |
| $b$ | 140 | 30 | 0.502 | 1.990 |
| $c$ | 200 | 40 | 0.471 | 2.125 |
| $d$ | 220 | 40 | 0.486 | 2.059 |
| $e$ | 240 | 40 | 0.500 | 2.000 |
| $f$ | 260 | 40 | 0.514 | 1.947 |
| $g$ | 340 | 50 | 0.483 | 2.071 |
| $h$ | 360 | 50 | 0.492 | 2.032 |
| $i$ | 380 | 50 | 0.501 | 1.996 |
| $j$ | 400 | 50 | 0.510 | 1.962 |

**表 3.4 A 船的前两阶垂向固有频率**

| 阶数 | 频率/Hz |
|---|---|
| 1 | 2.03 |
| 2 | 4.12 |

此外，从图 3.15 中可以观察到船体梁弯矩响应的另一个特征，就是船体梁的弯矩对气泡沉深比较敏感。船体梁的最大弯矩响应的增幅随着气泡沉深的增加而大幅减弱。如图中，当气泡沉深为 50m 时，弯矩曲线的斜率很小。而当气泡沉深为 30m 时，弯矩曲线已经有非常大的斜率。也就是说，对于深水远场气泡，弯矩响应随药量的增加而增加的趋势比较缓慢；而对于浅水气泡，这种增加的趋势将变得非常迅速。

# 3.3　算例分析 2：B 船

## 3.3.1　实船模型介绍

为分析和讨论刚体运动对船体梁弹性响应的影响，本节中再选取一艘不同船型的实船作为算例，记做 B 船。B 船为一艘 44.5m 长的拖船，其几何模型如图 3.16 所示，主尺度如表 3.5 所示。从表 3.5 可以看出，与 A 船相比，B 船的主尺度较小，船长较小。

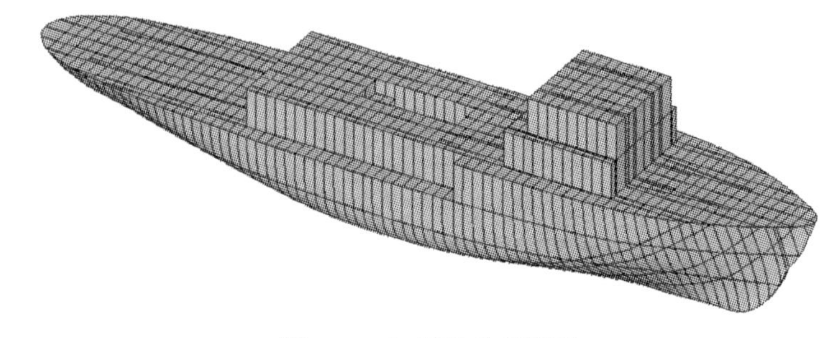

图 3.16　B 船的几何模型

**表 3.5　B 船的主尺度**

| 主尺度 | |
|---|---|
| 总长/m | 48.74 |
| 垂线间长/m | 44.5 |
| 型宽/m | 9.2 |
| 型深/m | 4.85 |
| 吃水/m | 3.7 |
| 长宽比 | 4.8 |
| 排水量/t | 726 |

同样，将 B 船沿船长平均分为 20 站，分别计算 B 船的各站剖面的结构惯性矩、单位长度质量、单位长度附加质量和半宽值，结果如表 3.6 所示。根据 B 船的这些数据，可以利用 3.2 节的理论对 B 船在气泡载荷作用下的弹性变形和刚体运动进行数值计算与分析。

**表 3.6　B 船各站剖面的惯性矩、单位长度质量和附加质量值与半宽值**

| 站号 | 结构惯性矩/$m^4$ | 单位长度质量/kg | 单位长度附加质量/kg | 半宽值/m |
|---|---|---|---|---|
| 0 | 0.05 | 5069.7 | 500.0 | 0.600 |
| 1 | 0.51 | 13022.5 | 3002.1 | 4.230 |
| 2 | 0.59 | 18680.9 | 5207.6 | 5.516 |
| 3 | 0.61 | 17842.7 | 8246.7 | 6.590 |

续表

| 站号 | 结构惯性矩/$m^4$ | 单位长度质量/kg | 单位长度附加质量/kg | 半宽值/m |
|---|---|---|---|---|
| 4 | 0.63 | 14229.2 | 17200.0 | 7.476 |
| 5 | 0.69 | 14229.2 | 17539.9 | 8.048 |
| 6 | 0.86 | 14218.0 | 19741.9 | 8.620 |
| 7 | 0.99 | 14195.5 | 21722.4 | 8.868 |
| 8 | 1.03 | 14184.3 | 23896.9 | 9.116 |
| 9 | 1.05 | 14184.3 | 24420.1 | 9.158 |
| 10 | 1.11 | 14184.3 | 25048.6 | 9.200 |
| 11 | 1.19 | 15051.7 | 24536.0 | 9.150 |
| 12 | 1.27 | 23741.6 | 24112.0 | 9.100 |
| 13 | 1.26 | 26146.1 | 22284.7 | 8.765 |
| 14 | 1.10 | 19379.8 | 20458.8 | 8.430 |
| 15 | 0.90 | 18393.3 | 18381.5 | 7.630 |
| 16 | 0.75 | 19597.8 | 16620.4 | 6.830 |
| 17 | 0.64 | 19276.4 | 15341.3 | 5.526 |
| 18 | 0.52 | 13458.4 | 14822.3 | 3.890 |
| 19 | 0.36 | 8804.5 | 10261.1 | 2.066 |
| 20 | 0.05 | 4402.2 | 2000.0 | 0.400 |

### 3.3.2 船体梁的位移和弯矩时程响应特征

同样取 200kg TNT 药包布置在船中下方沉深 30m 处的工况。B 船在不同时刻的典型位移曲线如图 3.17 所示。图中的位移和船长也均用无量纲量来表示，即除以 B 船的半船长 $L/2$。

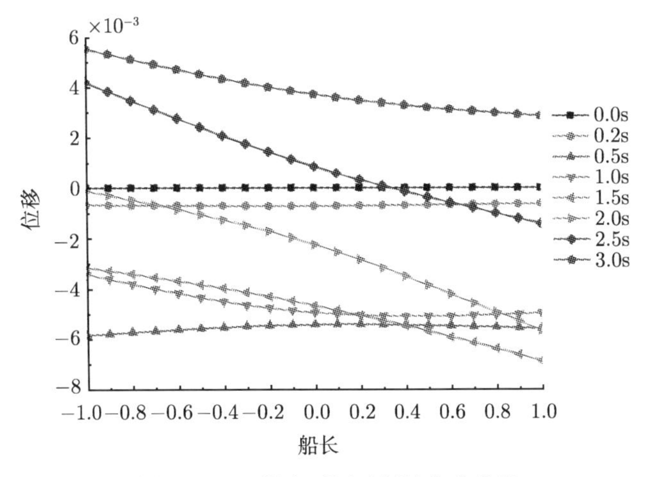


图 3.17 B 船在不同时刻的位移曲线

从图 3.17 中可以观察到，B 船主要表现为显著的刚体运动，船体梁发生了较大幅度的平动和转动。其弹性变形相比于刚体位移要小得多，即船体的总体运动趋势为整体的升沉和纵摇。对于 B 船这类船长较小的船体响应，刚体运动响应占主导，而弹性变形响应并不显著。

图 3.18 为 B 船在不同时刻的典型弯矩曲线。图中的弯矩也以无量纲量表示，除以其极限弯矩 $M_u$。其中 B 船的极限弯矩 $M_u$ 为 $9.84\times10^7$N·m。对比 A 船，由于两船的主尺度有很大的差异，所以它们的极限弯矩相差很大 (大约差 2 个数量级)。

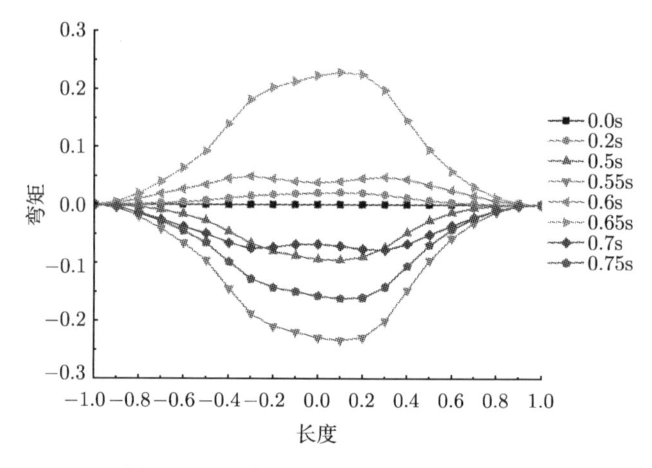


图 3.18　B 船在不同时刻的弯矩曲线图

从图 3.18 中可以观察到，气泡载荷作用下，B 船的最大弯矩也发生在船中剖面附近区域，而船首和船尾附近的弯矩最小，即船中剖面附近仍然是船体梁受到气泡载荷作用时比较危险的区域。因此与前面对 A 船的分析相对应，在下面的算例中同样选取 B 船的船中剖面作为参考点来进行分析和讨论。

### 3.3.3　刚体运动对船体梁的鞭状振动的影响

为进一步讨论气泡作用下刚体运动对船体梁的鞭状响应的影响，选取 B 船的船中剖面作为参考点，来讨论 B 船的位移和弯矩的时程变化特点。同样取 200kg TNT/30m 处的工况。

首先分析 B 船在考虑刚体运动和不考虑刚体运动两种情况下的船中位移的时间历程变化。气泡脉动载荷作用下，B 船的船中处的位移随时间变化的曲线如图 3.19 所示。可以发现 B 船的船中处的位移运动变化规律和 A 船 (图 3.6) 相似，初始阶段随着气泡收缩，周围流体向气泡流动，船体梁同样先向气泡移动。大约在 0.5s 时，气泡内部的压力达到最大值并传递给周围流体，此时流体对船体梁产生了很大的载荷，使船体梁改变运动方向，向远离气泡的方向移动。但和 A 船相比，最主要的差异是 B 船在初期有一个明显的刚体位移，从图中可以看出刚体位移 (0.1m 量级) 比起弹性变形 (0.01m 量级) 大很多，相差了一个量级。可见对于 B 船这种船长较小的船体，刚体运动对船中位移的影响很大，不能被忽略。

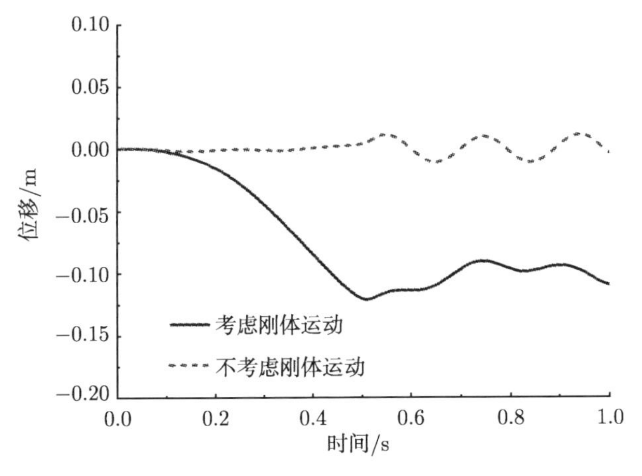


图 3.19 B 船船中处的位移比较

最后来比较 B 船在考虑刚体运动和不考虑刚体运动两种情况下的船中弯矩时程变化的特点。图 3.20 给出的是 B 船在考虑刚体运动和不考虑刚体运动时船中处弯矩的比较。从图中可以看到，计及刚体运动时 B 船的最大弯矩为 $2.4\times10^7$N·m，而忽略刚体运动时最大弯矩为 $3.7\times10^7$N·m，两者相差了约 35%。所以在这一算例中，刚体运动不能被忽略。因为大幅的刚体运动吸收了能量并削减了总纵弯矩的峰值。如果忽略刚体运动，计算的弯矩值将会比实际结果偏大。

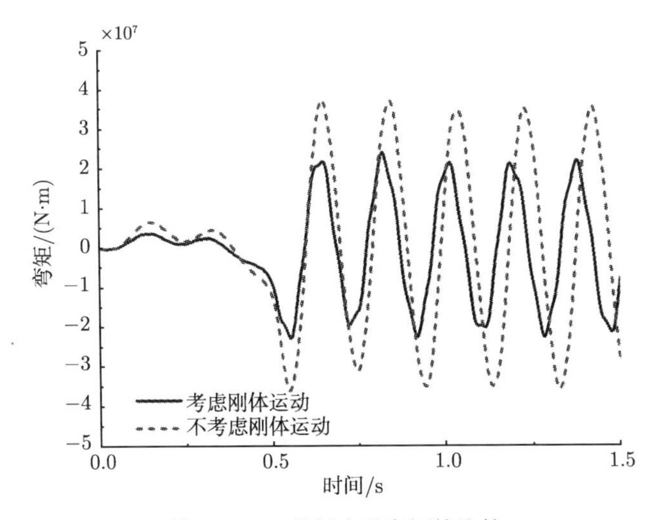


图 3.20 B 船船中处弯矩的比较

同样从图 3.20 中还可以观察到，两种情况下总纵弯矩振动的周期有较大差异。考虑刚体运动时弯矩的振动周期要比忽略刚体运动时小一些。

综合图 3.7 中对 A 船的算例分析，在图 3.7 中，A 船的总纵弯矩也表现出同样的特征：计及刚体运动时的弯矩峰值略小于不计刚体运动的工况。同时，考虑刚体运动时的船体梁弯矩的振动周期也略微减小了一些。只是刚体运动对 A 船的影响很小，并不像对 B 船的影响这样显著。

综上，可以得出结论：刚体运动会削减船体梁的总纵弯矩的峰值和振动周期。随着船长的减小，这种效应越来越明显。因此，对于船长较大的船体受到刚体运动的影响很小，刚体运动对其总纵强度的影响可以忽略；而对于类似 B 船这样船长较小的船体，其受到刚体运动的影响很大，刚体运动对船体位移和总纵弯矩的影响均不能忽略。

## 3.4　本 章 小 结

本章建立了弹性船体梁与气泡之间的包含刚体运动的流体–结构耦合模型，给出了计算算法。通过对计算结果的分析研究，得到了如下结论。

(1) 气泡脉动作用下，船体梁会发生显著的鞭状振动，且主要表现为低阶模态响应，即刚体运动和一阶弹性振型。

(2) 刚体运动削减了总纵弯矩的峰值和振动周期。船长较大的船体受到刚体运动的影响很小，刚体运动对其总纵强度的影响可以忽略。而船长较小的船体在气泡载荷作用下的刚体运动非常显著，此时刚体运动不能被忽略，否则船体总纵强度的计算结果将会比实际结果偏大。

(3) 当气泡的脉动频率和船体梁的低阶固有频率接近时，会发生强烈的共振现象，此时较小的药量也会对舰船产生非常大的总纵弯矩，对舰船的总纵强度有较大威胁。

# 第 4 章　球形气泡载荷作用下船体梁的水弹塑性分析

船舶的设计一般都是在弹性范围内的，即船体构件的弯矩与应力不能超过其弹性极限。但是，对于军用舰船，考虑实战中的抗沉性与生命力要求，更关心的问题是目标遭受水下爆炸载荷作用后，承载超过弹性极限，发生永久变形，直至变薄达到断裂点的毁伤情况。

船体梁受到水下爆炸气泡载荷作用，当载荷强度较小时，船体梁将发生弹性振动及刚体运动；而当外载荷足够大时，船体梁的弹性振动将非常强烈，可能产生足够大的振动幅值，梁内的弯矩和应力不可避免地会超出其弹性极限而产生塑性变形。若外载荷继续作用下去，塑性变形将随着时间不断增长，最终导致船体梁的失效与破坏。而如果外载荷作用时间较短，则船体梁的塑性变形完成后，将会定格在一个确定的变形状态。对于军用舰船的最终生命力与抗冲击能力的评估，这个最后的永久变形状态是最应受到关注的。充分利用永久变形可以显著提高舰船毁伤后的生存能力。

舰船和潜艇受到气泡载荷作用发生永久塑性变形的实例在真实海战和试验中反复被观察到，如第 1 章中的图 1.7 为军演所观测到的一艘舰船受到气泡载荷作用发生了总体塑性变形的例子。

本章进一步将气泡载荷作用下船体梁的水弹性响应扩展到水弹塑性，致力于建立船体梁的水弹塑性响应计算模型。对弹塑性船体梁与气泡载荷之间的流体–结构耦合理论和数值算法进行详细的推导。以实船作为算例，研究在气泡载荷作用下船体梁的整体弹塑性变形，分析和讨论船体梁发生弹塑性变形毁伤的一些机理和特征。

## 4.1　船体梁的水弹塑性响应理论

同第 3 章，对于舰船受到气泡载荷作用引起的总体动态响应，可以将船体简化为一个浮在水面的变截面船体梁。

而在气泡载荷作用下，船体梁的整体弹塑性变形响应过程比较复杂，弹性变形和塑性变形的机理也不尽相同。一般来说，船体梁首先经历一个初始的弹性变形阶段，接着进入塑性响应阶段，在船体梁的某一截面处出现塑性铰；随后外力卸载，塑性变形停止，重新进入弹性变形阶段。总之，船体梁因所在变形阶段的不同而有着不同的运动规律。因此，可以将船体梁的各个阶段的变形和运动分别进行分析，从而得到船体梁的整体运动规律与变形特征。

综上，本章的研究方法是将船体梁在气泡载荷作用下的弹塑性响应分为三个阶段来分别研究。

(1) 第一阶段，随着载荷的增加，船体梁进行初始的弹性变形和刚体运动，同时梁内部的应力逐渐增大。当梁内的某一点处的弯矩增加到极限弯矩时，在破坏点处开始出现塑性铰。

(2) 第二阶段，船体梁进行塑性变形和刚体运动。在这一阶段的运动中，塑性变形不断积累，直到破坏点的塑性变形率为 0 时，塑性变形停止，此时开始进入第三阶段的运动。

(3) 第三阶段，梁的塑性变形形成，船体梁重新开始进行弹性变形和刚体运动，运动特性类似于第一阶段。

### 4.1.1 运动第一阶段：弹性变形与刚体运动

在运动第一阶段，船体梁进行初始的弹性变形与刚体运动。在这一阶段，仍然可以按照第 3 章的船体梁水弹性响应理论进行研究。

由第 3 章 3.1 节所述水弹性响应理论，可知浮在水面的船体梁的瞬态响应的无量纲平衡方程为

$$\frac{\partial^2}{\partial \xi^2}\left(k\frac{\partial^2 w(\xi,t)}{\partial \xi^2}\right)+m\frac{\partial^2 w(\xi,t)}{\partial t^2}+hw=f(\xi,t) \tag{4.1}$$

船体梁的变形可以表达为一系列振型函数的线性组合。选取均匀自由梁的振型函数作为近似振型函数，它满足自由梁的边界条件 (即弯矩和剪力为零)。同样定义一系列船体梁的振型坐标 $\zeta_{j-1}(t)$，这样可以得到

$$w(\xi,t)=\sum_{j=1}^{N}\zeta_{j-1}(t)\psi_{j-1}(\xi) \tag{4.2}$$

式中，$\psi_{j-1}(\xi)$ 为均匀梁的第 $j-1$ 阶振型；$N$ 为所选取的最大振型的阶数。

将式 (4.2) 代入到式 (4.1) 中，利用振型函数的正交性，再在式 (4.1) 两端分别乘以 $\psi_{i-1}(\xi)$，然后在空间域进行积分，按照 3.1 节中的推导，最终可以得到下面矩阵形式的等式：

$$\boldsymbol{M}\ddot{\boldsymbol{Z}}+\boldsymbol{K}\boldsymbol{Z}=\boldsymbol{F} \tag{4.3}$$

当给定初始条件，就可以利用四阶 Runge-Kutta 方法对式 (4.3) 进行数值求解。得到每一时刻的 $\zeta_{j-1}(t)$，$j=1\sim N$。这样，再由式 (4.2) 就可以得到船体梁在气泡载荷作用下的动态响应。

同样由 3.1 节中的推导，船体梁的弯矩可表示为

$$M(\xi,t)=\Delta L^3k(\xi)w''(\xi,t) \tag{4.4}$$

利用式 (4.4)，可以得到船体梁在每一时刻的弯矩响应。

当梁内的某一点处的弯矩增加到极限弯矩 $M_\mathrm{u}$ 时，在破坏点处开始出现塑性铰，则开始进入运动的第二阶段。

### 4.1.2 运动第二阶段：塑性变形与刚体运动

船体梁运动的第二阶段，梁内的某一点处的弯矩增加到极限弯矩 $M_\mathrm{u}$ 时，在该点处出现一个塑性铰，此时运动的第一阶段结束，塑性变形开始。由于梁在短时强载荷作用下发生运动，这一运动过程的持续时间非常短，而且运动过程中，绝大部分能量作为塑性变形而耗散，只有很小部分为弹性变形所吸收。通常来说，弹性变形能量只占总变形能量的百分之几 [30,31]。因此，为简化计算，在这一阶段运动中，略去弹性变形的影响，将船体梁看成是刚塑性的。假设船体梁由刚性–理想塑性材料组成，其本构关系如图 4.1 所示。这样在整个塑性变形阶段中，极限弯矩 $M_\mathrm{u}$ 为常量。

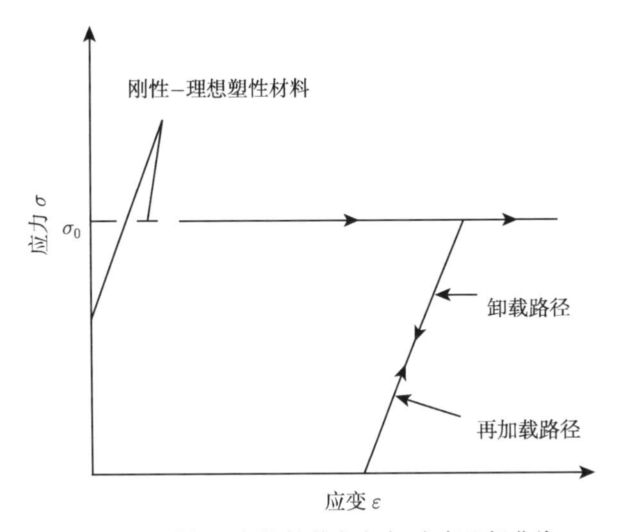


图 4.1 刚性–理想塑性单向应力–应变理想曲线

对于刚塑性船体梁的动态响应分析，可以将船体梁分为刚体变形区段和塑性变形区段两部分。其中刚体变形区段只进行刚体运动，本身不发生变形，保持原有的几何形状不变；而塑性变形区段为一个固定的塑性铰，即船体梁内的一个塑性破坏点，可看成是一个长度为 0 的塑性区段，只在该点处发生塑性变形。

船体梁塑性变形的无量纲控制方程为

$$\frac{\partial^2 M(\xi,t)}{\partial \xi^2}=\frac{\partial Q(\xi,t)}{\partial \xi}=f(\xi,t)-m\frac{\partial^2 w(\xi,t)}{\partial t^2}-hw \tag{4.5}$$

式中，$M(\xi,t)$ 和 $Q(\xi,t)$ 分别为船体梁内 $\xi$ 处的弯矩和剪力。

根据刚塑性变形的假设，船体梁在运动第二阶段的变形由三部分组成，分别为刚体平动、刚体转动和塑性变形。因此船体梁在任意截面处的变形可以表达为

$$w(\xi,t)=w_0(t)+w_1(t)\xi+w_2(t)x(\xi) \tag{4.6}$$

式中，右端的三项分别代表了船体梁在截面 $\xi$ 处的刚体平动、刚体转动和塑性变形；$w_0(t)$、$w_1(t)$ 和 $w_2(t)$ 均是关于 $t$ 的未知函数，分别为刚体的平动位移、刚体转动的转角和塑性破坏点处的塑性变形；$x(\xi)$ 是关于 $\xi$ 的函数，为船体梁中任意截面 $\xi$ 处的塑性变形函数。假设船体梁上首先达到极限弯矩的塑性破坏点到船中的距离为 $b$，如图 4.2 所示。根据几何关系，塑性变形函数 $x(\xi)$ 可以表示为

$$x_{-1}(\xi)=\frac{\xi+1}{1+b}\quad(-1\leqslant\xi\leqslant b) \tag{4.7}$$

$$x_1(\xi)=\frac{1-\xi}{1-b}\quad(b<\xi\leqslant 1) \tag{4.8}$$

式中，长度量均为无量纲长度，即除以半船长 $L/2$；下标 “$-1$” 代表在塑性破坏点左侧一半的船体梁，而下标 “1” 则代表在塑性破坏点右侧一半的船体梁 (后文中出现的下标 “$-1$” 和 “1” 代表相同的含义)。

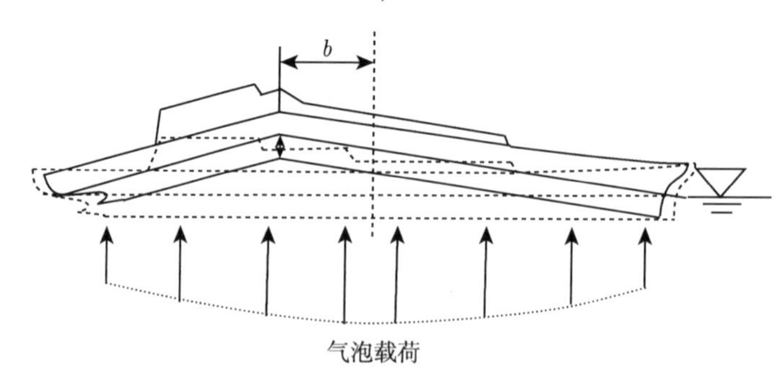


图 4.2　船体梁塑性变形的示意图 (放大图)

将式 (4.6) 的梁变形的表达式代入到式 (4.5) 所表示的运动方程中，可得

$$\begin{aligned}\frac{\partial^2 M}{\partial \xi^2}=\frac{\partial Q}{\partial \xi}&=f(\xi,t)-m\frac{\partial^2 w(\xi,t)}{\partial t^2}-hw\\&=f(\xi,t)-m[\ddot{w}_0+\ddot{w}_1\xi+\ddot{w}_2x(\xi)]-h[w_0+w_1\xi+w_2x(\xi)]\\&=f(\xi,t)-(m\ddot{w}_0+hw_0)-\xi(m\ddot{w}_1+hw_1)-x(\xi)(m\ddot{w}_2+hw_2)\end{aligned} \tag{4.9}$$

在塑性铰形成的塑性破坏点处，满足以下边界条件：

$$Q_{-1}(b) = Q_1(b) \tag{4.10}$$

$$M_{-1}(b) = M_{\mathrm{u}} \tag{4.11}$$

$$M_1(b) = M_{\mathrm{u}} \tag{4.12}$$

式中，$M_{\mathrm{u}}$ 为船体梁的极限弯矩。

这里需要特别提到的是，在塑性破坏点处剪力并不为零，因为真实的船体梁在塑性破坏点两端并不是均匀对称的，因而相互有作用力存在。

根据式 (4.10) 的边界条件 $Q_{-1}(b) = Q_1(b)$，并将式 (4.9) 两边进行积分，可得

$$\begin{aligned}
&\int_{-1}^{b} f(\xi,t)\mathrm{d}\xi - \int_{-1}^{b} m\mathrm{d}\xi\ddot{w}_0 - \int_{-1}^{b} h\mathrm{d}\xi w_0 - \int_{-1}^{b} (\xi m)\mathrm{d}\xi\ddot{w}_1 - \int_{-1}^{b} (\xi h)\mathrm{d}\xi w_1 \\
&- \int_{-1}^{b} (x_{-1}(\xi)m)\mathrm{d}\xi\ddot{w}_2 - \int_{-1}^{b} (x_{-1}(\xi)h)\mathrm{d}\xi w_2 \\
=& \int_{1}^{b} f(\xi,t)\mathrm{d}\xi - \int_{1}^{b} m\mathrm{d}\xi\ddot{w}_0 - \int_{1}^{b} h\mathrm{d}\xi w_0 - \int_{1}^{b} (\xi m)\mathrm{d}\xi\ddot{w}_1 - \int_{1}^{b} (\xi h)\mathrm{d}\xi w_1 \\
&- \int_{1}^{b} (x_1(\xi)m)\mathrm{d}\xi\ddot{w}_2 - \int_{1}^{b} (x_1(\xi)h)\mathrm{d}\xi w_2
\end{aligned} \tag{4.13}$$

将方程 (4.13) 进行移项，可以整理成

$$\begin{aligned}
&\int_{-1}^{1} m\mathrm{d}\xi\ddot{w}_0 + \int_{-1}^{1} (\xi m)\mathrm{d}\xi\ddot{w}_1 + \left[\int_{-1}^{0} (x_{-1}(\xi)m)\mathrm{d}\xi + \int_{0}^{1} (x_1(\xi)m)\mathrm{d}\xi\right]\ddot{w}_2 + \int_{-1}^{1} h\mathrm{d}\xi w_0 \\
&+ \int_{-1}^{1} (\xi h)\mathrm{d}\xi w_1 + \left[\int_{-1}^{0} (x_{-1}(\xi)h)\mathrm{d}\xi + \int_{0}^{1} (x_1(\xi)h)\mathrm{d}\xi\right] w_2 = \int_{-1}^{1} f(\xi,t)\mathrm{d}\xi
\end{aligned} \tag{4.14}$$

再根据式 (4.11) 的边界条件 $M_{-1}(b) = M_{\mathrm{u}}$，即塑性破坏点处的弯矩等于极限弯矩，可得

$$\begin{aligned}
M_{-1}(b) =& \int_{-1}^{b}\int_{-1}^{\xi} f(\xi,t)\mathrm{d}\xi\mathrm{d}\xi - \int_{-1}^{b}\int_{-1}^{\xi} m\mathrm{d}\xi\mathrm{d}\xi\ddot{w}_0 - \int_{-1}^{b}\int_{-1}^{\xi} h\mathrm{d}\xi\mathrm{d}\xi w_0 \\
&- \int_{-1}^{b}\int_{-1}^{\xi} (\xi m)\mathrm{d}\xi\mathrm{d}\xi\ddot{w}_1 - \int_{-1}^{b}\int_{-1}^{\xi} (\xi h)\mathrm{d}\xi\mathrm{d}\xi w_1 \\
&- \int_{-1}^{b}\int_{-1}^{\xi} (x_{-1}(\xi)m)\mathrm{d}\xi\mathrm{d}\xi\ddot{w}_2 - \int_{-1}^{b}\int_{-1}^{\xi} (x_{-1}(\xi)h)\mathrm{d}\xi\mathrm{d}\xi w_2 = M_{\mathrm{u}}
\end{aligned} \tag{4.15}$$

同样将式 (4.15) 进行移项，可整理为

$$\int_{-1}^{b}\int_{-1}^{\xi} m\mathrm{d}\xi\mathrm{d}\xi\ddot{w}_0 + \int_{-1}^{b}\int_{-1}^{\xi} (\xi m)\mathrm{d}\xi\mathrm{d}\xi\ddot{w}_1 + \int_{-1}^{b}\int_{-1}^{\xi} (x_{-1}(\xi)m)\mathrm{d}\xi\mathrm{d}\xi\ddot{w}_2$$

$$+\int_{-1}^{b}\int_{-1}^{\xi}h\mathrm{d}\xi\mathrm{d}\xi w_0+\int_{-1}^{b}\int_{-1}^{\xi}(\xi h)\mathrm{d}\xi\mathrm{d}\xi w_1+\int_{-1}^{b}\int_{-1}^{\xi}(x_{-1}(\xi)h)\mathrm{d}\xi\mathrm{d}\xi w_2$$

$$=\int_{-1}^{b}\int_{-1}^{\xi}f(\xi,t)\mathrm{d}\xi\mathrm{d}\xi-M_{\mathrm{u}} \tag{4.16}$$

同理，根据式 (4.12) 的边界条件 $M_1(b)=M_{\mathrm{u}}$，得到

$$\int_{1}^{b}\int_{1}^{\xi}m\mathrm{d}\xi\mathrm{d}\xi\ddot{w}_0+\int_{1}^{b}\int_{1}^{\xi}(\xi m)\mathrm{d}\xi\mathrm{d}\xi\ddot{w}_1+\int_{1}^{b}\int_{1}^{\xi}[x_1(\xi)m]\mathrm{d}\xi\mathrm{d}\xi\ddot{w}_2$$

$$+\int_{1}^{b}\int_{1}^{\xi}h\mathrm{d}\xi\mathrm{d}\xi w_0+\int_{1}^{b}\int_{1}^{\xi}(\xi h)\mathrm{d}\xi\mathrm{d}\xi w_1+\int_{1}^{b}\int_{1}^{\xi}[x_1(\xi)h]\mathrm{d}\xi\mathrm{d}\xi w_2$$

$$=\int_{1}^{b}\int_{1}^{\xi}f(\xi,t)\mathrm{d}\xi\mathrm{d}\xi-M_{\mathrm{u}} \tag{4.17}$$

为了计算程序中数学处理的方便，可以将方程 (4.14)、(4.16) 和 (4.17) 一起表达成矩阵的形式：

$$\begin{pmatrix}A_{11}&A_{12}&A_{13}\\A_{21}&A_{22}&A_{23}\\A_{31}&A_{32}&A_{33}\end{pmatrix}\begin{pmatrix}\ddot{w}_0\\\ddot{w}_1\\\ddot{w}_2\end{pmatrix}+\begin{pmatrix}B_{11}&B_{12}&B_{13}\\B_{21}&B_{22}&B_{23}\\B_{31}&B_{32}&B_{33}\end{pmatrix}\begin{pmatrix}w_0\\w_1\\w_2\end{pmatrix}=\begin{pmatrix}F_1\\F_2\\F_3\end{pmatrix} \tag{4.18}$$

式中，$A_{ij}$、$B_{ij}$ 和 $F_i$ $(i,j=1,2,3)$ 分别为方程 (4.14)、(4.16) 和 (4.17) 中对应的系数，具体如表 4.1 中所示。

**表 4.1　方程 (4.18) 中的对应系数**

| | | |
|---|---|---|
| $A_{11}=\int_{-1}^{1}m\mathrm{d}\xi$ | $A_{12}=\int_{-1}^{1}(\xi m)\mathrm{d}\xi$ | $A_{13}=\left[\int_{-1}^{0}[x_{-1}(\xi)m]\mathrm{d}\xi+\int_{0}^{1}[x_1(\xi)m]\mathrm{d}\xi\right]$ |
| $A_{21}=\int_{-1}^{b}\int_{-1}^{\xi}m\mathrm{d}\xi\mathrm{d}\xi$ | $A_{22}=\int_{-1}^{b}\int_{-1}^{\xi}(\xi m)\mathrm{d}\xi\mathrm{d}\xi$ | $A_{23}=\int_{-1}^{b}\int_{-1}^{\xi}[x_{-1}(\xi)m]\mathrm{d}\xi\mathrm{d}\xi$ |
| $A_{31}=\int_{1}^{b}\int_{1}^{\xi}m\mathrm{d}\xi\mathrm{d}\xi$ | $A_{32}=\int_{1}^{b}\int_{1}^{\xi}(\xi m)\mathrm{d}\xi\mathrm{d}\xi$ | $A_{33}=\int_{1}^{b}\int_{1}^{\xi}(x_1(\xi)m)\mathrm{d}\xi\mathrm{d}\xi$ |
| $B_{11}=\int_{-1}^{1}h\mathrm{d}\xi$ | $B_{12}=\int_{-1}^{1}(\xi h)\mathrm{d}\xi$ | $B_{13}=\left[\int_{-1}^{0}[x_{-1}(\xi)h]\mathrm{d}\xi+\int_{0}^{1}[x_1(\xi)h]\mathrm{d}\xi\right]$ |
| $B_{21}=\int_{-1}^{b}\int_{-1}^{\xi}h\mathrm{d}\xi\mathrm{d}\xi$ | $B_{22}=\int_{-1}^{b}\int_{-1}^{\xi}(\xi h)\mathrm{d}\xi\mathrm{d}\xi$ | $B_{23}=\int_{-1}^{b}\int_{-1}^{\xi}[x_{-1}(\xi)h]\mathrm{d}\xi\mathrm{d}\xi$ |
| $B_{31}=\int_{1}^{b}\int_{1}^{\xi}h\mathrm{d}\xi\mathrm{d}\xi$ | $B_{32}=\int_{1}^{b}\int_{1}^{\xi}(\xi h)\mathrm{d}\xi\mathrm{d}\xi$ | $B_{33}=\int_{1}^{b}\int_{1}^{\xi}[x_1(\xi)h]\mathrm{d}\xi\mathrm{d}\xi$ |
| $F_1=\int_{-1}^{1}f(\xi,t)\mathrm{d}\xi$ | $F_2=\int_{-1}^{b}\int_{-1}^{\xi}f(\xi,t)\mathrm{d}\xi\mathrm{d}\xi-M_{\mathrm{u}}$ | $F_3=\int_{1}^{b}\int_{1}^{\xi}f(\xi,t)\mathrm{d}\xi\mathrm{d}\xi-M_{\mathrm{u}}$ |

方程 (4.18) 利用四阶 Runge-Kutta 方法进行数值求解，即可得到每一时间步的 $w_0$、$w_1$ 和 $w_2$。再根据式 (4.6)，即可得到这一运动阶段船体梁的塑性变形。

直到塑性变形率 ($\dot{w}_2$) 为 0 时，第二阶段运动结束，第三阶段运动开始。

### 4.1.3 运动第三阶段: 弹性变形与刚体运动

当船体梁的塑性变形率 ($\dot{w}_2$) 为 0 时，塑性变形停止，此时船体梁将会定格在一个确定的变形状态。但之后一段时间内气泡脉动载荷仍作用在船体梁上，因此在第三阶段中，船体梁将重新开始进行刚体运动和弹性变形。这个阶段的运动可由方程 (4.1) 描述，运动规律和第一阶段类似。第二阶段变形的终止时间即为第三阶段的初始时间。同时第二阶段运动终止时的变形状态也为这一阶段的初始状态。

## 4.2 算例分析

本章中，继续使用第 3 章所介绍的 A 船作为模型进行计算，A 船的主尺度如第 3 章中的表 3.1 所示。同样将 A 船沿船长平均分为 20 站，A 船的各站剖面的结构惯性矩、单位长度质量、单位长度附加质量和水线半宽值如表 3.2 所示。根据这些数据，则可利用 4.1 节的理论对 A 船在气泡载荷作用下的动态水弹塑性响应进行计算和分析。为研究船体梁的弹塑性变形特征，本章的算例中均取大药量的工况，300kg TNT 药包布置在船正中下方沉深 30m 处。

### 4.2.1 塑性变形开始的位置和时间分析

船体梁内的某一点处的弯矩增加到极限弯矩 $M_\mathrm{u}$ 时，在该点处产生塑性铰，塑性变形阶段开始。首先来讨论塑性铰在船体梁内形成的位置与时间。

取 300kg TNT/30m 作为计算工况。通过数值计算，统计了 A 船沿船长的各个节点的最大弯矩值，如图 4.3 所示。图中极限弯矩值是根据日本船级社的入级规范 [29] 计算得到的。A 船的极限弯矩 $M_\mathrm{u}$ 为 $5.33\times10^9\mathrm{N{\cdot}m}$。从图中可以看到船中处的三个节点的弯矩已经超过了极限弯矩 $M_\mathrm{u}$。而船中剖面处的弯矩最大，并向两端逐渐减小，船首和船尾附近的弯矩最小。

因此可以得到结论，船体梁的船中剖面是船体梁受到气泡载荷作用时的最危险的位置，此处的总纵强度受到挑战最大，也是船体梁内首先超过了极限弯矩而发生塑性变形的位置。从图 4.3 中同样可以观察到，船体梁上只有船中位置的弯矩超过了船体梁所能承受的极限弯矩，因此，这种情况下，船体梁只会在船中处形成一个塑性铰，即是单塑性铰的毁伤模式。

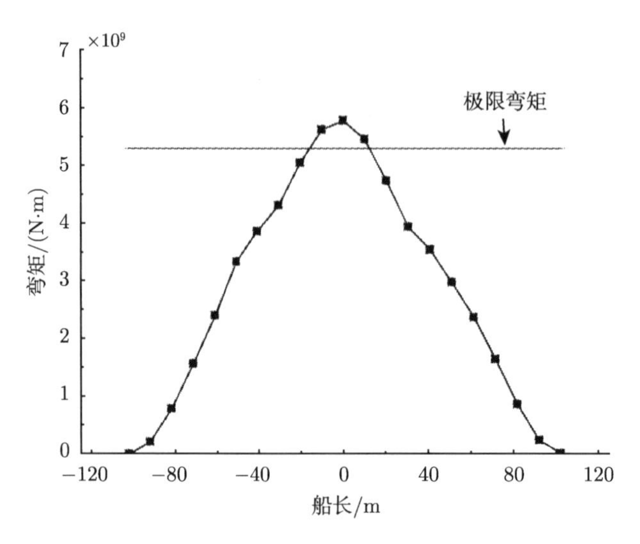


图 4.3　沿船长的各个节点的最大弯矩

接下来分析船体梁开始发生塑性变形的时间。图 4.4 和图 4.5 分别给出了 A 船的船中处位移和弯矩的时程曲线。由图 4.4 可以观察到，随着气泡起初的一段负压力，周围流体向气泡流动，促使船体梁同样向气泡移动，气泡内部的压力逐渐变大，大约在 0.55s 时，气泡内部的压力达到最大值并传递给周围流体。此时流体对船体梁产生了很大的压力，并使船体梁突然改变了运动方向，开始向远离气泡的方向移动。随后气泡内压力不断减小，对船体梁又重新产生了向下吸引的力。

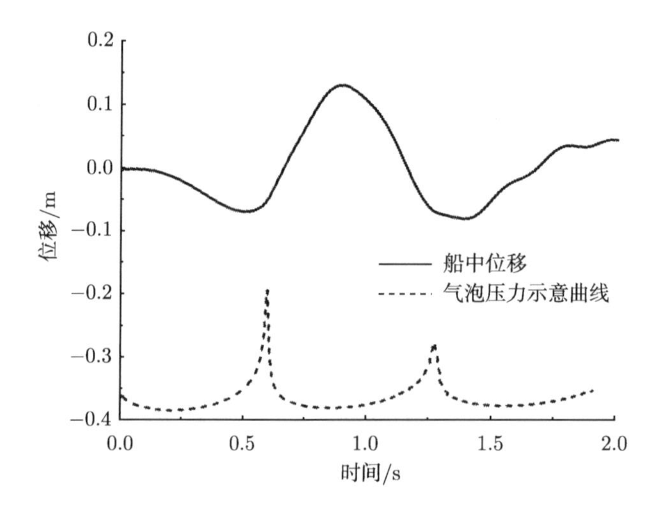


图 4.4　船中处位移的时程曲线

然而，图 4.5 所示的船中弯矩的时程曲线中，却发现弯矩的极值并不是出现在气泡压力最大值处。当气泡脉动载荷压力达到最大值时，A 船的船中弯矩并没有同时发生剧烈变化而改变方向，此时在弯矩时程曲线上仅表现为一个较小的波动，经过一段时间后才到达峰值而改变方向。这与位移的变化规律有很大不同，即弯矩的极值并不是出现在气泡压力最大值处，而是发生在气泡的第一次脉动压力峰值后，气泡达到第二次负压的时候。

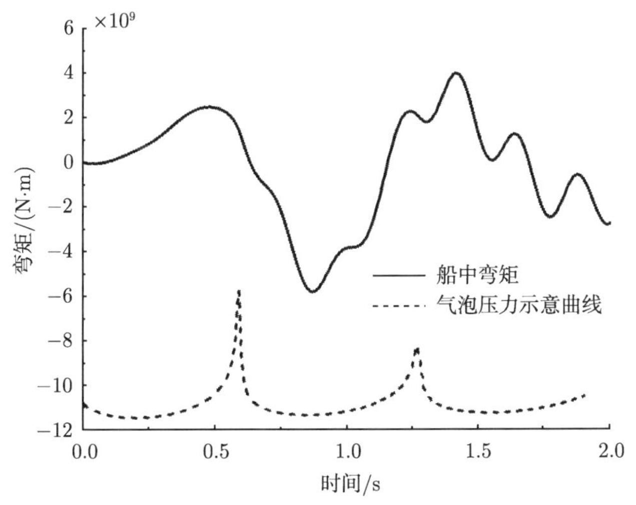


图 4.5 船中处弯矩的时程曲线

再对比图 4.4 中的位移时程变化曲线，可见最大弯矩发生的时刻恰是船中位移达到极值改变运动方向的时刻，即最大弯矩并不是由气泡压力峰值直接产生，而是气泡第一次脉动压力峰值过后，由船体梁自身的鞭状振动所诱导的。

### 4.2.2 船体梁的水弹塑性响应分析

如 4.1 节的分析，在气泡脉动载荷作用下，船体梁首先进行刚体运动与弹性变形。当梁内的某一点处的弯矩增加到极限弯矩 $M_{\mathrm{u}}$ 时，在该点处出现一个塑性铰，此时运动的第一阶段结束，塑性变形开始。

首先进行运动第一阶段的数值计算，当梁内的某一节点处的弯矩增加到极限弯矩 $M_{\mathrm{u}}$ 时，运动第一阶段的计算结束，记录这一时刻的船体梁的即时状态；然后进入运动的第二阶段。

对于第二阶段塑性变形的研究，首先以运动第一阶段末的时刻，即船中的弯矩增加到极限弯矩时的船体梁上各点的实时位移作为初始条件。然后利用 4.1 节所介绍的理论进行数值求解，可以求得各个时刻船体梁的塑性变形情况。

同样选取 300kg TNT 药包布置在船正中下方沉深 30m 处的工况，计算得到 A 船的塑性变形响应。图 4.6～图 4.10 给出了一系列 A 船在不同时刻的塑性变形曲线。图 4.6 为塑性变形的初始时刻，即船体梁在运动第一阶段末的变形状态。然后经历了图 4.7 与图 4.8 的短时间内的塑性变形，船体梁发生非常明显的中拱，船中开始出现塑性铰。最后到图 4.9 与图 4.10 所示的时刻，船体梁的塑性变形不断加大，在很短时间内迅速形成了一个显著的塑性铰，并伴随有船体梁的刚体转动。可见气泡脉动载荷会对船体梁造成非常严重的塑性变形破坏。

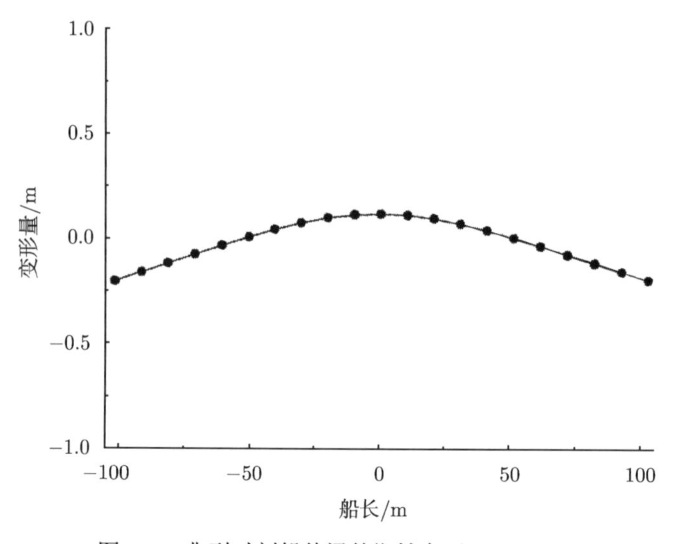


图 4.6　典型时刻船体梁的塑性变形 ($t = 0.0$s)

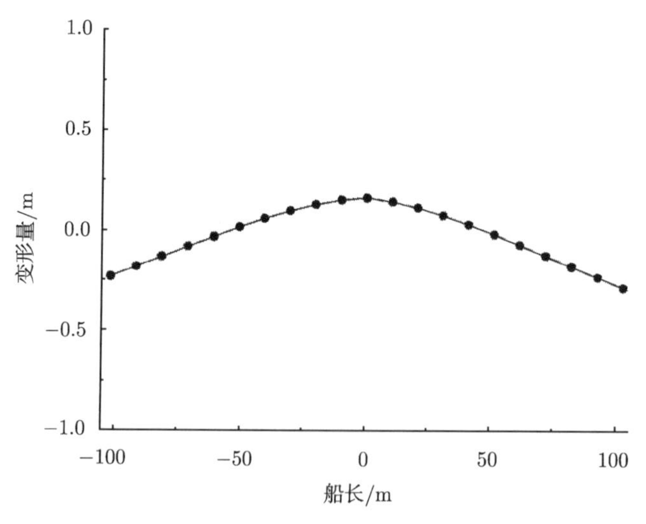


图 4.7　典型时刻船体梁的塑性变形 ($t = 0.1$s)

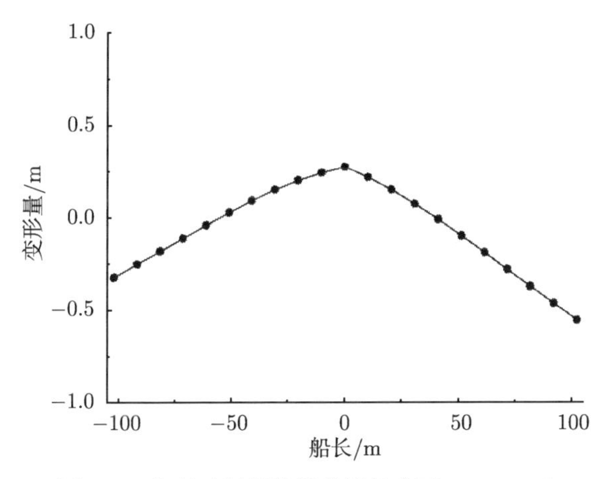


图 4.8 典型时刻船体梁的塑性变形 ($t = 0.2$s)

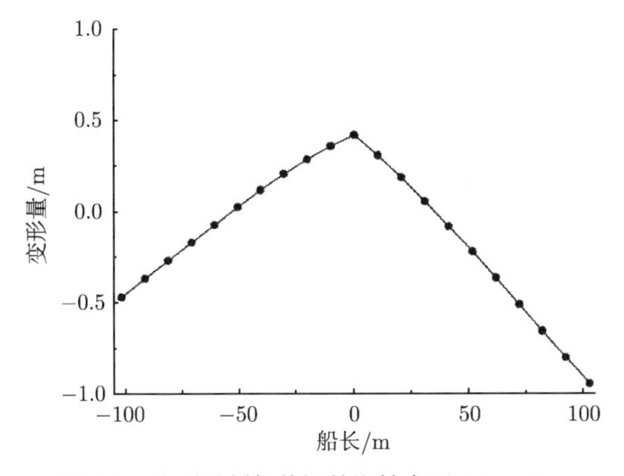


图 4.9 典型时刻船体梁的塑性变形 ($t = 0.3$s)

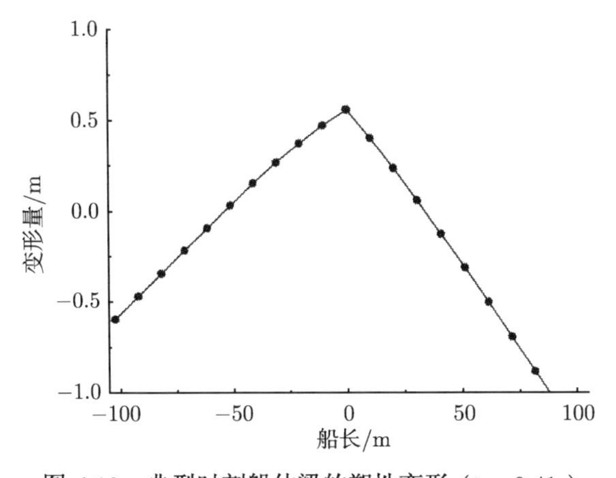


图 4.10 典型时刻船体梁的塑性变形 ($t = 0.41$s)

取塑性破坏点 (船中处) 作为考察点，分析塑性变形的时程变化特征。图 4.11 给出了船中处塑性变形的时程曲线。

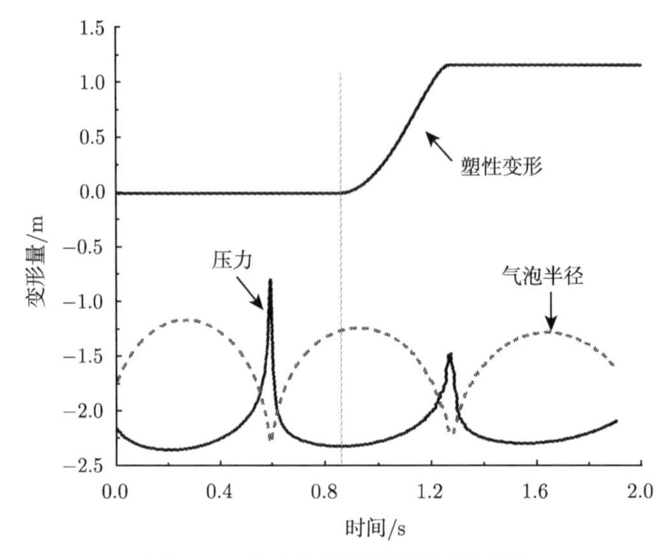


图 4.11　船中处塑性变形的时程曲线

从图 4.11 中可以观察到，塑性变形开始于 0.85s 左右，终止于 1.25s 左右。在非常短的时间内，塑性变形由 0 突增到峰值，塑性变形量约为 1.2m。可知塑性变形具有变形突增，持续时间短的特点。与图中的气泡压力进行对照，可观察到塑性变形开始于第一次气泡压力峰值后船中弯矩达到极限弯矩时，而随着第二次气泡脉动压力的增加而迅速发生塑性变形，直到二次气泡脉动压力达到峰值并衰减后，塑性变形也随之停止。

由于水下爆炸实船试验的困难性和出于国防安全等方面的原因，有关船体总体塑性变形量的试验测量数据很少。Keil[26] 是唯一给出了气泡作用下实船的塑性变形量的学者。他的论文中给出了一艘二战时期服役的“自由级”舰的实测数据，其塑性变形量大约从 0.2m 到 0.7m。由于船体的细节和爆炸的场景未知，故数值结果和试验结果很难比较。本节的计算结果与 Keil 的试验结果量级一致，数值略大。但与 Keil 试验中的靶舰相比，本节算例中所取实船的主尺度也要大一些。

最后综合讨论气泡载荷作用下船体梁三个阶段总的变形过程。图 4.12 给出了船中处三个阶段总的位移时程曲线。

从图 4.12 中可观察到船中处的总位移时程变化，同时与图中的气泡半径和压力变化进行比照，可概括出船体梁三个阶段总的变形过程为：

(1) 首先，船体梁的弹性变形与刚体运动阶段，直到船中的弯矩达到极限弯矩时，开始第二阶段的塑性变形；

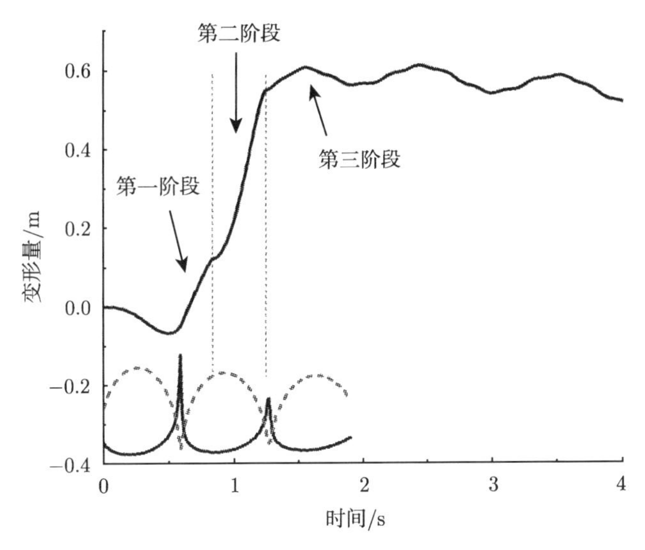


图 4.12 船中处的三个阶段变形过程

(2) 塑性变形持续时间短，变形突增，当第二次气泡脉动压力达到峰值后，外载荷卸载，塑性变形随之停止；

(3) 此后进入第三阶段，后续的气泡脉动载荷仍然作用在船体梁上，船体梁又重新开始小幅度的鞭状振动与刚体运动。

## 4.3 本章小结

本章进一步将气泡载荷作用下船体梁的水弹性响应扩展到水弹塑性，研究了气泡作用下船体梁整体的弹塑性变形响应。将船体梁的水弹塑性响应分为三个阶段进行分析，推导了各阶段的流体–结构耦合理论和数值算法；并通过实船算例，分析和讨论了船体梁的弹塑性变形机理和特征，得到了如下结论。

(1) 气泡载荷作用下，船体梁会在船中处形成一个塑性铰，即单塑性铰的毁伤模式。而发生塑性变形的时间是船中弯矩达到极限弯矩的时刻。通过算例发现，弯矩的极值并不是出现在气泡压力峰值处，而是发生在气泡达到第二次负压且船中位移达到极值开始改变运动方向的时刻，即最大弯矩并不是由气泡压力峰值直接产生，而是气泡压力峰值过后，由船体梁自身的鞭状振动所诱导的。

(2) 塑性变形具有变形突增，持续时间短的特点。船体梁的塑性变形过程为：船中处发生非常明显的中拱变形，然后在很短时间内迅速形成了一个塑性铰，并伴随有船体梁的刚体转动。塑性变形开始于第一次气泡压力峰值后船中弯矩达到极限弯矩时，而随着第二次气泡脉动压力的增加而迅速发生塑性变形，直到二次脉动压力达到峰值并衰减后，塑性变形也随即停止。

(3) 气泡载荷作用下船体梁三个阶段的总体弹塑性变形过程：首先，船体梁进行弹性变形与刚体运动，直到船中的弯矩达到极限弯矩时，开始第二阶段的塑性变形；当第二次气泡脉动压力达到峰值后，外载荷卸载，塑性变形随之停止；此后进入第三阶段，船体梁又重新开始小幅度的鞭状振动与刚体运动。

# 第5章 球形气泡载荷作用下三维全船结构的动态响应

当气泡的脉动周期和船体的低阶总体固有周期相近时，能够引起船体的总体振动及毁伤，如第 3、4 章所述。但是，在适当条件下，例如，气泡的脉动周期和局部结构的固有周期相近，同样会引起结构的局部毁伤。事实上在实船毁伤试验中也发现了气泡能够引起局部结构毁伤的实例。图 5.1 所示的是一艘在二战中服役的“自由级”舰船受到气泡脉动载荷作用而发生船体局部破坏的例子[26]。因此有必要研究气泡载荷作用下全船结构的动态响应，建立三维船体结构–气泡耦合的理论和计算模型。

图 5.1 气泡脉动载荷造成的船体局部破坏[26]

本章在前几章研究的基础上，将船体梁模型扩展到三维船体结构，基于双渐近近似理论，建立有限元方法与边界元方法相结合的计算方法，研究气泡载荷作用下三维水面舰船的动态响应。对三维全船结构响应的流体–结构耦合理论和数值计算方法进行阐述。以一艘水面舰船的三维船体结构模型作为算例，研究气泡作用下船体模型的总体响应和局部响应，比较不同位置的加速度、速度和位移时程变化，详细讨论船体模型的总体响应和局部响应的一些机理和特征。

# 5.1 全船结构动态响应的流体–结构耦合理论

### 5.1.1 结构响应方程

对于三维全船结构的动态响应分析，需要利用有限元方法来构造结构响应方程。一个复杂的结构可以划分为许多单元，每一个单元的主要力学行为 (位移、应力、应变等) 都可以由这个单元的边角节点的位移变形量来描述。整个结构模型的力学行为就可以由结构上所有节点的位移来表示。显然，其中最基本的问题就是如何将结构单元的力学行为用节点的位移来表示。解决这一问题的核心思想就是建立结构单元的刚度矩阵和质量矩阵。本节由虚功原理出发，导出一般弹性体运动方程的有限元列式。

1. 单元刚度矩阵、质量矩阵和阻尼矩阵

虚功原理可以表述为如下形式 [41]：

$$\delta U = \delta W_{\mathrm{e}} + \delta W_{\mathrm{in}} \tag{5.1}$$

式中，$\delta U$ 为由虚位移引起的结构应变能的改变；$\delta W_{\mathrm{e}}$ 为作用在结构上的外力在虚位移上所做的虚功；$\delta W_{\mathrm{in}}$ 为惯性力所做的虚功。

对于离散的弹性体中的任意一个单元 (图 5.2)，在局部坐标系下，单元中任一点的位移可由列向量表示：

$$\boldsymbol{d}_{\mathrm{e}} = \{u, v, w\}^{\mathrm{T}} \tag{5.2}$$

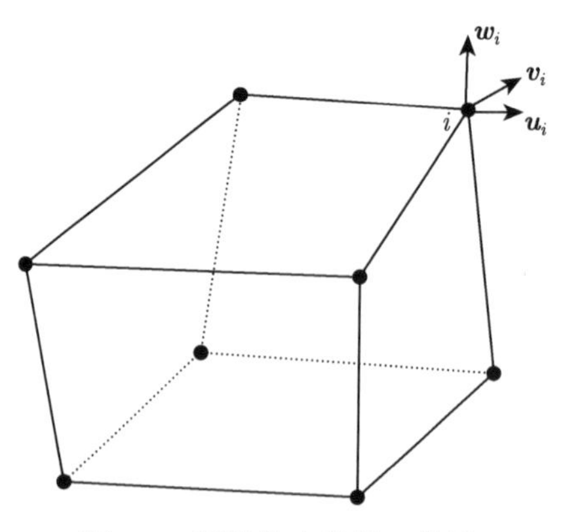


图 5.2 弹性体中的任一单元

动力问题中，位移 $u$、$v$ 和 $w$ 均为关于时间的函数。对于线弹性体，其单元应变能为

$$U=\frac{1}{2}\iiint\limits_{V_{\mathrm{e}}}\boldsymbol{\varepsilon}^{\mathrm{T}}\boldsymbol{\sigma}\mathrm{d}V=\frac{1}{2}\iiint\limits_{V_{\mathrm{e}}}\boldsymbol{\varepsilon}^{\mathrm{T}}\boldsymbol{D}\boldsymbol{\varepsilon}\mathrm{d}V \tag{5.3}$$

式中，$V_{\mathrm{e}}$ 为单元的体积，本构方程为

$$\boldsymbol{\sigma}=\boldsymbol{D}\boldsymbol{\varepsilon} \tag{5.4}$$

其中，

$$\boldsymbol{\sigma}=\{\sigma_x,\sigma_y,\sigma_z,\tau_{xy},\tau_{yz},\tau_{zx}\}^{\mathrm{T}} \tag{5.5}$$

为单元中任一点的应力列向量；

$$\boldsymbol{\varepsilon}=\{\varepsilon_x,\varepsilon_y,\varepsilon_z,\gamma_{xy},\gamma_{yz},\gamma_{zx}\}^{\mathrm{T}} \tag{5.6}$$

为单元中任一点的应变列向量；$\boldsymbol{D}$ 为弹性常数矩阵，对于各向同性的弹性体，有

$$\boldsymbol{D}=\frac{E(1-\mu)}{(1+\mu)(1-2\mu)}\begin{pmatrix} 1 & \frac{\mu}{1-\mu} & \frac{\mu}{1-\mu} & 0 & 0 & 0\\ \frac{\mu}{1-\mu} & 1 & \frac{\mu}{1-\mu} & 0 & 0 & 0\\ \frac{\mu}{1-\mu} & \frac{\mu}{1-\mu} & 1 & 0 & 0 & 0\\ 0 & 0 & 0 & \frac{1-2\mu}{2(1-\mu)} & 0 & 0\\ 0 & 0 & 0 & 0 & \frac{1-2\mu}{2(1-\mu)} & 0\\ 0 & 0 & 0 & 0 & 0 & \frac{1-2\mu}{2(1-\mu)} \end{pmatrix} \tag{5.7}$$

式中，$E$ 为材料的杨氏模量；$\mu$ 为材料的泊松比。

由 D'Alembert 原理，单元中单位体积的惯性力可表示为

$$\boldsymbol{F}_i=-\rho\ddot{\boldsymbol{d}}_{\mathrm{e}} \tag{5.8}$$

式中，$\rho$ 为材料的密度；

$$\ddot{\boldsymbol{d}}_{\mathrm{e}}=\{\ddot{u},\ddot{v},\ddot{w}\}^{\mathrm{T}} \tag{5.9}$$

为加速度列向量。

因此，整个单元的惯性力所做的虚功就可以表示为

$$\delta W_{\mathrm{in}}=-\iiint\limits_{V_{\mathrm{e}}}\delta\boldsymbol{d}_{\mathrm{e}}^{\mathrm{T}}\rho\ddot{\boldsymbol{d}}_{\mathrm{e}}\mathrm{d}V \tag{5.10}$$

另外，单元还可能受到阻尼力、体积力和表面力这三种类型外力的作用。

采用黏滞阻尼假定，设 $c$ 为黏滞阻尼系数，则单元内单位体积的阻尼为

$$\boldsymbol{F}_{\mathrm{d}} = -c\dot{\boldsymbol{d}}_{\mathrm{e}} \tag{5.11}$$

式中，

$$\dot{\boldsymbol{d}}_{\mathrm{e}} = \{\dot{u}, \dot{v}, \dot{w}\}^{\mathrm{T}} \tag{5.12}$$

为速度列向量。

单位体积力向量可表示为

$$\boldsymbol{F}_V = \{X, Y, Z\}^{\mathrm{T}} \tag{5.13}$$

其中，$X$、$Y$ 和 $Z$ 分别为单元内的单位体积力在坐标 $x$、$y$ 和 $z$ 三个方向上的分量。

表面力向量可表示为

$$\boldsymbol{F}_S = \{\overline{X}, \overline{Y}, \overline{Z}\}^{\mathrm{T}} \tag{5.14}$$

其中，$\overline{X}$、$\overline{Y}$ 和 $\overline{Z}$ 分别为单位体积的表面力在坐标 $x$、$y$ 和 $z$ 三个方向上的分量。

因此，单元外力虚功 $\delta W_{\mathrm{e}}$ 可写为

$$\delta W_{\mathrm{e}} = -\iiint\limits_{V_{\mathrm{e}}} \delta\boldsymbol{d}_{\mathrm{e}}^{\mathrm{T}} c\dot{\boldsymbol{d}}_{\mathrm{e}} \mathrm{d}V - \iiint\limits_{V_{\mathrm{e}}} \delta\boldsymbol{d}_{\mathrm{e}}^{\mathrm{T}} \boldsymbol{F}_V \mathrm{d}V - \iint\limits_{S_{\mathrm{e}}} \delta\boldsymbol{d}_{\mathrm{e}}^{\mathrm{T}} \boldsymbol{F}_S \mathrm{d}S \tag{5.15}$$

根据有限元理论，单元位移场可由节点位移来表示，即

$$\boldsymbol{d}_{\mathrm{e}} = \boldsymbol{N}\boldsymbol{d} \tag{5.16}$$

其中，$\boldsymbol{d}$ 为单元出口节点位移列向量；$\boldsymbol{N}$ 为形函数矩阵。因此，单元的速度场和加速度场可分别写为

$$\dot{\boldsymbol{d}}_{\mathrm{e}} = \boldsymbol{N}\dot{\boldsymbol{d}} \tag{5.17a}$$

$$\ddot{\boldsymbol{d}}_{\mathrm{e}} = \boldsymbol{N}\ddot{\boldsymbol{d}} \tag{5.17b}$$

单元应变场与单元节点位移列向量的关系为

$$\boldsymbol{\varepsilon}_{\mathrm{e}} = \boldsymbol{B}\boldsymbol{d} \tag{5.18}$$

其中，$\boldsymbol{B}$ 为应变-位移转换矩阵。

将式 (5.16)~式 (5.18) 代入式 (5.3)、式 (5.10)、式 (5.15) 中，即 $U$、$\delta W_{\mathrm{in}}$ 和 $\delta W_{\mathrm{e}}$ 的表达式，可得

$$U = \frac{1}{2}\boldsymbol{d}^{\mathrm{T}} \left( \iiint\limits_{V_{\mathrm{e}}} \boldsymbol{B}^{\mathrm{T}} \boldsymbol{D} \boldsymbol{B} \mathrm{d}V \right) \boldsymbol{d} \tag{5.19}$$

$$\delta W_{\text{in}}=-\delta\boldsymbol{d}^{\mathrm{T}}\left(\iiint\limits_{V_{\mathrm{e}}}\rho\boldsymbol{N}^{\mathrm{T}}\boldsymbol{N}\mathrm{d}V\right)\ddot{\boldsymbol{d}} \tag{5.20}$$

$$\delta W_{\mathrm{e}}=-\delta\boldsymbol{d}^{\mathrm{T}}\left(\iiint\limits_{V_{\mathrm{e}}}c\boldsymbol{N}^{\mathrm{T}}\boldsymbol{N}\mathrm{d}V\right)\dot{\boldsymbol{d}}+\delta\boldsymbol{d}^{\mathrm{T}}\left(\iiint\limits_{V_{\mathrm{e}}}\boldsymbol{N}^{\mathrm{T}}\boldsymbol{F}_V\mathrm{d}V\right)+\delta\boldsymbol{d}^{\mathrm{T}}\left(\iint\limits_{S_{\mathrm{e}}}\boldsymbol{N}^{\mathrm{T}}\boldsymbol{F}_S\mathrm{d}S\right) \tag{5.21}$$

对单元应变能进行变分，并利用弹性常数矩阵 $\boldsymbol{D}$ 的对称性，有

$$\delta U=\delta\boldsymbol{d}^{\mathrm{T}}\left(\iiint\limits_{V_{\mathrm{e}}}\boldsymbol{B}^{\mathrm{T}}\boldsymbol{D}\boldsymbol{B}\mathrm{d}V\right)\boldsymbol{d} \tag{5.22}$$

将式 (5.20)~式 (5.22) 代入式 (5.1) 中，则得到

$$\begin{aligned}&\delta\boldsymbol{d}^{\mathrm{T}}\left(\iiint\limits_{V_{\mathrm{e}}}\boldsymbol{B}^{\mathrm{T}}\boldsymbol{D}\boldsymbol{B}\mathrm{d}V\right)\boldsymbol{d}\\=&-\delta\boldsymbol{d}^{\mathrm{T}}\left(\iiint\limits_{V_{\mathrm{e}}}c\boldsymbol{N}^{\mathrm{T}}\boldsymbol{N}\mathrm{d}V\right)\dot{\boldsymbol{d}}+\delta\boldsymbol{d}^{\mathrm{T}}\left(\iiint\limits_{V_{\mathrm{e}}}\boldsymbol{N}^{\mathrm{T}}\boldsymbol{F}_V\mathrm{d}V\right)\\&+\delta\boldsymbol{d}^{\mathrm{T}}\left(\iint\limits_{S_{\mathrm{e}}}\boldsymbol{N}^{\mathrm{T}}\boldsymbol{F}_S\mathrm{d}S\right)-\delta\boldsymbol{d}^{\mathrm{T}}\left(\iiint\limits_{V_{\mathrm{e}}}\rho\boldsymbol{N}^{\mathrm{T}}\boldsymbol{N}\mathrm{d}V\right)\ddot{\boldsymbol{d}}\end{aligned} \tag{5.23}$$

引入下面的符号:

$$\boldsymbol{k}_{\mathrm{e}}=\iiint\limits_{V_{\mathrm{e}}}\boldsymbol{B}^{\mathrm{T}}\boldsymbol{D}\boldsymbol{B}\mathrm{d}V \tag{5.24}$$

$$\boldsymbol{m}_{\mathrm{e}}=\iiint\limits_{V_{\mathrm{e}}}\rho\boldsymbol{N}^{\mathrm{T}}\boldsymbol{N}\mathrm{d}V \tag{5.25}$$

$$\boldsymbol{c}_{\mathrm{e}}=\iiint\limits_{V_{\mathrm{e}}}c\boldsymbol{N}^{\mathrm{T}}\boldsymbol{N}\mathrm{d}V \tag{5.26}$$

$$\boldsymbol{f}_{\mathrm{e}}=\iiint\limits_{V_{\mathrm{e}}}\boldsymbol{N}^{\mathrm{T}}\boldsymbol{F}_V\mathrm{d}V+\iint\limits_{S_{\mathrm{e}}}\boldsymbol{N}^{\mathrm{T}}\boldsymbol{F}_S\mathrm{d}S \tag{5.27}$$

其中，$\boldsymbol{k}_{\mathrm{e}}$ 为单元刚度矩阵；$\boldsymbol{m}_{\mathrm{e}}$ 为单元质量矩阵；$\boldsymbol{c}_{\mathrm{e}}$ 为单元阻尼矩阵；$\boldsymbol{f}_{\mathrm{e}}$ 为单元节点力列向量。则式 (5.23) 变为

$$\delta\boldsymbol{d}^{\mathrm{T}}(\boldsymbol{m}_{\mathrm{e}}\ddot{\boldsymbol{d}}+\boldsymbol{c}_{\mathrm{e}}\dot{\boldsymbol{d}}+\boldsymbol{k}_{\mathrm{e}}\boldsymbol{d}-\boldsymbol{f}_{\mathrm{e}})=0 \tag{5.28}$$

由于虚位移 $\boldsymbol{\delta d}^{\mathrm{T}}$ 的任意性，可知 [41]

$$\boldsymbol{m}_{\mathrm{e}}\ddot{\boldsymbol{d}}+\boldsymbol{c}_{\mathrm{e}}\dot{\boldsymbol{d}}+\boldsymbol{k}_{\mathrm{e}}\boldsymbol{d}=\boldsymbol{f}_{\mathrm{e}} \tag{5.29}$$

式 (5.29) 即为结构中任一单元的运动方程。

2. 坐标变换

单元刚度矩阵、质量矩阵和阻尼矩阵是在特定的局部坐标系下描述的，不能直接用于结构的总刚度矩阵、质量矩阵和阻尼矩阵的装配，需进行坐标变换，将它们从各自的局部坐标系转换到统一的总体坐标系中。

以最简单的梁单元为例进行推导，如图 5.3 所示，一个空间梁单元，共有 $A$、$B$ 两个节点，其节点 $A$ 在局部坐标系 $xyz$ 中的三个方向位移分量为 $u_1$, $u_2$, $u_3$，在总体坐标系 $x'y'z'$ 中的位移分量为 $u_1'$, $u_2'$, $u_3'$；节点 $B$ 在局部坐标系 $xyz$ 中的三个方向位移分量为 $u_4$, $u_5$, $u_6$，在总体坐标系 $x'y'z'$ 中的位移三个方向分量为 $u_4'$, $u_5'$, $u_6'$。

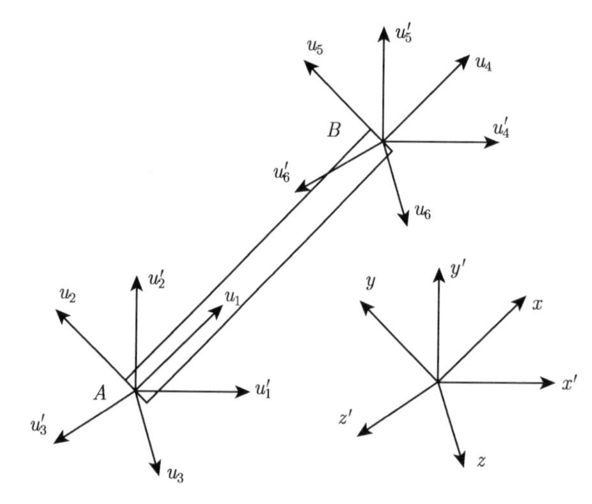


图 5.3　坐标变换图

引入坐标转换矩阵 $\boldsymbol{L}$:

$$\boldsymbol{L}=\begin{bmatrix} l_{xx'} & l_{xy'} & l_{xz'} \\ l_{yx'} & l_{yy'} & l_{yz'} \\ l_{zx'} & l_{zy'} & l_{zz'} \end{bmatrix} \tag{5.30}$$

其中，$l_{ij}(i=x,\ y,\ z;\ j=x',\ y',\ z')$ 代表 $i$ 轴与 $j$ 轴的夹角余弦，即方向余弦，定义如下：

$$l_{xx'}=\cos(x,x'),\quad l_{xy'}=\cos(x,y'),\quad l_{xz'}=\cos(x,z')$$

$$l_{yx'}=\cos(y,x'),\quad l_{yy'}=\cos(y,y'),\quad l_{yz'}=\cos(y,z') \tag{5.31}$$
$$l_{zx'}=\cos(z,x'),\quad l_{zy'}=\cos(z,y'),\quad l_{zz'}=\cos(z,z')$$

空间中任意一点在局部坐标系和总体坐标系中的描述存在下述关系：

$$\begin{bmatrix} x \\ y \\ z \end{bmatrix} = \boldsymbol{L} \begin{bmatrix} x' \\ y' \\ z' \end{bmatrix} \tag{5.32}$$

节点 $A$ 和节点 $B$ 的位移分量在两坐标系中也存在同样的关系：

$$\begin{bmatrix} u_1 \\ u_2 \\ u_3 \end{bmatrix} = \boldsymbol{L} \begin{bmatrix} u_1' \\ u_2' \\ u_3' \end{bmatrix} \tag{5.33}$$

$$\begin{bmatrix} u_4 \\ u_5 \\ u_6 \end{bmatrix} = \boldsymbol{L} \begin{bmatrix} u_4' \\ u_5' \\ u_6' \end{bmatrix} \tag{5.34}$$

将式 (5.33) 与式 (5.34) 合并，可知局部坐标中单元出口节点位移向量 $\boldsymbol{d}$ 和总体坐标中的出口节点位移向量 $\boldsymbol{d}'$ 有如下关系：

$$\boldsymbol{d} = \begin{bmatrix} u_1 \\ u_2 \\ u_3 \\ u_4 \\ u_5 \\ u_6 \end{bmatrix} = \begin{bmatrix} \boldsymbol{L} & \boldsymbol{0} \\ \boldsymbol{0} & \boldsymbol{L} \end{bmatrix} \begin{bmatrix} u_1' \\ u_2' \\ u_3' \\ u_4' \\ u_5' \\ u_6' \end{bmatrix} = \boldsymbol{T}\boldsymbol{d}' \tag{5.35}$$

其中，$\boldsymbol{T}$ 为单元出口节点位移向量在两坐标系之间的转换矩阵，且为正交矩阵。显然，对不同类型的单元，$\boldsymbol{T}$ 的具体形式也不相同。

将式 (5.35) 代入式 (5.23) 中，可推导出总体坐标系下的单元刚度矩阵、质量矩阵、阻尼矩阵和外力向量：

$$\boldsymbol{K}_{\mathrm{e}} = \boldsymbol{T}^{\mathrm{T}}\boldsymbol{k}_{\mathrm{e}}\boldsymbol{T} \tag{5.36}$$

$$\boldsymbol{M}_{\mathrm{e}} = \boldsymbol{T}^{\mathrm{T}}\boldsymbol{m}_{\mathrm{e}}\boldsymbol{T} \tag{5.37}$$

$$\boldsymbol{C}_{\mathrm{e}} = \boldsymbol{T}^{\mathrm{T}}\boldsymbol{c}_{\mathrm{e}}\boldsymbol{T} \tag{5.38}$$

$$\boldsymbol{F}_{\mathrm{e}} = \boldsymbol{T}^{\mathrm{T}}\boldsymbol{f}_{\mathrm{e}} \tag{5.39}$$

3. 总体刚度矩阵、质量矩阵和阻尼矩阵

假设结构共有 $M$ 个单元，且结构共有 $N$ 个节点位移。各个节点的位移可以写为 $(N\times 1)$ 阶向量 $\boldsymbol{x}$。按照各个节点在位移向量 $\boldsymbol{x}$ 中的排序，将单元刚度矩阵 $\boldsymbol{K}_\mathrm{e}$、单元质量矩阵 $\boldsymbol{M}_\mathrm{e}$ 和单元阻尼矩阵 $\boldsymbol{C}_\mathrm{e}$ 扩展为 $(N\times N)$ 阶，分别记为 $\overline{\boldsymbol{K}}_\mathrm{e}$、$\overline{\boldsymbol{M}}_\mathrm{e}$ 和 $\overline{\boldsymbol{C}}_\mathrm{e}$。同样将单元外力向量 $\boldsymbol{F}_\mathrm{e}$ 扩展为 $(N\times 1)$ 阶，记为 $\overline{\boldsymbol{F}}_\mathrm{e}$。组装成总体刚度矩阵，质量矩阵、阻尼矩阵和外力向量为

$$\boldsymbol{K}=\sum_{e=1}^{M}\overline{\boldsymbol{K}}_\mathrm{e} \tag{5.40}$$

$$\boldsymbol{M}=\sum_{e=1}^{M}\overline{\boldsymbol{M}}_\mathrm{e} \tag{5.41}$$

$$\boldsymbol{C}=\sum_{e=1}^{M}\overline{\boldsymbol{C}}_\mathrm{e} \tag{5.42}$$

$$\boldsymbol{F}=\sum_{e=1}^{M}\overline{\boldsymbol{F}}_\mathrm{e} \tag{5.43}$$

由此整个弹性结构受到外部激励的运动方程就可表示为

$$\boldsymbol{M}\ddot{\boldsymbol{x}}+\boldsymbol{C}\dot{\boldsymbol{x}}+\boldsymbol{K}\boldsymbol{x}=\boldsymbol{F} \tag{5.44}$$

式中，$\boldsymbol{x}$、$\dot{\boldsymbol{x}}$ 和 $\ddot{\boldsymbol{x}}$ 分别为结构中节点的位移、速度和加速度。

### 5.1.2 流体表面方程

1. 三维附加质量矩阵

舰船在水中航行，船体结构有一部分外表面浸没在水中，称之为湿表面。由于湿表面附近流体的惯性作用，会对船体结构的动态响应造成影响。主要表现为船体结构动态响应时质量改变，相当于有一部分流体与船体一起运动，这部分流体的质量即为附加质量。它与船体结构本身的质量在同一量级，因此必须加以考虑。

目前，计算附加质量的方法主要是 Lewis 方法或二维边界元方法。这些方法都是将船体假设成浮在水面的自由梁，并把每一段船体的横剖面看成是刚体，然后利用上述两种方法计算出每一段船体剖面在做刚体运动时的附加质量，再沿船长进行积分，从而得到整个船体的附加质量。接着，将总附加质量除以湿表面的面积，即得到附加质量密度，再将这个密度加到湿表面外板的密度上，最后用这个密度之和来分析船体的冲击响应。

虽然上述的方法计及了船体梁沿船长方向的变形，却没有对船体横向变形的影响加以考虑。沿船体横截面方向的两个单元的相对变形会对周围的流场产生影响，因此，不能利用上述的 Lewis 方法和二维边界元方法来求解附加质量。

为了考虑三维结构变形对附加质量的影响，本节中，采用 DeRuntz[36] 所提出的三维边界积分方法来计算附加质量矩阵。这种方法计及了三维结构变形对流体–结构耦合的影响，可以计算得到三维的附加质量矩阵。这种三维附加质量矩阵也可以和后续的流体–结构耦合计算很好的结合。

由前面分析，对于中场非接触水下爆炸，流体假设不可压缩，流动是无旋的，这样可应用势流理论进行分析。考虑自由表面的效应，此时流场中速度势的控制方程与边界条件可以表示为

$$\nabla^2\varphi = 0 \quad (流场域内) \tag{5.45}$$

$$\frac{\partial\varphi}{\partial n} = \boldsymbol{u}\cdot\boldsymbol{n} \quad (在物体表面上) \tag{5.46}$$

$$\nabla\varphi = 0 \quad (在无穷远处) \tag{5.47}$$

$$\varphi = 0 \quad (在自由水面处) \tag{5.48}$$

式中，$\boldsymbol{u}$ 为流体的速度；$\varphi$ 为速度势。

满足式 (5.45)、式 (5.47) 和式 (5.48) 的格林函数为

$$G(p,q) = \frac{1}{r(p,q)} - \frac{1}{r(p,\overline{q})} \tag{5.49}$$

式中，$\overline{q}$ 是 $q$ 点关于自由表面的镜像点。

流场中任意一点 $p$ 的速度势为

$$\varphi(p) = \int\limits_S \sigma(q)\left[\frac{1}{r(p,q)} - \frac{1}{r(p,\overline{q})}\right]\mathrm{d}S(q) \tag{5.50}$$

$p$ 点的速度势的导数可以表达为

$$\varphi_n(p) = -2\pi\sigma(p) + \int\limits_S \sigma(q)\frac{\cos(\theta(q))}{r^2(p,q)}\mathrm{d}S(q) - \int\limits_S \sigma(q)\frac{\cos(\theta(\overline{q}))}{r^2(p,\overline{q})}\mathrm{d}S(q) \tag{5.51}$$

流场中流体的动能可表示为下面的形式：

$$T_{\mathrm{f}} = \frac{1}{2}\rho\iint\limits_{S_{\mathrm{b}}}\phi\frac{\partial\phi}{\partial n}\mathrm{d}S \tag{5.52}$$

假设正方向为结构指向流体的方向，流体动能可以写成

$$T_{\mathrm{f}} = -\frac{1}{2}\rho \int_S \varphi_n(p)\varphi(p)\mathrm{d}S(p) \tag{5.53}$$

将式 (5.53) 进行离散，流体动能可表达为离散形式 [33,37]：

$$T_{\mathrm{f}} = -\frac{1}{2}\rho \int_S \varphi_n^{\mathrm{T}}(\boldsymbol{p})\mathrm{d}S(\boldsymbol{p})\boldsymbol{\varphi}(\boldsymbol{p}) \tag{5.54}$$

或者

$$T_{\mathrm{f}} = -\frac{1}{2}\rho \int_S \boldsymbol{\varphi}^{\mathrm{T}}(\boldsymbol{p})\mathrm{d}S(\boldsymbol{p})\boldsymbol{\varphi}_n(\boldsymbol{p}) \tag{5.55}$$

式中，$\boldsymbol{\varphi}_n$、$\boldsymbol{\varphi}$ 和 $\boldsymbol{p}$ 为离散单元的列向量，向量中元素个数为离散单元的数量 $n$；上标 T 表示向量的转置。

将每个离散单元上的源强设为常数，则速度势可写成离散形式：

$$\boldsymbol{\varphi}(\boldsymbol{p}) = \boldsymbol{B}(\boldsymbol{p})\boldsymbol{\sigma} \tag{5.56}$$

速度势的导数同样可表示为离散形式：

$$\boldsymbol{\varphi}_n(\boldsymbol{p}) = -\boldsymbol{C}(\boldsymbol{p})\boldsymbol{\sigma} \tag{5.57}$$

在式 (5.56) 和式 (5.57) 中，$\boldsymbol{\sigma}$ 为 $(n \times 1)$ 阶的列向量，$\boldsymbol{B}(\boldsymbol{p})$ 和 $\boldsymbol{C}(\boldsymbol{p})$ 均为 $(n \times n)$ 阶的矩阵。

当 $\boldsymbol{p}$ 点和结构湿表面单元上的控制点 $\boldsymbol{P}$ 重合时，即 $\boldsymbol{p} = \boldsymbol{P}$，可得

$$\boldsymbol{\sigma} = \boldsymbol{C}^{-1}(\boldsymbol{P})\boldsymbol{u} \tag{5.58}$$

将式 (5.56) 和式 (5.58) 代入式 (5.54)，得到

$$\boldsymbol{T}_{\mathrm{f}} = \frac{1}{2}\rho\boldsymbol{u}^{\mathrm{T}}\boldsymbol{E}(\boldsymbol{P})\boldsymbol{u} \tag{5.59}$$

或者将式 (5.57) 和式 (5.58) 代入式 (5.55)，得

$$\boldsymbol{T}_{\mathrm{f}} = \frac{1}{2}\rho\boldsymbol{u}^{\mathrm{T}}\boldsymbol{E}^{\mathrm{T}}(\boldsymbol{P})\boldsymbol{u} \tag{5.60}$$

在上两式中

$$\boldsymbol{E}(\boldsymbol{p}) = \boldsymbol{C}^{-T}(\boldsymbol{P})\left[\int_S \boldsymbol{C}^{\mathrm{T}}(\boldsymbol{p})\mathrm{d}\boldsymbol{S}(\boldsymbol{p})\boldsymbol{B}(\boldsymbol{p})\right]\boldsymbol{C}^{-1}(\boldsymbol{P}) \tag{5.61}$$

其中，$\boldsymbol{C}^{-\mathrm{T}}=(\boldsymbol{C}^{-1})^{\mathrm{T}}$。

对于任意的非对称向量 $\boldsymbol{U}$，都有

$$\boldsymbol{u}^{\mathrm{T}}\boldsymbol{U}\boldsymbol{u}=0 \tag{5.62}$$

因此，式 (5.59) 或式 (5.60) 可表达为

$$\boldsymbol{T}_{\mathrm{f}}=\frac{1}{2}\boldsymbol{u}^{\mathrm{T}}\boldsymbol{M}_{\mathrm{f}}\boldsymbol{u} \tag{5.63}$$

式中，$\boldsymbol{M}_{\mathrm{f}}$ 称为三维流体质量矩阵，可写为

$$\boldsymbol{M}_{\mathrm{f}}=\frac{1}{2}\rho\left[\boldsymbol{E}(\boldsymbol{P})+\boldsymbol{E}^{\mathrm{T}}(\boldsymbol{P})\right] \tag{5.64}$$

流体的速度向量 $\boldsymbol{u}$ 和结构的速度向量 $\dot{\boldsymbol{x}}$ 之间的关系可以表示为

$$\boldsymbol{u}=\boldsymbol{D}\dot{\boldsymbol{x}} \tag{5.65}$$

式中，$\boldsymbol{D}$ 为流体节点到结构节点的转换矩阵。

将式 (5.65) 代入式 (5.63)，可以得到

$$\boldsymbol{T}_{\mathrm{f}}=\frac{1}{2}\dot{\boldsymbol{x}}^{\mathrm{T}}\boldsymbol{D}^{\mathrm{T}}\boldsymbol{M}_{\mathrm{f}}\boldsymbol{D}\dot{\boldsymbol{x}} \tag{5.66}$$

式中，令 $\boldsymbol{M}_{\mathrm{a}}=\boldsymbol{D}^{\mathrm{T}}\boldsymbol{M}_{\mathrm{f}}\boldsymbol{D}$，则 $\boldsymbol{M}_{\mathrm{a}}$ 即为对应于结构的三维附加质量矩阵。

2. 流体边界模态

设结构湿表面的边界元面积对角阵为 $\boldsymbol{A}_{\mathrm{f}}$，这样，流体质量矩阵 $\boldsymbol{M}_{\mathrm{f}}$ 的计算就可以转换为求特征值的问题：

$$\boldsymbol{M}_{\mathrm{f}}\boldsymbol{u}=\lambda\boldsymbol{A}_{\mathrm{f}}\boldsymbol{u} \tag{5.67}$$

称方程 (5.67) 中的特征向量为流体边界模态；$\boldsymbol{M}_{\mathrm{f}}$ 和 $\boldsymbol{A}_{\mathrm{f}}$ 均为对称正定阵，因此式中的特征值均为正实数。

将 $\boldsymbol{M}_{\mathrm{f}}$ 和 $\boldsymbol{A}_{\mathrm{f}}$ 同时对角化，得到 $(n\times n)$ 阶的特征矩阵 $\boldsymbol{\Psi}$。即矩阵 $\boldsymbol{\Psi}$ 的列向量 $\boldsymbol{\Psi}_n$ 是方程 (5.67) 的特征向量，这样有

$$\boldsymbol{u}=\boldsymbol{\Psi}\boldsymbol{\nu} \tag{5.68}$$

式中，$\boldsymbol{\nu}$ 为广义特征向量。则方程 (5.67) 转化为求 $N$ 个非耦合特征方程问题，得到如下形式：

$$\boldsymbol{m}_n\boldsymbol{\nu}_n=\lambda_n\boldsymbol{a}_n\boldsymbol{\nu}_n \tag{5.69}$$

式中，$\boldsymbol{m}_n$ 和 $\boldsymbol{a}_n$ 分别为广义流体质量和广义湿表面积，可表示为

$$\boldsymbol{m}_n = \boldsymbol{\Psi}_n^{\mathrm{T}} \boldsymbol{M}_{\mathrm{f}} \boldsymbol{\Psi}_n \tag{5.70}$$

$$\boldsymbol{a}_n = \boldsymbol{\Psi}_n^{\mathrm{T}} \boldsymbol{A}_{\mathrm{f}} \boldsymbol{\Psi}_n \tag{5.71}$$

由于变化矩阵 $\boldsymbol{\Psi}_n$ 的标准是任意的，所以 $\boldsymbol{m}_n$ 和 $\boldsymbol{a}_n$ 的值并不唯一，但是，特征值 $\lambda_n$ 是唯一的，可以写为

$$\lambda_n = \frac{\boldsymbol{m}_n}{\boldsymbol{a}_n} \tag{5.72}$$

3. *双渐近近似方法*

为了进行气泡载荷与三维船体结构之间的流体–结构耦合计算，本章利用双渐近近似 (DAA) 方法来得到流体表面方程。DAA 方法是一种解决流体–结构耦合问题的非常有效的数值计算方法，在高、低频段都有较好的精度。另外 DAA 方法能够将流体表面方程写成普通矩阵形式的偏微分方程，因此更有利于将复杂三维船体结构的响应应用离散单元法进行求解和分析。

DAA 方法将船体结构湿表面的流体的运动表示为各正交的流体边界模态的线性组合。一阶 DAA 方程的矩阵形式表达为 (附录 B)

$$\boldsymbol{M}_{\mathrm{f}} \dot{\boldsymbol{p}}_{\mathrm{f}} + \rho c \boldsymbol{A}_{\mathrm{f}} \boldsymbol{p}_{\mathrm{f}} = \rho c \boldsymbol{M}_{\mathrm{f}} \dot{\boldsymbol{u}}_{\mathrm{f}} \tag{5.73}$$

式中，$\rho$ 和 $c$ 分别为流体密度和流体中声速；$\boldsymbol{p}_{\mathrm{f}}$ 为流体动压力；$\boldsymbol{u}_{\mathrm{f}}$ 是流体速度向量。

将式 (5.69) 代入式 (5.73) 中，这样就可以得到 $n$ 个模态方程，如下面的形式：

$$m_n \dot{q}_n + \rho c a_n q_n = \rho c m_n \dot{v}_n \tag{5.74}$$

式中，$q_n$ 为广义压力向量 $\boldsymbol{q}$ 中的元素，即 $\boldsymbol{p}_{\mathrm{f}} = \boldsymbol{\Psi} \boldsymbol{q}$。

方程 (5.74) 的解可表达成卷积的形式：

$$q_n(t) = h_n(t) * \dot{v}_n(t) \tag{5.75}$$

对于高频运动，即早期爆炸载荷作用下的结构瞬态响应，$h_n(t)$ 可近似由亥维赛德函数来表示，由式 (5.75) 可得

$$q_n(t) \approx \rho c v_n(t) \tag{5.76}$$

式 (5.76) 即为平面波近似。

对于低频运动，即船体结构在爆炸中后期的响应，$h_n(t)$ 可近似地写成狄拉克函数，由式 (5.75) 可得

$$q_n(t) \approx \lambda_n \dot{v}_n(t) \tag{5.77}$$

式 (5.77) 即为附加质量近似。

由上面分析，DAA 方法实质上是在高频频域段和低频频域段分别采用平面波近似理论和附加质量近似理论进行逼近，中频段采用线性过渡 [36]。因此一阶 DAA 方法从高频域到低频域都能进行很好的近似。

### 5.1.3 流体结构耦合方法

如 5.1.1 节所述，一个弹性的三维船体结构受到外部激励的运动方程可表示为

$$\boldsymbol{M}_{\mathrm{s}}\ddot{\boldsymbol{x}}+\boldsymbol{C}_{\mathrm{s}}\boldsymbol{x}+\boldsymbol{K}_{\mathrm{s}}\boldsymbol{x}=\boldsymbol{F} \tag{5.78}$$

其中，$\boldsymbol{M}_{\mathrm{s}}$、$\boldsymbol{C}_{\mathrm{s}}$ 和 $\boldsymbol{K}_{\mathrm{s}}$ 分别为 $(N\times N)$ 阶的质量矩阵、阻尼矩阵和刚度矩阵；$(N\times 1)$ 阶向量 $\boldsymbol{x}$、$\dot{\boldsymbol{x}}$ 和 $\ddot{\boldsymbol{x}}$ 分别为结构中节点的位移、速度和加速度；列向量 $\boldsymbol{F}$ 代表外力；$N$ 为结构的自由度总数量。

对于浸没在流体的结构，所受外部气泡载荷激励可表示为入射流和散射流和的形式，即

$$\boldsymbol{F}=-\boldsymbol{G}\boldsymbol{A}_{\mathrm{f}}(\boldsymbol{p}_{\mathrm{i}}+\boldsymbol{p}_{\mathrm{s}}) \tag{5.79}$$

式中，$\boldsymbol{p}_{\mathrm{i}}$ 和 $\boldsymbol{p}_{\mathrm{s}}$ 分别为湿表面上入射流和散射流作用产生的节点压力向量；$\boldsymbol{A}_{\mathrm{f}}$ 为湿表面单元的面积对角矩阵；$\boldsymbol{G}$ 为坐标转换矩阵，它的作用是将入射流和散射流所产生的压力分配到流体–结构耦合交界面上。

由 5.1.2 节理论，流体表面方程可以由一阶 DAA 方程的矩阵形式表达：

$$\boldsymbol{M}_{\mathrm{f}}\dot{\boldsymbol{p}}_{\mathrm{s}}+\rho c\boldsymbol{A}_{\mathrm{f}}\boldsymbol{p}_{\mathrm{s}}=\rho c\boldsymbol{M}_{\mathrm{f}}\dot{\boldsymbol{u}}_{\mathrm{s}} \tag{5.80}$$

根据湿表面上结构和流体的法向速度相等，可得

$$\boldsymbol{G}^{\mathrm{T}}\dot{\boldsymbol{x}}=\boldsymbol{u}_{\mathrm{i}}+\boldsymbol{u}_{\mathrm{s}} \tag{5.81}$$

式中，$\boldsymbol{u}_{\mathrm{i}}$ 为入射流的法向速度向量；$\boldsymbol{u}_{\mathrm{s}}$ 为散射流的法向速度向量。

将式 (5.79) 代入式 (5.78)，同样，将式 (5.81) 代入式 (5.80)，就可以得到下面的流体–结构耦合方程组：

$$\boldsymbol{M}_{\mathrm{s}}\ddot{\boldsymbol{x}}+\boldsymbol{C}_{\mathrm{s}}\dot{\boldsymbol{x}}+\boldsymbol{K}_{\mathrm{s}}\boldsymbol{x}=-\boldsymbol{G}\boldsymbol{A}_{\mathrm{f}}(\boldsymbol{p}_{\mathrm{i}}+\boldsymbol{p}_{\mathrm{s}}) \tag{5.82}$$

$$\boldsymbol{M}_{\mathrm{f}}\dot{\boldsymbol{p}}_{\mathrm{s}}+\rho c\boldsymbol{A}_{\mathrm{f}}\boldsymbol{p}_{\mathrm{s}}=\rho c\boldsymbol{M}_{\mathrm{f}}(\boldsymbol{G}^{\mathrm{T}}\ddot{\boldsymbol{x}}-\dot{\boldsymbol{u}}_{\mathrm{i}}) \tag{5.83}$$

其中，结构方程 (5.82) 中含有流体变量 $\boldsymbol{p}_{\mathrm{s}}$，而流体方程 (5.83) 中含有结构变量 $\ddot{\boldsymbol{x}}$，因此流体方程与结构方程均不可单独地求解，也无法显式地去掉流体变量 $\boldsymbol{p}_{\mathrm{s}}$ 及结构变量 $\ddot{\boldsymbol{x}}$。需要对其进行耦合迭代求解，求解方法将在 5.1.4 节中介绍。通过对上述方程组的求解，即可得到船体结构在每一时刻的动态响应情况。

### 5.1.4 求解方法

在进行耦合计算时，采用分部交错迭代的求解方法。这种方法的主要思想是：将问题分为结构方程和流体方程两个子系统，在每一个时间步内，将结构方程和流体方程在各自的子系统内分别求解；然后两个系统之间进行循环迭代求解。

结构方程的求解采用 Wilson-$\theta$ 方法 [41]，假定加速度在 $t$ 到 $t+\theta\Delta t$ 的时间间隔内是线性变化的。这样，对于时间从 $t$ 到 $t+\theta\Delta t$ 的区间内，任意时刻 $t+\tau$ 的加速度可表示为

$$\ddot{x}_{k+\tau}=\ddot{x}_k+\frac{\tau}{\theta\Delta t}(\ddot{x}_{k+\theta}-\ddot{x}_k) \tag{5.84}$$

接着，对式 (5.84) 进行 1 次积分，可得 $t+\tau$ 时刻的速度：

$$\dot{x}_{k+\tau}=\dot{x}_k+\ddot{x}_k\tau+\frac{\tau^2}{2\theta\Delta t}(\ddot{x}_{k+\theta}-\ddot{x}_k) \tag{5.85}$$

然后，对式 (5.85) 再进行 1 次积分，可得到 $t+\tau$ 时刻的位移：

$$x_{k+\tau}=x_k+\dot{x}_k\tau+\frac{1}{2}\ddot{x}_k\tau^2+\frac{\tau^3}{6\theta\Delta t}(\ddot{x}_{k+\theta}-\ddot{x}_k) \tag{5.86}$$

在式 (5.85) 与式 (5.86) 中，可以令 $\tau=\theta\Delta t$，则可以得到 $t+\theta\Delta t$ 时刻的速度和位移：

$$\dot{x}_{k+\theta}=\dot{x}_k+\frac{1}{2}\ddot{x}_k\theta\Delta t+\frac{1}{2}\ddot{x}_{k+\theta}\theta\Delta t \tag{5.87}$$

$$x_{k+\theta}=x_k+\dot{x}_k\theta\Delta t+\frac{1}{3}\ddot{x}_k\theta^2(\Delta t)^2+\frac{1}{6}\ddot{x}_{k+\theta}\theta^2(\Delta t)^2 \tag{5.88}$$

$t+\theta\Delta t$ 时刻的结构运动方程为

$$m\ddot{x}_{k+\theta}+c\dot{x}_{k+\theta}+kx_{k+\theta}=F_{k+\theta} \tag{5.89}$$

式 (5.89) 中的外载荷 $F_{k+\theta}$ 可以由前一时刻的载荷 $F_k$ 与后一时刻的载荷 $F_{k+1}$ 进行线性插值得到

$$F_{k+\theta}=F_k+\frac{t_{k+\theta}-t_k}{t_{k+1}-t_k}(F_{k+1}-F_k)=F_k+\theta(F_{k+1}-F_k) \tag{5.90}$$

根据式 (5.88)，可知 $\ddot{x}_{k+\theta}$ 可以通过 $x_{k+\theta}$ 和 $t_k$ 时刻的结构响应值来表示，即可表示为

$$\ddot{x}_{k+\theta}=\frac{6}{\theta^2(\Delta t)^2}[x_{k+\theta}-x_k-\dot{x}_k\theta\Delta t-\frac{1}{3}\ddot{x}_k\theta^2(\Delta t)^2] \tag{5.91}$$

接着，将式 (5.91) 代入到式 (5.87) 中，这样就可以将 $\dot{x}_{k+\theta}$ 用 $x_{k+\theta}$ 表示。然后再进一步将 $\ddot{x}_{k+\theta}$，$\dot{x}_{k+\theta}$ 一起代入到式 (5.89) 中，此时得到的方程仅含有未知量 $x_{k+\theta}$，这样就可以求解出 $x_{k+\theta}$：

$$x_{k+\theta} = \frac{1}{\dfrac{6m}{\theta^2(\Delta t)^2} + k}\left[m\left(\frac{6x_k}{\theta^2(\Delta t)^2} + \frac{6\dot{x}_k}{\theta \Delta t} + 2\ddot{x}_k\right) + c\left(\frac{3x_k}{\theta(\Delta t)} + 2\dot{x}_k + \frac{\theta \Delta t}{2}\ddot{x}_k\right) + F_{k+\theta}\right] \tag{5.92}$$

由式 (5.92)，计算得到 $x_{k+\theta}$ 后，再代入到式 (5.91) 中，可以计算得到 $\ddot{x}_{k+\theta}$。

接着令 $\tau = \Delta t$，并将 $\ddot{x}_{k+\theta}$ 代入式 (5.84)~式 (5.86) 中，即可计算得到 $t_{k+1}$ 时刻的结构响应量。

从上面的推导可以看到，$t_{k+1}$ 时刻的结构加速度、速度和位移响应 ($\ddot{x}_{k+1}$、$\dot{x}_{k+1}$ 和 $x_{k+1}$)，完全由 $t_k$ 时刻的结构加速度、速度和位移响应 ($\ddot{x}_k$、$\dot{x}_k$ 和 $x_k$) 与 $t_k$ 时刻和 $t_{k+1}$ 时刻的外载荷 ($F_k$ 和 $F_{k+1}$) 而求得。

对于流体表面方程的求解，由于三维附加质量矩阵是满阵，流体方程较大，出于计算效率的考虑，采用的是四阶 Runge-Kutta 方法。

给定初始条件，在每个时间步内，将结构方程和流体方程按上述数值方法分别求解，然后两个系统之间进行循环迭代，即可求得结构模型各个节点在每一时间步的响应情况。包括位移、速度和加速度响应。

## 5.2 计算流程

在计算球形气泡载荷作用下的三维全船结构动响应时，首先建立三维船体结构的有限元模型；读取总结构模型的单元、节点信息和湿表面的单元、节点信息并进行存储；提取有限元模型中的结构总体刚度矩阵和质量矩阵。

根据 5.1.2 节理论，输入湿表面的单元、节点信息，利用边界积分方法计算得到三维流体质量矩阵。根据单元节点信息计算坐标转换矩阵。

根据第 2 章气泡动力学理论编制气泡载荷计算程序，输入湿表面的单元、节点信息与初始条件 (药量、气泡位置)，计算得到气泡载荷数据。

按 5.1.3 节理论，将结构方程和流体方程进行组装，得到流体–结构耦合方程组。采用分部交错迭代的方法求解耦合方程组，如 5.1.4 节所述。按照这样的算法思想，不必对结构和流体的控制方程进行改造，直接借助现有的结构方程和流体方程两个子系统进行计算，这样节约了编程时间和计算时间，也提高了计算效率。给定初始条件，即可对耦合方程组进行数值求解，求得每一时刻的结构位移、速度和加速度的动态响应值。

为了避免出现因初期载荷的突增而导致数值结果发散的情况，气泡载荷要乘上一个缓冲函数 [41]：

$$f_{\mathrm{m}}=\begin{cases}\dfrac{1}{2}\left[1-\cos\left(\dfrac{\pi t}{T_{\mathrm{m}}}\right)\right], & t<T_{\mathrm{m}}\\ 1, & t\geqslant T_{\mathrm{m}}\end{cases} \tag{5.93}$$

其中，$T_{\mathrm{m}}$ 为缓冲时间。

计算程序的流程图，如图 5.4 所示。

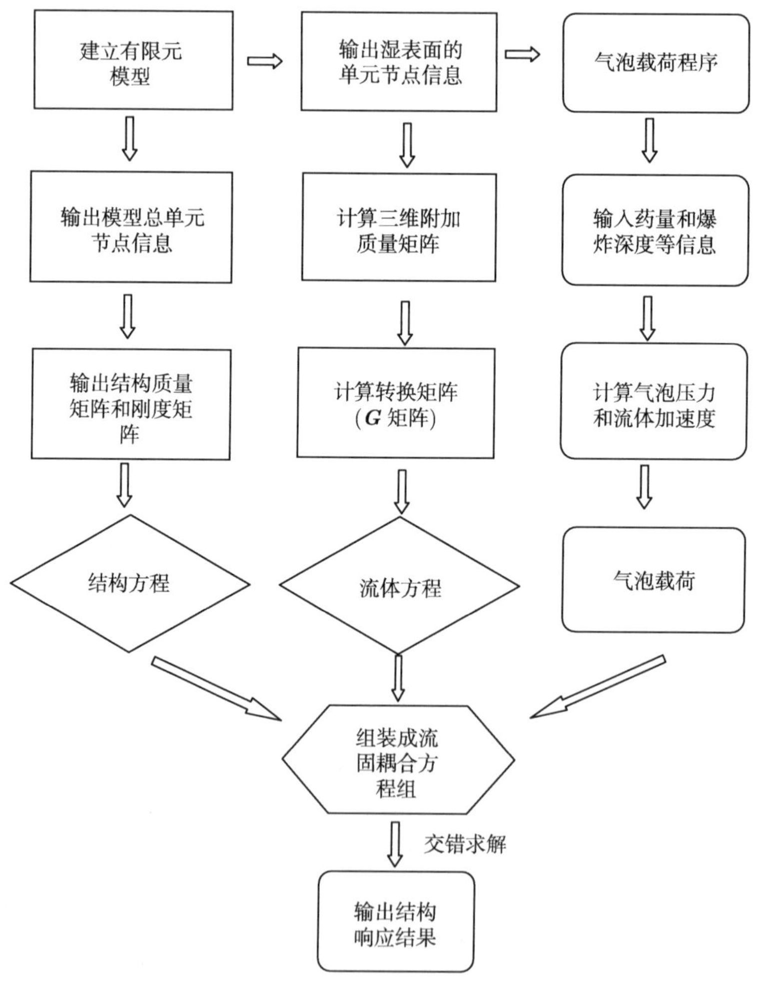


图 5.4 计算程序的流程图

# 5.3 计算模型与外载荷输入

## 5.3.1 三维实船模型介绍

取一艘 4.5m 长的三维船体模型作为算例来分析其在气泡载荷作用下的动态响应，其外观效果图如图 5.5 所示，而几何模型与坐标系系统如图 5.6 所示。

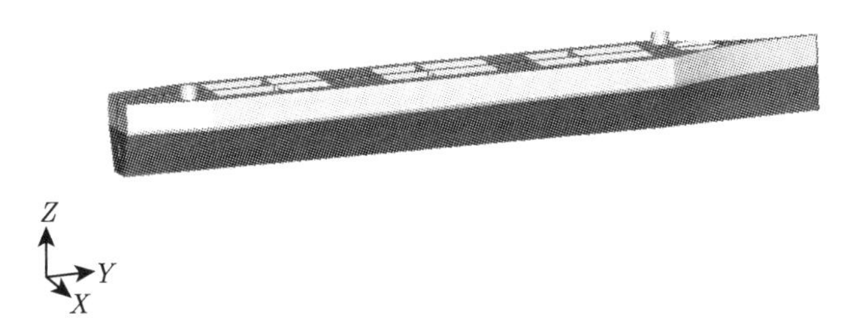


图 5.5 船体模型的外观效果图

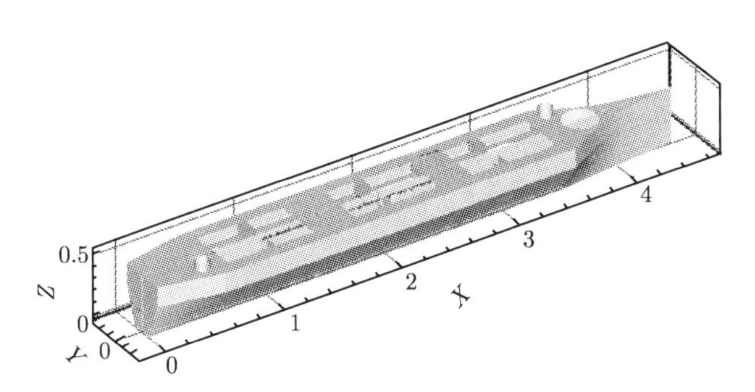


图 5.6 船体模型的几何模型和坐标系

船体模型坐标系的设置为：以尾封板、中纵剖面和基平面的交点作为原点，以指向船体模型右舷为 $X$ 轴，指向船首方向为 $Y$ 轴，竖直向上的方向为 $Z$ 轴。

船体模型采用普通钢建造，材料的密度为 7850kg/m$^3$，杨氏模量为 210GPa，泊松比为 0.3。船体模型的主尺度如表 5.1 所示。

表 5.1 船体模型的主尺度

| 主尺度 | |
|---|---|
| 总长/m | 4.5 |
| 型宽/m | 0.6 |
| 型深/m | 0.45 |
| 吃水/m | 0.265 |
| 排水量/kg | 390 |

船体模型共设有 7 道横舱壁、2 层平台，有中纵舱壁。平台 2 与船底外底板组成双层底。船体模型的甲板、平台 1、平台 2 的板厚 4mm，其余结构的板厚均为 3mm。细节的结构尺寸示意图如图 5.7 所示。

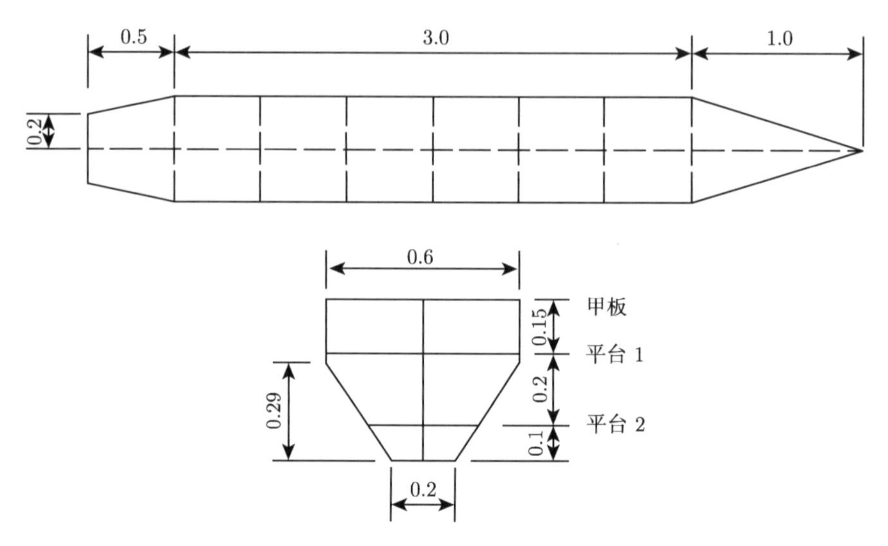


图 5.7　船体模型的结构尺寸示意图 (单位：m)

根据船体结构的几何模型，通过划分网格与赋材料属性等操作，建立船体结构的有限元模型，如图 5.8 所示。船体模型所有单元均为壳单元，且主要以四边形壳单元为主，还有少量的三角形单元。模型中共有 2373 个节点，2648 个单元，其中包括了 661 个湿表面单元。

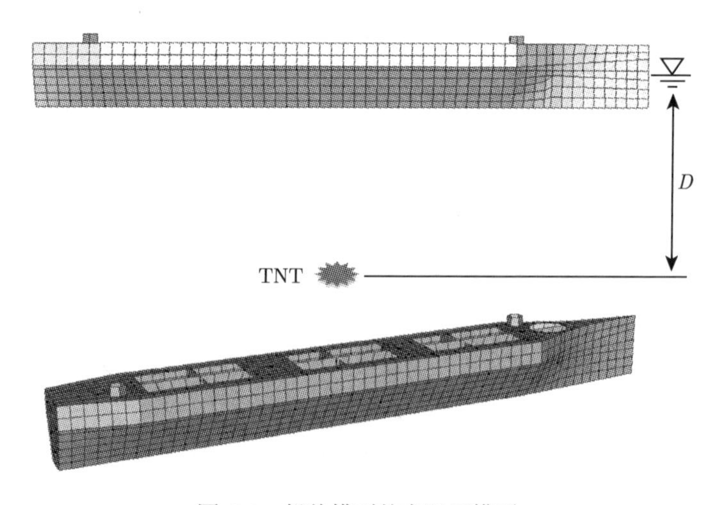


图 5.8　船体模型的有限元模型

如前面分析，对于非接触水下爆炸，破坏力最大的情况是药包布置在舰船正下方的工况，所以本章仍将药包布置在船中正下方，如图 5.8 所示。气泡的位置可以由气泡沉深 $D$ 来表示。

### 5.3.2 气泡载荷

在后面的算例中，均取 0.1kg TNT 药包布置在船中正下方沉深 1.5m 处作为计算工况。同样为忽略冲击波效应的影响，取爆炸后 0.05s 作为初始时间。气泡半径和压力的时间历程曲线如图 5.9 所示。

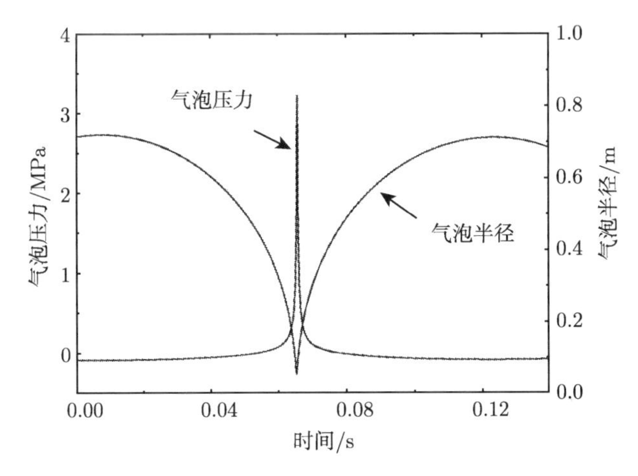


图 5.9 气泡半径和压力的时间历程曲线

从图 5.9 中可看到，气泡压力随着气泡半径的减小而增加。当气泡半径减小到最小值时，气泡内部压力最大。随后气泡开始回弹，气泡半径随着时间的增大而增大。在回弹过程中，气泡压力迅速衰减到零以下。在后续计算中，把这个气泡压力时程作为外载荷输入到结构响应系统中，来研究气泡载荷作用下三维全船结构的动态响应。

## 5.4 船体结构动态响应

如 5.3 节所述，取 0.1kg TNT 药包布置在船中正下方沉深 1.5m 处作为计算工况，初始缓冲时间 $T_{\mathrm{m}}$ 取为 0.02s。与波浪等低频载荷不同，气泡载荷的频率相对较高，运动方程中的阻尼项 $\boldsymbol{C}_{\mathrm{s}}\dot{\boldsymbol{x}}$ 相比于 $\boldsymbol{M}_{\mathrm{s}}\ddot{\boldsymbol{x}}$ 项的影响很小，因此，对于结构在气泡作用下的动响应研究一般均忽略阻尼的影响。在本节的算例中也暂不考虑阻尼的影响。主要从垂向、横向和纵向三个方向来系统地分析船体模型的动态响应。

### 5.4.1　船体结构的垂向响应

首先来研究船体模型在垂直方向的动态响应。如前面章节讨论，细长船体一般都以垂向响应最为显著和剧烈。在船体模型的中线面上取几个典型的位置作为测点，以细节考察测点处的加速度、速度和位移的响应情况。在船体模型中共取 6 个测点，其中包括船底板中线上的测点 $(B1, B2, B3)$ 和主甲板中线上的测点 $(D1, D2, D3)$。测点的具体位置如图 5.10 所示。

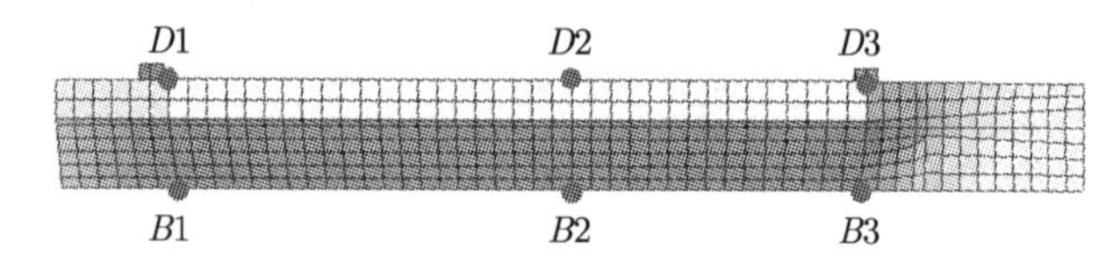


图 5.10　不同测点的分布位置

图 5.11～图 5.13 给出了船中的测点 $B2$ 的位移、速度和加速度响应的时程曲线。如图 5.11 所示的位移时程变化，将图中的气泡运动特性联系起来观察，可以看到随着气泡的收缩，周围流体向气泡流动，促使船体模型同样向气泡移动。与此同时，气泡内部的压力逐渐变大，大约在 0.066s 时，气泡内部的压力达到最大值并传递给周围流体。此时流体对船体模型产生了很大的载荷，并使船体模型突然改变了运动方向，开始向远离气泡的方向移动。随后气泡又开始膨胀，气泡内压力不断减小，重新对船体梁产生了向下吸引的力。这样船体模型又重新改变方向，向着气泡的方向发生移动。

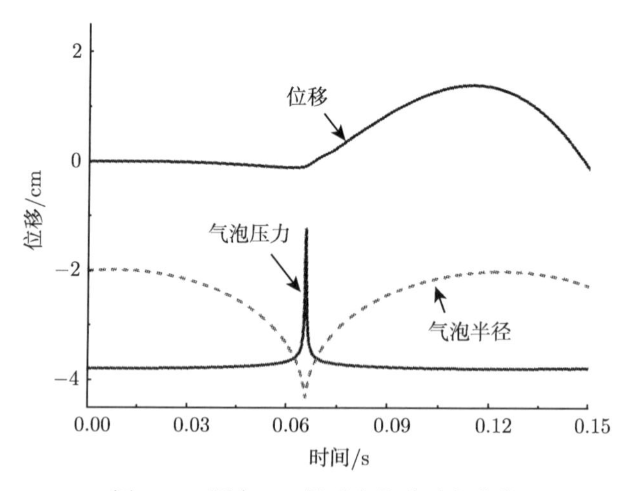


图 5.11　测点 $B2$ 的垂向位移时程曲线

图 5.12 为测点 $B2$ 的垂向速度时程曲线，从图中可观察到 $B2$ 的垂向速度的变化规律：初期随着气泡的收缩，在气泡的负压作用下，产生微弱的朝向气泡的速

度。大约在 0.066s 时，气泡内部的压力达到最大值，使船体结构迅速产生了远离气泡的反向速度，之后随着气泡压力快速衰减到零以下，速度方向也随之改变，重新产生向气泡移动的速度。

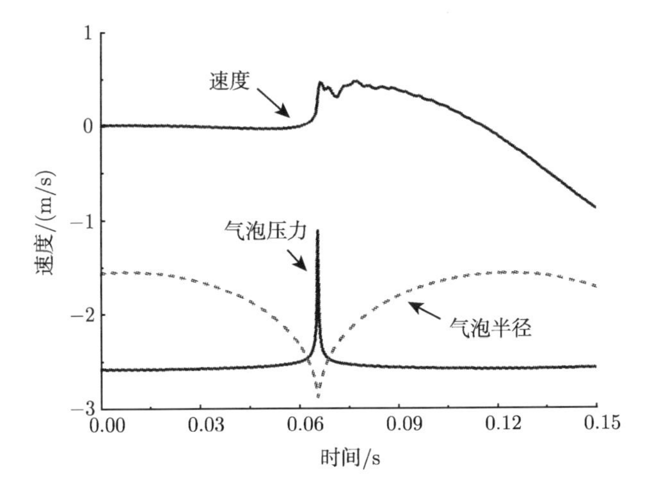


图 5.12 测点 $B2$ 的垂向速度时程曲线

图 5.13 给出了测点 $B2$ 的垂向加速度时程曲线，可观察到随着气泡压力达到峰值 (0.066s 时)，船体结构同时产生了一个非常大的加速度。加速度快速增至峰值，之后随着气泡压力的衰减，加速度也发生了迅速的衰减。

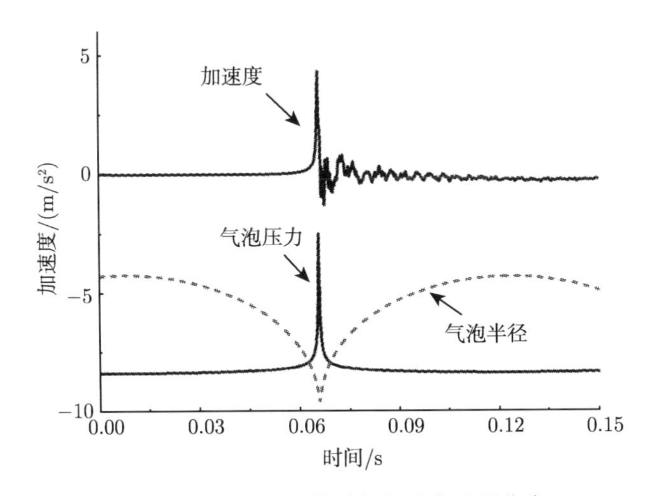


图 5.13 测点 $B2$ 的垂向加速度时程曲线

图 5.14 给出了不同测点的加速度、速度和位移响应的时程曲线。从图中可以观察到所有测点的加速度、速度和位移响应均在大约 0.066s 时开始显著变化，这

是气泡载荷迅速增至峰值的时刻。

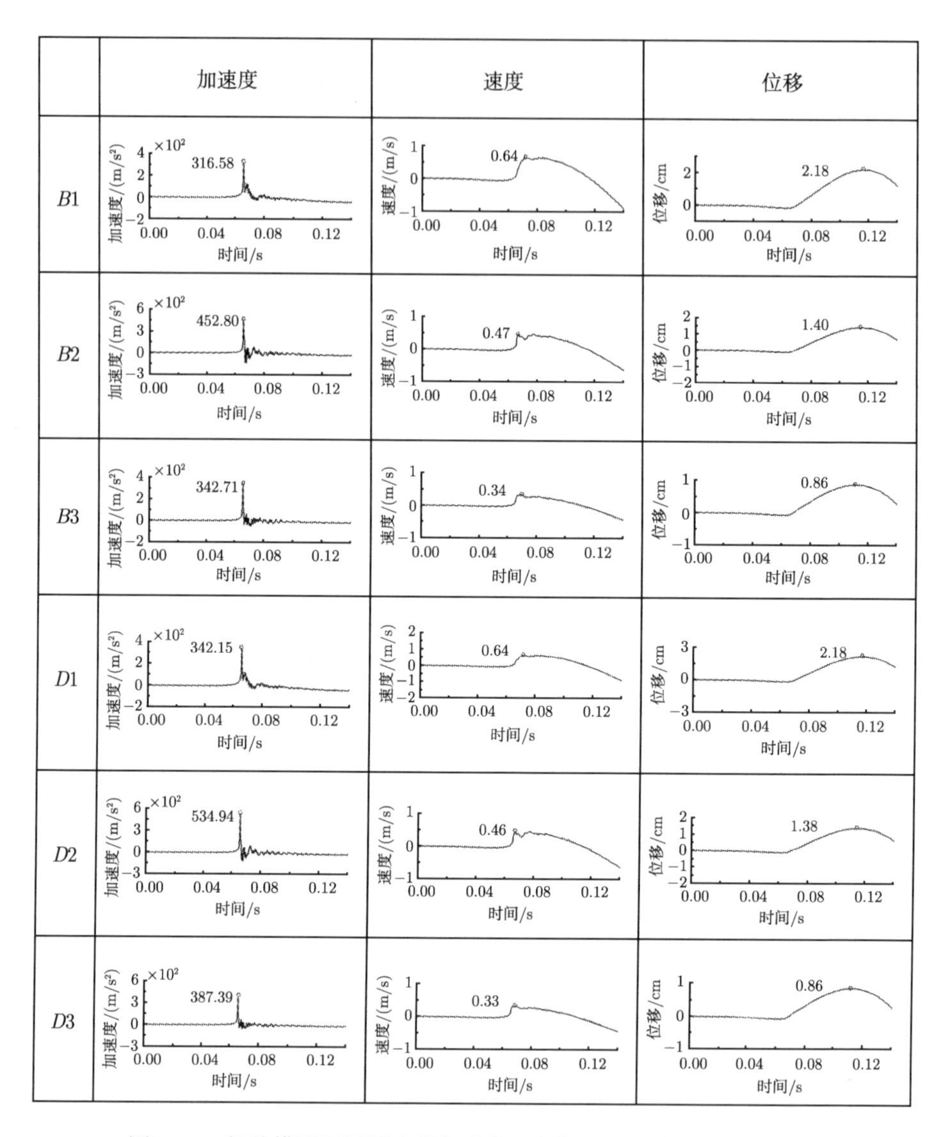


图 5.14　船体模型不同测点的加速度、速度和位移响应的时程曲线

由于气泡位于船中的正下方，所以船中的测点 $B2$ 和 $D2$ 的加速度的峰值要比其他测点大一些。例如，测点 $B2$ 的最大加速度值为 452.80m/s$^2$，分别约为测点 $B1$(316.58m/s$^2$) 和 $B3$(342.71 m/s$^2$) 的 1.43 倍和 1.32 倍。

而对于垂向速度和位移的峰值，均是船尾的测点最大，船首的测点最小。例如，船尾测点 $B1$ 的最大速度值为 0.64m/s，要比船中测点 $B2$(0.47m/s) 和船尾测

点 $B3(0.34\text{m/s})$ 大一些。同样，测点 $B1$ 的最大垂向位移 (2.18cm) 也要比测点 $B2$ 和 $B3$ 的位移峰值大。这是因为船体模型在气泡载荷作用下发生了刚体位移和弹性变形，由于船型的特点，船尾处的垂向刚体位移较大。

在同一纵向位置，主甲板和船底板处的响应相差不大。例如，测点 $B1$ 和 $D1$、$B2$ 和 $D2$、$B3$ 和 $D3$ 的加速度、速度和位移的峰值都比较接近。

图 5.15 给出了一系列不同时刻船体模型的垂向位移响应，云图中的颜色变化代表不同幅值的垂向位移。从图中可清楚观察到，气泡载荷作用下船体模型结构在

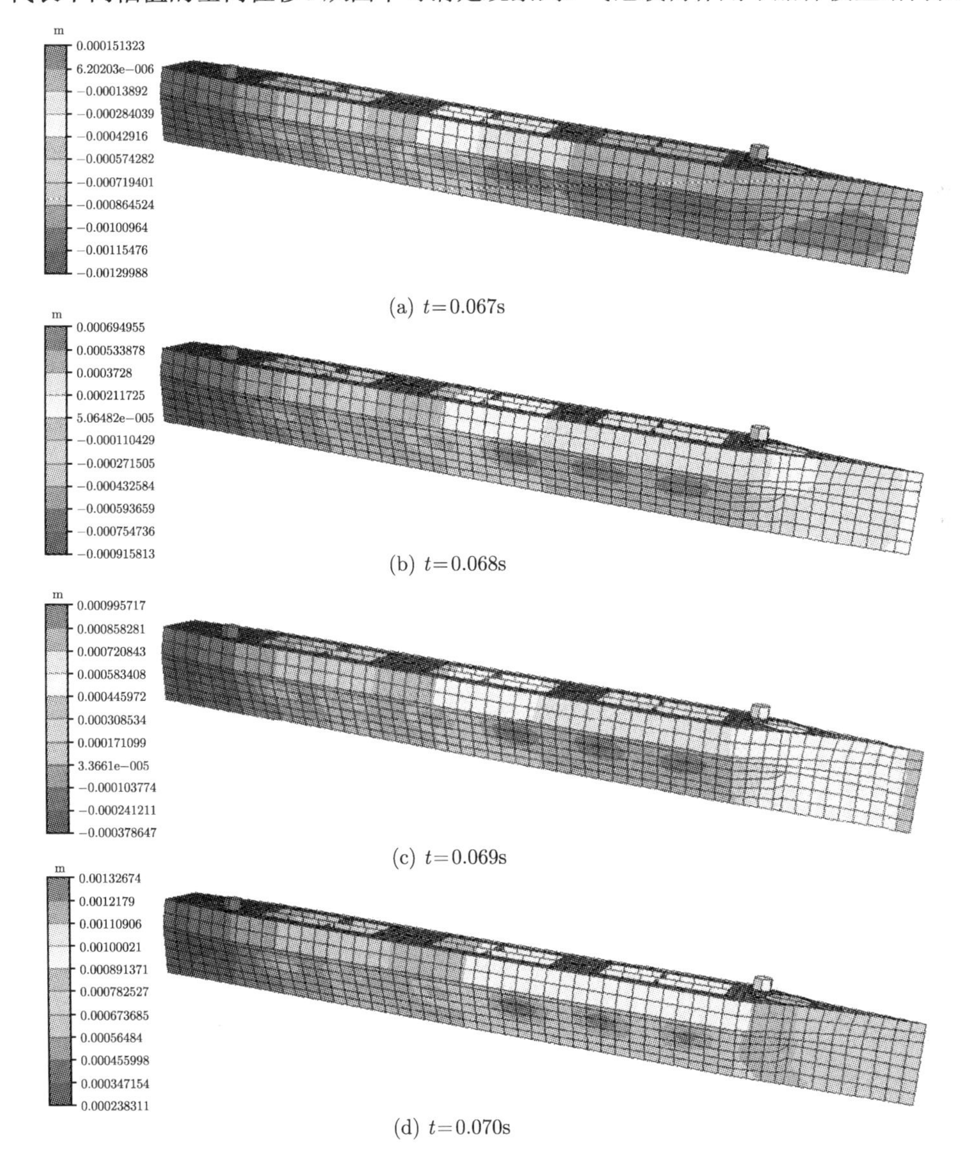


(a) $t=0.067\text{s}$

(b) $t=0.068\text{s}$

(c) $t=0.069\text{s}$

(d) $t=0.070\text{s}$

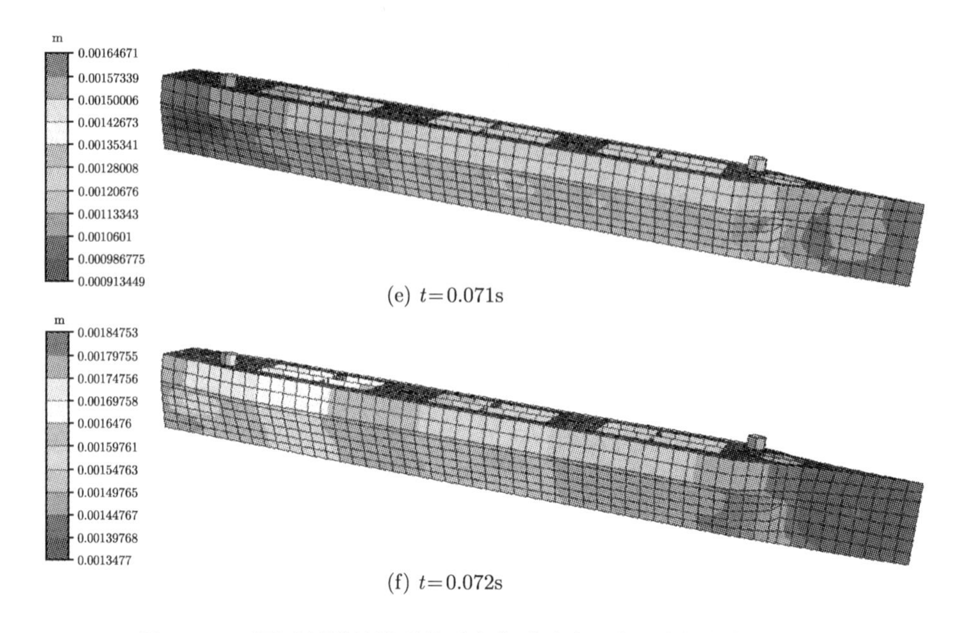


图 5.15　不同时刻船体模型的垂向位移响应 (彩图请扫封底二维码)

垂直方向的位移响应主要表现为船体的总体响应，即总体上垂向位移值沿船长方向变化，同一纵向位置的垂向位移值比较接近。但是也能观察到在船体模型舷侧外板上的一些区域同样出现了比较显著的局部响应。

为更清楚地观察船体结构的垂向响应情况，取船体模型的船底板中心线作为考察对象。图 5.16 给出了船体模型的船底板中心线在不同时刻的位移曲线图。可观察到船体模型表现为显著的弹性变形和刚体位移。在气泡载荷作用下，船体结构的总体变形表现为中拱和中垂变形，并伴随有刚体位移。船首部的运动幅值较小，而船尾部的运动幅值最大。可见三维船体结构也同样表现出较显著的总体响应。

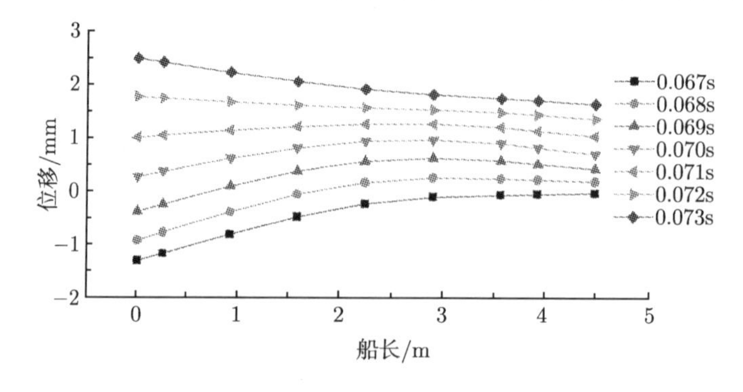


图 5.16　船底板中心线在不同时刻的位移曲线图

除了船体结构的总体响应，如前面图 5.10 中所观察到的，船体模型上的一些区域也出现了明显的局部响应。取 0.070s 的典型时刻的位移响应进行分析，如图 5.17 所示。

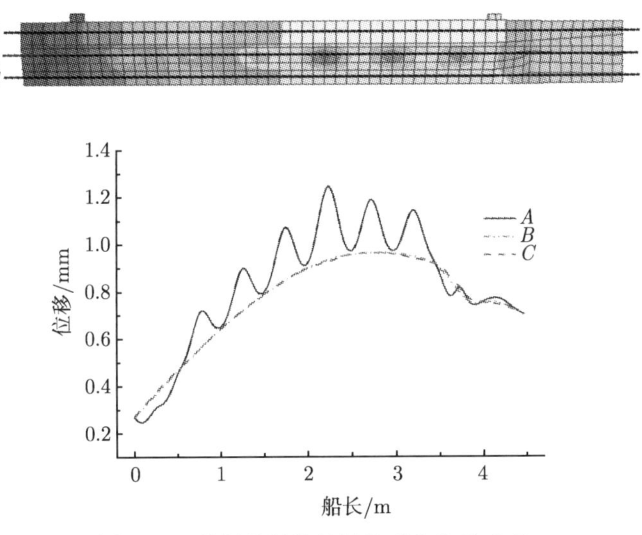


图 5.17　舷侧外板处的局部垂向位移响应

在图 5.17 中，分别在船体模型的舷侧外板上取不同位置的三条观测线 $A$、$B$ 和 $C$，图中给出了三条观测线沿船长的垂向位移响应情况。可清楚地观察到，观测线 $B$ 和 $C$ 的位移响应非常接近，同一纵向位置的响应值几乎相同，即船体结构表现出总体响应的特点。但是观测线 $A$ 却与观测线 $B$ 和 $C$ 有较大的差异，沿船长方向，曲线出现了非常大的波动，一些纵向位置的响应值要比观测线 $B$ 和 $C$ 大很多，即在舷侧外板上的观测线 $A$ 区域处，出现了显著的局部垂向位移响应。

图 5.18 给出了在 $t = 0.072$s 时刻的船体模型主甲板的垂向位移响应情况。可观察到主甲板尾部的左舷侧部分区域出现了显著的局部位移响应。另外在甲板舱口区域，也显现出较明显的局部响应。

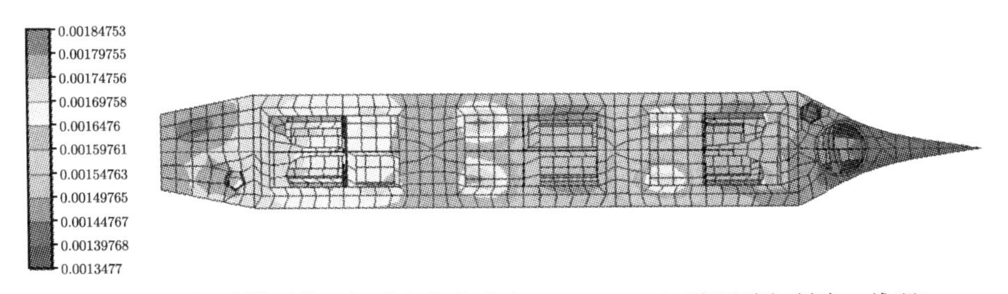


图 5.18　船体模型的局部垂向位移响应 ($t = 0.072$s) (彩图请扫封底二维码)

图 5.19 给出了在 $t = 0.066$s 时刻船体模型的局部垂向加速度响应。可观察到

在船体模型的舷侧外板上同样出现了明显的局部大加速度响应区域。在此区域取两个测点 $P1$ 和 $P2$，如图 5.19 所示，此时 $P1$ 的垂向加速度为 712.69m/s$^2$，$P2$ 的垂向加速度为 497.71m/s$^2$，两者相差了约 43%。

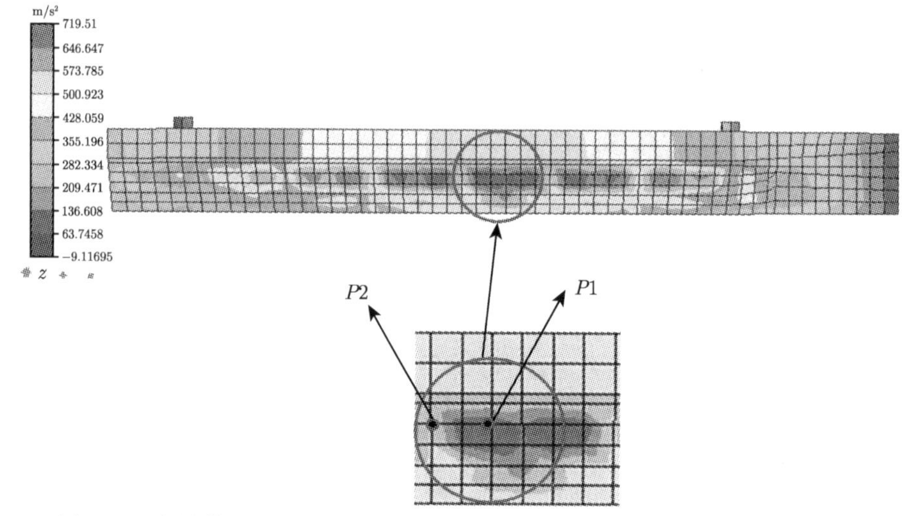


图 5.19　船体模型的局部垂向加速度响应 ($t = 0.066$s) (彩图请扫封底二维码)

图 5.20 给出 $t = 0.067$s 时刻船体模型的局部垂向加速度响应。可观察到在主甲板的舱口位置，出现了明显的局部大加速度集中的响应区域。在此区域内同样取测

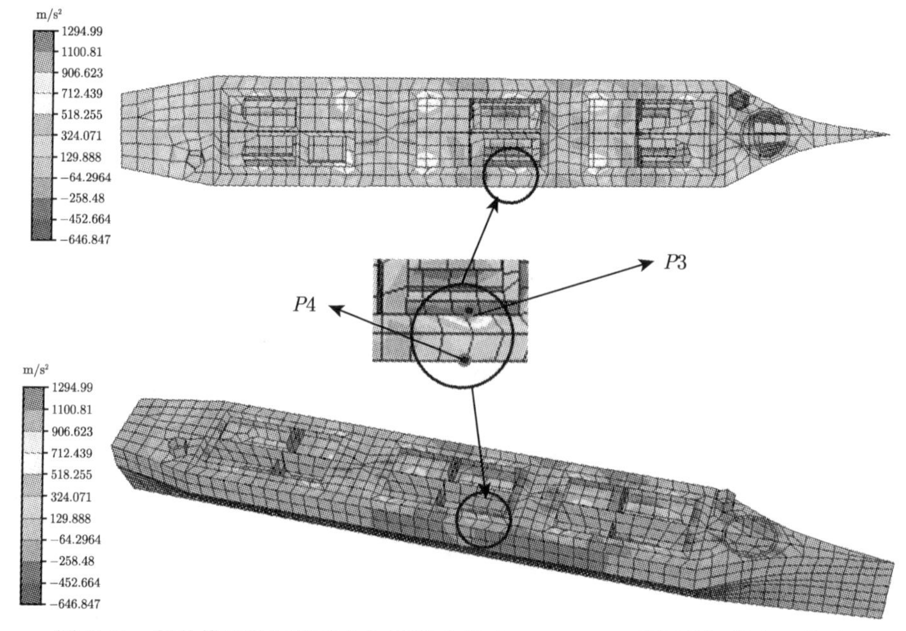


图 5.20　船体模型的局部垂向加速度响应 ($t = 0.067$s) (彩图请扫封底二维码)

点 $P3$ 和 $P4$，如图 5.20 所示，此时 $P3$ 的垂向加速度为 $1294.99\text{m/s}^2$, $P4$ 的垂向加速度为 $60.94\text{m/s}^2$。$P3$ 约为 $P4$ 的 21.25 倍。在船舶甲板舱口角隅处，由于几何形状的不连续，船体受到较大的面内载荷，使局部的应力梯度升高，产生了应力集中，严重时可能会造成塑性变形与屈服。

从上面研究中发现，除总体响应外，在气泡脉动载荷作用下三维船体结构某些位置处的局部响应也非常的显著。这种现象却无法从第 3 章对船体梁模型的研究中观察到。因此，船体梁的假设虽然在研究舰船结构总体响应上有很大的正确性和适用性，但不能正确描述局部响应。

下面再比较气泡载荷作用下船体结构在不同方向上的动态响应的差别。图 5.21 分别给出了测点 $B2$ 分别在垂向、横向和纵向三个方向的加速度、速度和位移响应的时程曲线。

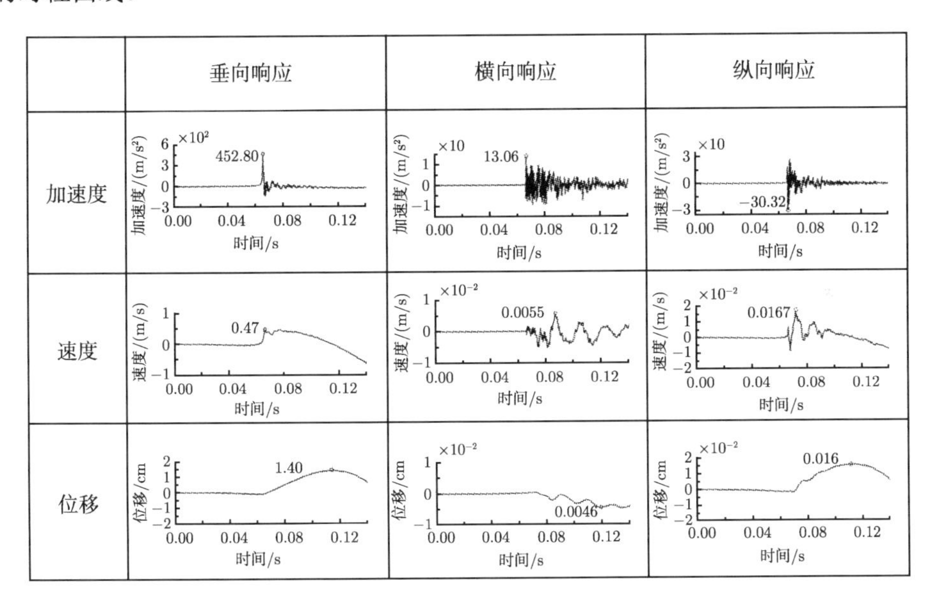


图 5.21 测点 $B2$ 在不同方向上的加速度、速度和位移响应的时程曲线

从图 5.21 中可以清楚地发现，最大的加速度、速度和位移响应都是发生在垂直方向上，而横向和纵向的三种响应值均相对较小。如横向的加速度响应峰值为 $13.06\text{m/s}^2$，纵向的加速度响应峰值为 $30.32\text{m/s}^2$，它们分别仅为最大垂向加速度响应的 2.88%和 6.70%。三个方向上的速度和位移响应也遵循同样的规律，这是因为气泡布置在船底正下方的缘故。

### 5.4.2 船体结构的横向响应

下面讨论船体模型结构的局部横向响应情况。图 5.22 给出的是 $t = 0.069\text{s}$ 时刻船体模型的局部横向位移响应。从图中可以观察到：沿着船长方向，在船体模型的舷侧外板上有多处局部大位移区域，尤其在艏尖舱壁位置处尤为明显。在艏尖舱壁处出现了面积非常大的局部横向位移的响应区域，而且左右两侧的响应均是相反方向的。

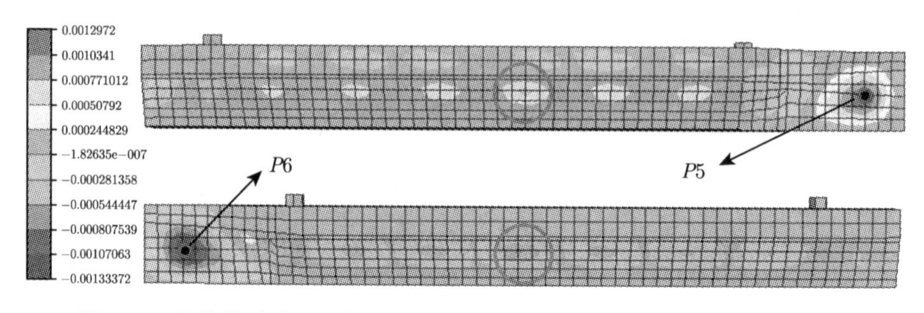


图 5.22 船体模型的局部横向位移响应 ($t = 0.069$s) (彩图请扫封底二维码)

为了研究这一局部横向响应的特点，在左右两侧分别取两个对称的测点 $P5$ 和 $P6$，并在图 5.22 中标明了位置，而图 5.23 给出了两个测点 $P5$ 和 $P6$ 的加速度、速度和位移的时程曲线。从图中可以观察到测点 $P5$ 和 $P6$ 的加速度峰值分别为 581.36m/s$^2$ 和 612.70m/s$^2$。它们已经和上面分析的垂向加速度在同一量级，严重时可能会造成船体结构非常显著的局部破坏。从图中还可以观察到，两个测点的横向加速度响应一直在做相位相反的振动，即按壳体的呼吸模态振动。同时观察图中的速度和位移时程曲线，可知两测点的速度和位移时程变化也具有相同的变化特征。

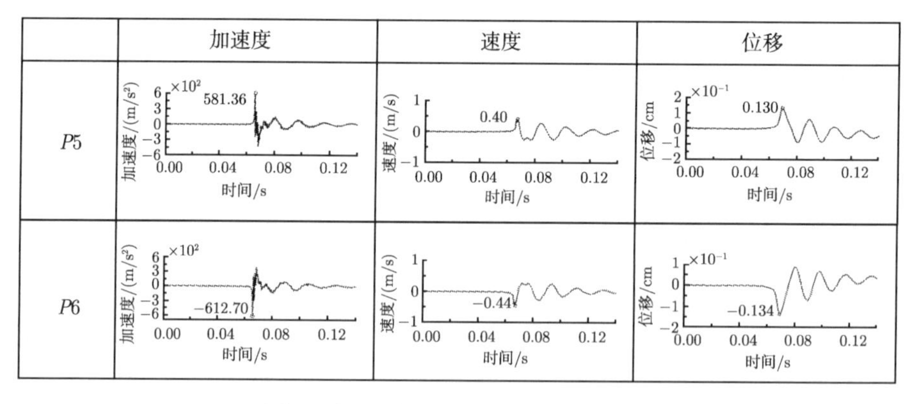


图 5.23 测点 $P5$ 和 $P6$ 的横向响应

图 5.24 给出了测点 $P5$ 分别在垂向、横向和纵向三个方向的加速度、速度和位移的时程曲线。可观察到在测点 $P5$ 的最大加速度和速度响应均发生在横向，然后是垂向，纵向的响应值最小。例如，$P5$ 最大的横向加速度已经达到了 581.36m/s$^2$，

约为此测点的最大垂向加速度的 2.37 倍，严重时会造成船体结构的局部横向板壳破坏，因此必须引起重视。而位移响应仍然以垂向最大，这是由于船体结构发生了较显著的垂向刚体位移的缘故。

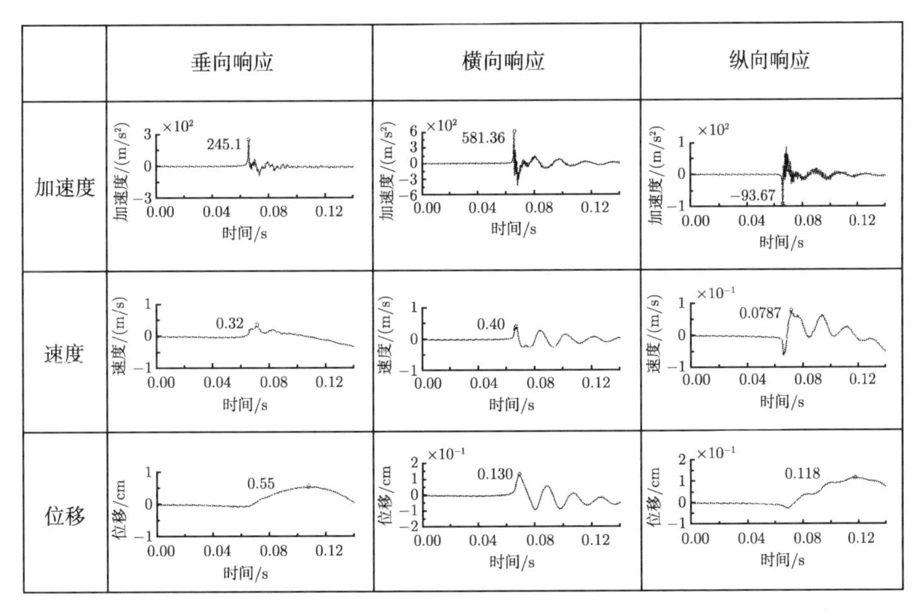


图 5.24 测点 $P5$ 在不同方向上的加速度、速度和位移的时程曲线

### 5.4.3 船体结构的纵向响应

和垂向响应比起来，船体结构在气泡作用下的纵向响应非常小，几乎可以忽略不计。但是在一些特殊的区域位置，船体模型也同样存在比较大的纵向局部响应。

图 5.25 给出的是 $t = 0.086\text{s}$ 时刻船体模型的局部纵向加速度响应。从图中可观察到在气泡载荷作用下，虽然总体上船体模型的大部分结构的纵向加速度响应非常小，但是在主甲板上有一些纵向上不受约束的区域，如图中测点 $P7$ 所示的类似位置，却会发生非常显著的纵向局部响应。再取另外一个普通位置的测点 $P8$ 用于比较，仍如图 5.25 所示。测点 $P7$ 的加速度高达 $679.52\text{m/s}^2$，是测点 $P8$ 的近 162 倍。

图 5.26 给出了测点 $P7$ 分别在垂向、横向和纵向三个方向的加速度、速度和位移响应时程曲线。从图中可观察到：在气泡载荷作用下，除了垂直方向的加速度、速度和位移响应比较显著外，测点 $P7$ 沿船长的纵向响应也同样非常剧烈。例如，$P7$ 最大的纵向加速度为 $679.52\text{m/s}^2$，最大的垂向加速度为 $480.34\text{m/s}^2$。纵向响应已经达到和垂向响应相同的量级。

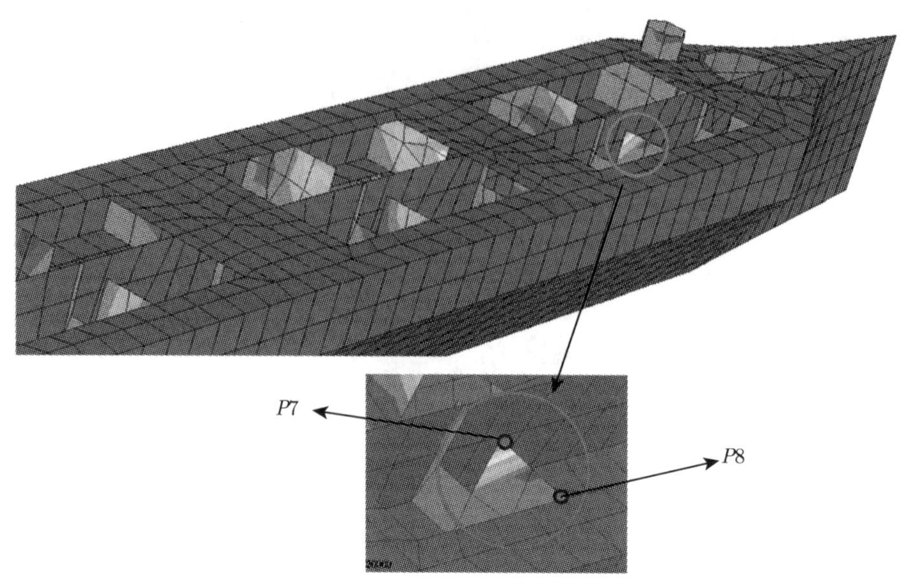


图 5.25　船体模型的局部纵向加速度响应 ($t = 0.086$s) (彩图请扫封底二维码)

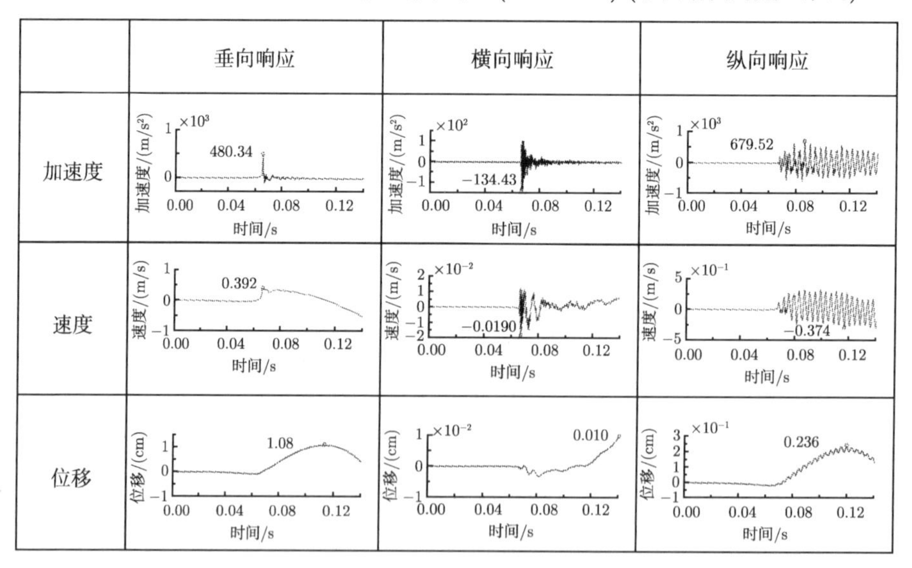


图 5.26　测点 $P7$ 在不同方向上的加速度、速度和位移响应时程曲线

另外，图 5.26 中最明显的特征，就是测点 $P7$ 的纵向的加速度、速度和位移的振动频率很高且持续时间很长，振动响应非常激烈。产生这种现象的主要原因是类似测点 $P7$ 这样的结构区域在纵向上不受约束且完全自由，会使船体局部振动响应过于强烈，对船体结构强度造成破坏。因此，在设计上应该避免出现类似的结构形式。

## 5.5 本章小结

本章基于双渐近近似理论，将有限元方法与边界元方法相结合，研究了气泡载荷作用下三维船体结构的动态响应。对三维全船结构响应的流体–结构耦合理论进行了推导和阐述。通过开发有限元与边界元相结合的计算方法，以一艘三维船体模型作为算例，计算了气泡载荷作用下船体模型结构在垂向、横向和纵向的三个方向的位移、速度和加速度时程响应，详细分析和讨论了气泡载荷作用下船体模型结构的总体响应和局部响应的一些特征与机理。通过算例的计算，得到了以下结论。

(1) 气泡载荷除了能够引起船体结构的总体响应外，还能引起显著的局部变形。

(2) 气泡载荷作用下，在三维船体结构的某些位置，局部垂向响应非常显著。如船中处的舷侧外板位置有明显的局部大位移和大加速度响应；在主甲板的舱口处，出现了明显的局部加速度集中区域。

(3) 除了垂直方向的响应，在三维船体模型的一些典型区域，也出现了其他两个方向的显著局部响应。如舷侧外板，尤其在艏尖舱壁区域，局部横向响应非常明显，主要表现为两侧壳体的呼吸模态振动。在主甲板上有一些纵向上不受约束的区域，发生了比较显著的纵向局部响应。这些区域的横向和纵向局部响应非常剧烈，其加速度已经达到和垂向响应相同的量级，必须引起充分重视。

# 附录 B 双渐近近似法

双渐近近似 (Doubly Asymptotic Approximation，DAA) 法是 Geers[33] 在 20 世纪 70 年代提出的。该方法是用渐近展开匹配的方式导出可以用于计算声学介质中结构受到冲击载荷时从高频到低频响应的方法。在随后的应用中取得了较好的结果，在 20 世纪末 21 世纪初，该方法得到广泛的认可。DAA 法在高频时其解渐近于早期近似解 (Early Time Approximation，ETA)，在低频时，其解渐近于后期近似解 (Late Time Approximation，LTA)，中间频率光滑过渡。因此称为双渐近近似法。下面简单介绍 DAA 法。

### I. 早期近似解

1) 延迟势求解

对于无限可压缩流体，其控制方程为

$$\nabla^2\varphi - \frac{1}{c^2}\frac{\partial^2\varphi}{\partial t^2} = 0 \tag{B.1}$$

其中，$\varphi=\varphi(r,t)$，$c$ 为流体中声速，$r=\boldsymbol{r}$ 为空间矢量坐标。速度势与压力及速度的关系为

$$
\begin{aligned}
p&=\rho\dot{\varphi}\\
v&=\nabla\varphi
\end{aligned} \tag{B.2}
$$

假定速度势在结构湿表面上非奇异，则上式可等价为 “Kirchhoff” 延迟势方程 [33]：

$$
4\pi\varepsilon\varphi=4\pi\varepsilon\varphi_{\mathrm{I}}-\int_S\left\{\frac{1}{R}\frac{\partial\varphi}{\partial n}+\frac{1}{R^2}\frac{\partial R}{\partial n}\left(\varphi+\frac{R}{c}\frac{\partial\varphi}{\partial t}\right)\right\}\mathrm{d}S \tag{B.3}
$$

其中，

$$
\varepsilon=\begin{cases}1, & \text{场点在流体中}\\ 0.5, & \text{场点在湿表面 } S \text{ 上}\\ 0, & \text{场点在结构内部}\end{cases};
$$

$\varphi_{\mathrm{i}}$ 为入射势；$R=|\boldsymbol{r}-\boldsymbol{r}_0|$，为场点到源点的距离；$n$ 为湿表面的外法向。

考虑到流体对结构的作用，是通过流固耦合面即湿表面进行的，所以只考虑在湿表面上 $(\varepsilon=0.5)$ 的积分方程。同时假定入射势是已知的，将方程中的入射势去掉，则可以得到

$$
2\pi\varphi=\int_S\left\{\frac{u}{R}-\frac{1}{R^2}\frac{\partial R}{\partial n}\left(\varphi+\frac{R}{c}\frac{\partial\varphi}{\partial t}\right)\right\}\mathrm{d}S \tag{B.4}
$$

其中，$u=-\left.\dfrac{\partial\varphi}{\partial n}\right|_S$，为湿表面处流体的法向速度。并且有

$$
\varphi(t)=u(t)=0,\quad t\leqslant 0
$$

2) 局部几何分析

早期近似在下面条件下是近似正确的：

$$
ct\ll a
$$

其中，$a$ 是耦合表面 $S$ 的特征尺度。这些近似是在自然表面的局部，只与考虑场点 $F$ 附近表面的几何特性有关。其有贡献面积 $S_F(t)$ 在 $t>0$ 时由以场点 $F$ 为中心，场点 $F$ 到源点 $P$ 的距离 $R_{FP}$(后面简写为 $R$) 为半径所形成的圆形表面组成 $(R<ct)$，如图 B.1 所示。

定义局部直角坐标系，$x$ 轴和 $y$ 轴位于场点 $F$ 的切平面，$z$ 轴沿点 $F$ 的外法向。同样定义柱坐标系 $(r,\theta,z)$，两个坐标系的变换关系为

$$
r^2=x^2+y^2
$$

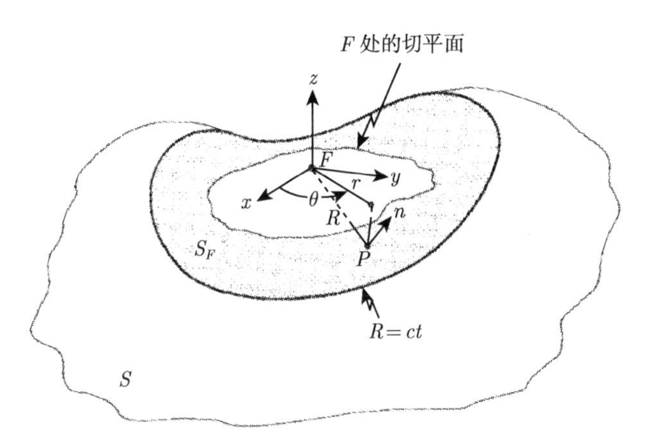


图 B.1　局部坐标系分析

$$\cos\theta = \frac{x}{r}$$

$$R^2 = r^2 + z^2$$

对于式 (B.4)：

$$2\pi\varphi = \int_S \left\{ \frac{u}{R} - \frac{1}{R^2}\frac{\partial R}{\partial n}\left(\varphi + \frac{R}{c}\dot{\varphi}\right) \right\} \mathrm{d}S$$

引入变换，令

$$\frac{1}{R}\mathrm{d}S = K_1(R)g(\theta)\mathrm{d}R\mathrm{d}\theta$$

$$\frac{1}{R^2}\frac{\partial R}{\partial n}\mathrm{d}S = K_2(R)g(\theta)\mathrm{d}R\mathrm{d}\theta$$

则式 (B.4) 可变为

$$2\pi\varphi = \int_0^{2\pi} g(\theta)\mathrm{d}\theta \int_0^R u\mathrm{d}R - \int_0^{2\pi} g(\theta)\mathrm{d}\theta \int_0^R \left(\varphi + \frac{R}{c}\dot{\varphi}\right)\mathrm{d}R \tag{B.5}$$

引入积分，

$$\overline{g} = \frac{1}{2\pi}\int_0^{2\pi} g(\theta)\mathrm{d}\theta \tag{B.6}$$

$$\begin{cases} J_m = \displaystyle\int_0^{ct} R^m u\mathrm{d}R \\ K_m = \displaystyle\int_0^{ct} R^m \left(\varphi + \frac{R}{c}\dot{\varphi}\right)\mathrm{d}R \end{cases}, \quad m = 0,\ 1, \cdots \tag{B.7}$$

通过代换 $R = ct$，式 (B.7) 可以通过分部积分计算出 $t = 0$ 时刻到 $t$ 时刻的一系列值：

$$J_0 = cu^*, \quad J_1 = c^2u^{**}, \quad J_2 = 2c^3u^{***}, \quad \cdots$$

$$K_0 = 2c\varphi^*, \quad K_1 = 2c^2\varphi^{**}, \quad K_2 = 8c^3\varphi^{***}, \quad \cdots \tag{B.8}$$

其中，每一个上标 * 表示从 $t=0$ 时刻到 $t$ 时刻的一次积分。

将式 (B.8) 代入式 (B.5)，$\theta$ 从 0 到 $2\pi$、$R$ 从 0 到 $ct$ 积分，积分后方程两边对时间求 1 次导数，将式 (B.2) 代入，整理可得

$$p + P_1 p^* + P_2 p^{**} + \cdots = \rho c(u + U_1 u^* + U_2 u^{**} + \cdots) \tag{B.9}$$

其中，$P_1, P_2, \cdots$ 和 $U_1, U_2, \cdots$ 都是与耦合面几何形状有关的方程系数。

方程 (B.9) 可以通过在等式两边选取不同的阶数而得到一系列早期近似方程。如果方程两边都取到 1 阶，则得到 $\mathrm{ETA}_1$，就是平面波近似 (PWA)：

$$p = \rho c u \tag{B.10}$$

**II. 后期近似解**

所谓后期近似，就是指

$$ct \gg a$$

此时，入射波已扩展到整个结构的湿表面。对式 (B.4) 进行 Laplace 变换，得

$$2\pi\varphi(s) = \int_S \left\{ \frac{u}{R} - \frac{1}{R^2}\frac{\partial R}{\partial n}\left(1 + \frac{R}{c}s\right)\varphi(s) \right\} \mathrm{e}^{-\frac{R}{c}s}\mathrm{d}S \tag{B.11}$$

令 $\tau = \dfrac{R}{c}$，将 $\mathrm{e}^{-\frac{R}{c}s}$ 在 $s=0$ 附近进行 Taylor 展开：

$$\mathrm{e}^{-\frac{R}{c}s} = \mathrm{e}^{\tau} = 1 - \tau s + \frac{1}{2}\tau^2 s^2 + \cdots$$

代入式 (B.11)，得

$$2\pi\varphi(s) = \int_S \left\{ \frac{u}{R} - \frac{1}{R^2}\frac{\partial R}{\partial n}\left(1 + \frac{R}{c}s\right)\varphi(s) \right\} \left(1 - \tau s + \frac{1}{2}\tau^2 s^2 + \cdots\right)\mathrm{d}S \tag{B.12}$$

略去 $s$ 的二阶以上项，并用 Laplace 逆变换变换回时域，得到一阶的后期近似，也就是虚质量近似 (VMA)：

$$2\pi\varphi = \int_S \left( \frac{u}{R} - \frac{\varphi}{R^2}\frac{\partial R}{\partial n} \right)\mathrm{d}S \tag{B.13}$$

将式 (B.2) 代入上式，可得

$$2\pi p = \int_S \left( \frac{\dot{u}}{R} - \frac{p}{R^2}\frac{\partial R}{\partial n} \right)\mathrm{d}S \tag{B.14}$$

将式 (B.14) 离散，写成矩阵向量形式，为

$$\boldsymbol{A}\boldsymbol{p} = \boldsymbol{M}\dot{\boldsymbol{u}} \tag{B.15}$$

### III. 双渐近近似法

DAA 法是用一种渐近展开匹配。取早期近似和后期近似为两个单边渐近，其 Laplace 变换为

$$E_p(s)\tilde{p} = E_u(s)\tilde{u} \quad \text{(ETA)}$$
$$L_p(s)\tilde{p} = L_u(s)\tilde{u} \quad \text{(LTA)}$$

其中，$E_p$，$E_u$，$L_p$，$L_u$ 是 $s$ 的多项式，$\tilde{p}$ 和 $\tilde{u}$ 是 $p$ 和 $u$ 的 Laplace 变换值。

DAA 法考虑通过声阻抗将早期近似和后期近似匹配起来。设 DAA 法的 Laplace 变换为

$$D_p(s)\tilde{p} = D_u(s)\tilde{u}$$

则其声阻抗为

$$Z_{\mathrm{D}} = \frac{D_u}{D_p} \tag{B.16}$$

将上式别在 $s \to \infty$ 和 $s \to 0$ 时，$Z_{\mathrm{D}}$ 的展开式分别等于早期近似的声阻抗展开式和后期近似的声阻抗展开式，即

$$Z_{\mathrm{D}} = Z_{\mathrm{E}}, \quad s \to \infty$$
$$Z_{\mathrm{D}} = Z_{\mathrm{L}}, \quad s \to 0$$

其中，$Z_{\mathrm{E}}$ 和 $Z_{\mathrm{L}}$ 分别为早期近似的声阻抗和后期近似的声阻抗。根据前面所得到的早期近似和后期近似表达式有

$$Z_{\mathrm{E}} = \rho c \tag{B.17}$$

$$Z_{\mathrm{L}} = ms \tag{B.18}$$

这里，$m$ 为附加质量算子。将 $Z_{\mathrm{E}}$ 和 $Z_{\mathrm{L}}$ 分别在 $s \to \infty$ 和 $s \to 0$ 时展开，得

$$Z_{\mathrm{E}} = a_0 + a_1 s^{-1} + \cdots, \quad s \to \infty$$
$$Z_{\mathrm{L}} = b_1 s + b_2 s^2 + \cdots, \quad s \to 0$$

根据早期近似和后期近似表达式可知

$$a_0 = \rho c$$
$$b_1 = m \tag{B.19}$$

设 DAA 法的声阻抗为

$$Z_{\mathrm{D}} = \frac{\alpha s}{1 + \beta s} \tag{B.20}$$

则有

$$Z_{\mathrm{D}} = \frac{\alpha s}{1 + \beta s} = \begin{cases} \dfrac{\alpha}{\beta}, & s \to \infty \\ \alpha s, & s \to 0 \end{cases} \tag{B.21}$$

对比式 (B.19) 和式 (B.21)，可得

$$
\begin{aligned}
\alpha &= b_1 = m \\
\beta &= \frac{\alpha}{a_0} = \frac{m}{\rho c}
\end{aligned}
\tag{B.22}
$$

代入式 (B.21)，并进行 Laplace 逆变换，得到时域表达式为

$$
m\dot{p} + \rho c p = \rho c m \dot{u} \tag{B.23}
$$

将上式离散，可得 DAA 法的表达式为

$$
\boldsymbol{M}\dot{\boldsymbol{p}} + \rho c \boldsymbol{A}\boldsymbol{p} = \rho c \boldsymbol{M}\dot{\boldsymbol{u}} \tag{B.24}
$$

**IV. 流固耦合方程组**

重新写出结构动力方程：

$$
\boldsymbol{M}\ddot{\boldsymbol{x}} + \boldsymbol{C}\dot{\boldsymbol{x}} + \boldsymbol{k}\boldsymbol{x} = \boldsymbol{F} \tag{B.25}
$$

外力 $F$ 可以表示为

$$
\boldsymbol{F} = -\boldsymbol{G}\boldsymbol{A}_{\mathrm{f}}(\boldsymbol{p}_{\mathrm{i}} + \boldsymbol{p}_{\mathrm{s}}) \tag{B.26}
$$

其中，$\boldsymbol{p}_{\mathrm{i}}$ 为入射压力；$\boldsymbol{p}_{\mathrm{s}}$ 为散射压力；$\boldsymbol{A}_{\mathrm{f}}$ 为结构湿表面积；$\boldsymbol{G}$ 为结构–流体变换矩阵。

在结构湿表面节点上，根据运动协调条件，有

$$
\boldsymbol{G}^{\mathrm{T}}\dot{\boldsymbol{x}} = \boldsymbol{u}_{\mathrm{i}} + \boldsymbol{u}_{\mathrm{s}} \tag{B.27}
$$

其中，$\dot{\boldsymbol{x}}$ 为结构节点速度；$\boldsymbol{u}_{\mathrm{i}}$ 为入射流体速度；$\boldsymbol{u}_{\mathrm{s}}$ 为散射流体速度。

将式 (B.26)、式 (B.27) 代入式 (B.24)、式 (B.25)，并且为区分方程，用下标 “s” 表示结构，下标 “f” 表示流体，得到流固耦合方程组为

$$
\begin{aligned}
&\boldsymbol{M}_{\mathrm{s}}\ddot{\boldsymbol{x}} + \boldsymbol{C}_{\mathrm{s}}\dot{\boldsymbol{x}} + \boldsymbol{K}_{\mathrm{s}}\boldsymbol{x} = \boldsymbol{f}_{\mathrm{int}} - \boldsymbol{G}\boldsymbol{A}_{\mathrm{f}}(\boldsymbol{p}_{\mathrm{i}} + \boldsymbol{p}_{\mathrm{s}}) \\
&\boldsymbol{M}_{\mathrm{f}}\dot{\boldsymbol{p}}_{\mathrm{s}} + \rho c \boldsymbol{A}_{\mathrm{f}}\boldsymbol{p}_{\mathrm{s}} = \rho c \boldsymbol{M}_{\mathrm{f}}\left(\boldsymbol{G}^{\mathrm{T}}\ddot{\boldsymbol{x}} - \dot{\boldsymbol{u}}_{\mathrm{i}}\right)
\end{aligned}
\tag{B.28}
$$

# 第三部分：非球形气泡毁伤

# 第 6 章　变拓扑边界积分法

远离边界时，气泡基本保持球形。气泡靠近固壁或者自由表面时，会改变形状，甚至发生穿孔，改变流域的连通性，从双连通域变成三连通域，显现出非常复杂的动力学行为。本章及后续各章介绍变拓扑边界积分法来处理这个复杂的问题 [42]。

## 6.1　非球形气泡动力学模型

### 6.1.1　控制方程与边界条件

仍然采用第 2 章的假定，设流体理想、不可压缩和初始无旋，则存在速度势 $\phi$ 满足：

$$\boldsymbol{u} = \nabla\phi \tag{6.1}$$

其中，$\boldsymbol{u}$ 为速度矢量。根据连续性方程，速度势 $\phi$ 满足 Laplace 方程

$$\nabla^2\phi = 0 \tag{6.2}$$

在流体边界上任意一点，流体运动的法向速度等于界面的法向速度，即

$$\nabla\phi \cdot \boldsymbol{n} = \boldsymbol{u}_{\mathrm{s}} \cdot \boldsymbol{n} \tag{6.3}$$

其中，$\boldsymbol{u}_{\mathrm{s}}$ 为边界的运动速度；$\boldsymbol{n}$ 为垂直于边界的当地法向矢量。对于固壁边界，上述边界条件变成

$$\nabla\phi \cdot \boldsymbol{n} = 0 \tag{6.4}$$

初始时刻，气泡视为理想的球形，则气泡运动对应的运动学边界条件为

$$\frac{\mathrm{D}\boldsymbol{r}}{\mathrm{D}t} = \nabla\phi \tag{6.5}$$

其中，$\boldsymbol{r}$ 为空间位置矢量。当 $\boldsymbol{r} \to \infty$ 时，无穷远边界条件：

$$|\nabla\phi| \to 0 \tag{6.6}$$

即为对应控制方程的无穷远边界条件。

对于不可压缩流体，流场中任意一点的压力 $p(x, y, z, t)$ 由非定常流动的 Bernoulli 方程给定

$$p(x,y,z,t) = p_\infty - \rho\frac{\partial\phi}{\partial t} - \frac{1}{2}\rho\left|\nabla\phi\cdot\nabla\phi\right| - \rho g z \tag{6.7}$$

这里 $p(x,y,z,t)$ 为流场内任意点的流场压力，$p_\infty$ 为无穷远处的静水压，$\rho$ 为流体的密度，$g$ 为重力加速度。式 (6.1)~式 (6.7) 即为控制方程及对应的边界条件。

### 6.1.2 气泡状态方程和运动方程

假设气泡内部气体由液体的蒸汽和不可凝结气体共同构成，压力是均匀分布的。不可凝结气体压力 $p_{\rm g}$ 满足气体多方定律

$$p_{\rm g}V(t)^\lambda = \text{常数} \tag{6.8}$$

其中，$V(t)$ 为某一 $t$ 时刻的气泡体积；$\lambda$ 为多方指数，则气泡内部压力 $p_{\rm b}$ 可以表示成

$$p_{\rm b} = p_{\rm v} + p_{\rm g0}\left(\frac{V_0}{V}\right)^\lambda \tag{6.9}$$

这里 $p_{\rm v}$ 为液体蒸汽压力；$p_{\rm g0}$ 为气泡内部的初始压力；$V_0$ 为气泡的初始体积。

上述控制方程组在球对称条件下可以化为 (见本书第一部分)

$$R\ddot{R} + \frac{3}{2}\dot{R} = \frac{1}{\rho}\left(p_{\rm v} + p_{\rm g0}\left(\frac{V_0}{V}\right)^\lambda - p_\infty\right) \tag{6.10}$$

上式即为 Rayleigh-Plesset 方程，将作为气泡初始时刻运动的控制方程。设 $\Delta p = p_\infty - p_{\rm v}$，并作为压力无因化的标尺；$R_{\rm m}$ 为气泡在忽略边界和重力影响时的最大半径，并作为长度无因化的标尺；$R_{\rm m}\sqrt{\rho/\Delta p}$ 作为时间无因化的标尺。式 (6.10) 可以改写成

$$p_{\rm b} - 1 = \varepsilon\left(\frac{V_0}{V}\right)^\lambda - 1 = \frac{3}{2}\dot{R}^2 + R\ddot{R} \tag{6.11}$$

其中，$\varepsilon = p_{\rm g0}/\Delta p$，称为压力参量。上式可以进一步改写成

$$(p_{\rm b} - 1)\frac{{\rm d}V}{{\rm d}t} = 2\pi\frac{\rm d}{{\rm d}t}\left[U^2R^3\right] \tag{6.12}$$

这里 $U = {\rm d}R/{\rm d}t$，对式 (6.12) 积分一次有

$$|U| = \sqrt{\frac{2}{3}\left[-1 + R^{-3} - \frac{\varepsilon R_0^{3\lambda}}{\lambda - 1}\left(R^{-3\lambda} - R^{-3}\right)\right]} \tag{6.13}$$

设初始时刻半径为 $R_0$，当 $R = R_0$ 时，$|U| = 0$，那么

$$1 - R_0^3 = \frac{\varepsilon}{\lambda - 1}\left[R_0^3 - R_0^{3\lambda}\right] \tag{6.14}$$

给定了 $\varepsilon$ 和 $\lambda$ (如水蒸气，$\lambda = 1.4$；而 TNT 药包引爆产生的气体，$\lambda = 1.25$[1])，通过方程 (6.14) 就可以求得气泡初始时刻的半径 $R_0$。方程可采用非线性方程的牛顿迭代法求解。

### 6.1.3 边界条件的无量纲化

如图 6.1 所示，气泡计算涉及结构物面、自由液面和气泡壁面共同构成的复杂界面。为方便计算，将所有变量进行无量纲化。这里设所有带 $*$ 的变量均为无量纲变量，对矢径长度 $\boldsymbol{r}$、时间 $t$、速度 $\dot{\boldsymbol{r}}$、加速度 $\ddot{\boldsymbol{r}}$、压力 $p$、速度势 $\phi$、杨氏弹性模量 $E$、结构质量矩阵 $\boldsymbol{M}_{\rm s}$、结构刚度阵 $\boldsymbol{K}_{\rm s}$、结构阻尼阵 $\boldsymbol{C}_{\rm s}$ 和外力 $\boldsymbol{F}_{\rm e}$ 全部进行无量纲化，有

$$
\begin{aligned}
&\boldsymbol{r}=\boldsymbol{r}^* R_{\rm m}, \quad t=t^* R_{\rm m}\sqrt{\rho/(p_\infty-p_{\rm v})}, \quad \dot{\boldsymbol{r}}=\dot{\boldsymbol{r}}^*\sqrt{(p_\infty-p_{\rm v})/\rho}\\
&\ddot{\boldsymbol{r}}=\ddot{\boldsymbol{r}}^*(p_\infty-p_{\rm v})/(R_{\rm m}\rho), \quad p=p^*(p_\infty-p_{\rm v}), \quad \phi=\phi^* R_{\rm m}\sqrt{(p_\infty-p_{\rm v})/\rho}\\
&E=E^*(p_\infty-p_{\rm v}), \quad \boldsymbol{K}_{\rm s}=\boldsymbol{K}_{\rm s}^* R_{\rm m}(p_\infty-p_{\rm v}), \quad \boldsymbol{M}_{\rm s}=\boldsymbol{M}_{\rm s}^*\rho R_{\rm m}^3\\
&\boldsymbol{C}_{\rm s}=\boldsymbol{C}_{\rm s}^* R_{\rm m}^2\sqrt{\rho(p_\infty-p_{\rm v})}, \quad \boldsymbol{F}_{\rm e}=\boldsymbol{F}_{\rm e}^* R_{\rm m}^2(p_\infty-p_{\rm v})
\end{aligned}
\tag{6.15}
$$

其中，$\rho$ 为流体的密度；$h$ 为水深；$g$ 为重力加速度；$p_{\rm atm}$ 为大气压力；$p_\infty$ 为气泡初始中心相同水深下的静水压力，即 $p_\infty=p_{\rm atm}+\rho gh$。

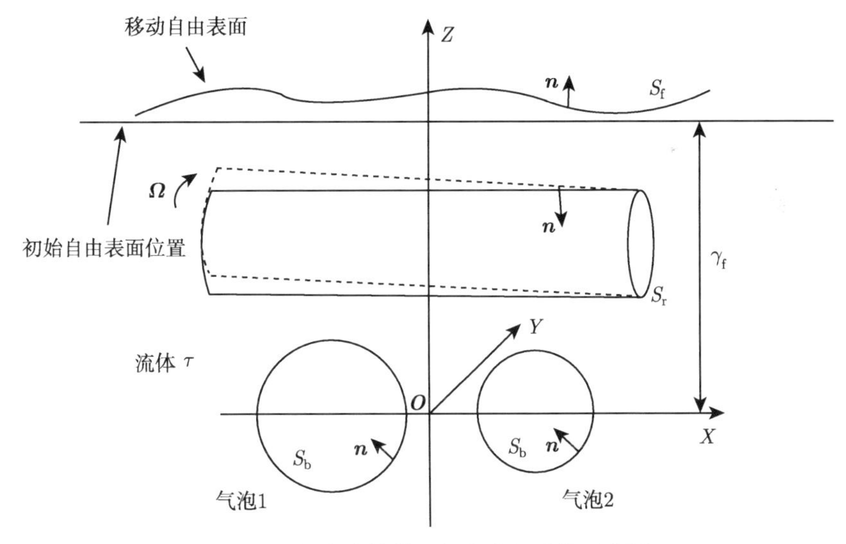


图 6.1 气泡计算的几何和坐标系统示意图

以气泡为例，进行无量纲化。上述 Euler 形式的 Bernoulli 方程 (6.7) 转变成 Lagrange 形式。因为

$$
\frac{\mathrm{D}\phi}{\mathrm{D}t}=\frac{\partial\phi}{\partial t}+\boldsymbol{u}\cdot\nabla\phi=\frac{\partial\phi}{\partial t}+|\nabla\phi|^2 \tag{6.16}
$$

有

$$
\frac{\mathrm{D}\phi}{\mathrm{D}t}=\frac{p_\infty}{\rho}+\frac{1}{2}|\nabla\phi|^2-\frac{p}{\rho}-gz \tag{6.17}
$$

根据气泡运动过程界面压力连续性特点，有

$$\frac{\mathrm{D}\phi}{\mathrm{D}t}=\frac{p_\infty}{\rho}+\frac{1}{2}|\nabla\phi|^2-\frac{1}{\rho}\left(p_\mathrm{v}+p_\mathrm{g0}\left(\frac{V_0}{V}\right)^\lambda\right)-gz \tag{6.18}$$

将上述无量纲变量代入式 (6.18) 有

$$\begin{aligned}\frac{\mathrm{D}\left(\phi^* R_\mathrm{m}\sqrt{(p_\infty-p_\mathrm{v})/\rho}\right)}{\mathrm{D}\left(t^* R_\mathrm{m}\sqrt{\rho/(p_\infty-p_\mathrm{v})}\right)}&=\frac{p_\infty}{\rho}+\frac{1}{2}\left(|\nabla\phi^*|^2\cdot\frac{(p_\infty-p_\mathrm{v})}{\rho}\right)\\&\quad-\frac{1}{\rho}\left(p_\mathrm{v}+p_\mathrm{g0}\left(\frac{R_0^* R_\mathrm{m}}{R^* R_\mathrm{m}}\right)^{3\lambda}\right)-g(z^* R_\mathrm{m})\end{aligned} \tag{6.19}$$

整理上式可得

$$\frac{\mathrm{D}\phi^*}{\mathrm{D}t^*}=1+\frac{1}{2}|\nabla\phi^*|^2-\delta^2 z^*-\varepsilon\left(\frac{V_0^*}{V^*}\right)\qquad (\text{在气泡表面上}) \tag{6.20}$$

这里 $\delta=\sqrt{\rho g R_\mathrm{m}/(p_\infty-p_\mathrm{v})}$，称之为浮力参量。同理，自由液面和结构物上的无量纲表达式为

$$\frac{\mathrm{D}\phi^*}{\mathrm{D}t^*}=\frac{1}{2}|\nabla\phi^*|^2-\delta^2(z^*-\gamma_\mathrm{f})\qquad (\text{在液面上}) \tag{6.21}$$

$$\frac{\mathrm{D}\phi^*}{\mathrm{D}t^*}=1+\frac{1}{2}|\nabla\phi^*|^2-\delta^2 z^*-p^*\qquad (\text{在结构上}) \tag{6.22}$$

$$\nabla\phi^*\cdot\boldsymbol{n}=\boldsymbol{u}_\mathrm{s}^*\cdot\boldsymbol{n}\qquad (\text{在结构上}) \tag{6.23}$$

$$\frac{\mathrm{D}r^*}{\mathrm{D}t^*}=\nabla\phi^*\qquad (\text{在结构和液面上}) \tag{6.24}$$

其中，$\gamma_\mathrm{f}$ 为气泡中心距液面的无量纲垂直距离；$\boldsymbol{u}_\mathrm{s}^*$ 为结构运动的无量纲速度；$p^*$ 为结构上的无量纲压力。

在求解给定边界条件的 Laplace 方程时，气泡表面初始时刻的几何形状和速度势分布应当给定。爆炸气泡初始阶段的计算 (如 TNT 炸药产生的气泡)，其初始时刻的内部压力 $p_\mathrm{g0}$ 和最大半径可以通过下式估算：

$$p_\mathrm{g0}=7.8\times10^{8-3\lambda}\left(\frac{W}{V_0}\right)^\lambda=7.8\times10^{8-3\lambda}(\rho_\mathrm{c})^\lambda \tag{6.25}$$

$$R_\mathrm{m}=J_\mathrm{e}\left(\frac{W}{H+10}\right)^{1/3} \tag{6.26}$$

这里 $W$ 为药包重量；$V_0$ 为药包体积；$\rho_\mathrm{c}$ 为药包密度；$H$ 为药包的初始深度；$J_\mathrm{e}$ 为试验中测定的参数。对于 TNT 炸药，常数 $J_\mathrm{e}=3.38$，热比率 $\lambda=1.25$。这样，方程 (6.2)、方程 (6.10)(与式 (6.14) 等价) 以及方程 (6.20)～方程 (6.26) 构成了气泡数值计算的一组完整方程。

# 6.2 控制方程离散及其求解方法

## 6.2.1 控制方程的积分表达式

可以利用格林定理将 Laplace 方程转化为边界积分形式。如图 6.2 所示，流体域用 $\tau$ 表示，远场边界 $S_\infty$ 用图中的虚线圆圈表示，圆圈的单位法向量指向流体域外，$S_i(i=1,2,\cdots)$ 代表浸没在流体中的第 $i$ 个物体。此外，$\boldsymbol{P}_{\text{bou}}$ 为表面 $S_i$ 上的一点，$\boldsymbol{P}_{\text{dom}}$ 为流体域内的一点。这两个点都被一个 (或半个) 很小的虚拟面 $S_\varepsilon$ 包围，该虚拟面用来辅助计算边界上或流体域内 $\boldsymbol{P}$ 点立体角 $c_{\text{s}}(\boldsymbol{P})$ 的大小。

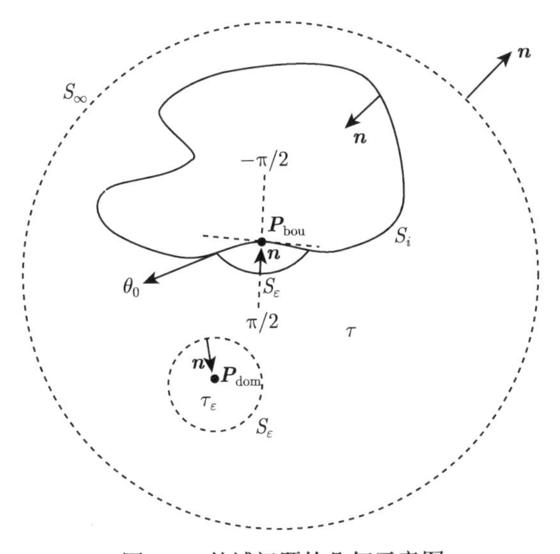


图 6.2 外域问题的几何示意图

令 $\phi$ 代表流体速度势，势流理论问题满足 Laplace 方程 $\nabla^2\phi=0$，因此可以引入格林函数

$$G(\boldsymbol{P},\boldsymbol{Q})=\frac{1}{|\boldsymbol{Q}-\boldsymbol{P}|} \tag{6.27}$$

式中，$\boldsymbol{Q}$ 为流体域 $\tau$ 或表面 $S_i$ 上的任意一点；$\boldsymbol{P}$ 为奇点点源的位置。格林函数满足方程 $\nabla^2 G=\delta(\boldsymbol{Q}-\boldsymbol{P})$，即 $G$ 除 $\boldsymbol{P}$ 点外是 Laplace 方程的一个基本解，这里 $\delta(\boldsymbol{Q}-\boldsymbol{P})$ 是狄拉克 (Dirac) 函数。依据格林第二定理有

$$\int_\tau (G\nabla^2\phi-\phi\nabla^2 G)\mathrm{d}\Omega=\int_{S_\infty+\Sigma S_i}\left(G\frac{\partial\phi}{\partial n}-\phi\frac{\partial G}{\partial n}\right)\mathrm{d}S \tag{6.28}$$

对于 $\boldsymbol{Q}\neq\boldsymbol{P}$ 的情况，因为 $\nabla^2\phi=0$ 且 $\nabla^2 G=0$，所以式 (6.28) 等于零。当 $\boldsymbol{Q}=\boldsymbol{P}$ 时，以上格林函数存在奇异性，可分为以下两种情况进行讨论。如图 6.2 所示，令

$\boldsymbol{P}_{\mathrm{dom}}$ 为流体域内一点，且该点被一个小的圆球体 $\tau_\varepsilon$ 包围。流体域 $\tau_\varepsilon$ 的边界为 $S_\varepsilon$，边界 $S_\varepsilon$ 的法向指向奇点 $\boldsymbol{P}_{\mathrm{dom}}$。将 $\boldsymbol{P}_{\mathrm{dom}}$ 从该域内排除掉，有

$$\int_{\tau-\tau_\varepsilon}(G\nabla^2\phi-\phi\nabla^2G)\mathrm{d}\Omega=\int_{S_\varepsilon+S_\infty+\Sigma S_i}\left(G\frac{\partial\phi}{\partial n}-\phi\frac{\partial G}{\partial n}\right)\mathrm{d}S \tag{6.29}$$

式 (6.29) 的左边为零，因为流体域 $\tau-\tau_\varepsilon$ 内部不再含有奇点。为了处理式 (6.29) 的右边项，我们暂时采用球坐标系 $(r,\theta,\varphi)$ 进行推导。首先考虑在无穷远处边界 $S_\infty$ 上的积分。随着 $r$ 趋向于无穷，速度势 $\varphi$ 类似于一个点源变化。当 $r\to\infty$ 时，速度势 $\phi\to\dfrac{A}{r}$，这里 $A$ 为常数。同时 $G\dfrac{\partial\phi}{\partial n}$ 和 $\phi\dfrac{\partial G}{\partial n}$ 是 $O(1/r^3)$ 阶的，而 $\mathrm{d}S$ 为 $O(r^2)$ 阶的，因此，$\left(G\dfrac{\partial\phi}{\partial n}-\phi\dfrac{\partial G}{\partial n}\right)$ 在无穷远处表面 $S_\infty$ 的积分为零。

接下来再考虑式 (6.29) 的右端在边界 $S_\varepsilon$ 上的积分，不失一般性，令 $r=|\boldsymbol{Q}-\boldsymbol{P}|$，有

$$\lim_{\varepsilon\to0}\int_{S_\varepsilon}\left(G\frac{\partial\phi}{\partial n}\right)\mathrm{d}S=0 \tag{6.30}$$

因为当 $r\to0$ 时，$G$ 是 $O(1/r)$ 阶，而 $\mathrm{d}S$ 为 $O(r^2)$ 阶。同理当 $r\to0$ 时，有

$$\lim_{\varepsilon\to0}\int_{S_\varepsilon}\frac{\partial G}{\partial n}\mathrm{d}S=\lim_{\varepsilon\to0}\int_{S_\varepsilon}\frac{1}{r^2}\mathrm{d}S=\int_0^{2\pi}\int_{-\pi/2}^{\pi/2}\left(\frac{1}{r^2}\right)r^2\cos\theta\mathrm{d}\theta\mathrm{d}\varphi=4\pi \tag{6.31}$$

那么

$$\lim_{\varepsilon\to0}\int_{S_\varepsilon}\phi\frac{\partial G}{\partial n}\mathrm{d}S=\phi(\boldsymbol{P}_{\mathrm{dom}})\lim_{\varepsilon\to0}\int_{S_\varepsilon}\frac{\partial G}{\partial n}\mathrm{d}S=4\pi\phi(\boldsymbol{P}_{\mathrm{dom}}) \tag{6.32}$$

最后，对于域内点 $\boldsymbol{P}_{\mathrm{dom}}$，式 (6.29) 变成

$$4\pi\phi(\boldsymbol{P}_{\mathrm{dom}})=-\lim_{\varepsilon\to0}\int_{S_\varepsilon}\left(G\frac{\partial\phi}{\partial n}-\phi\frac{\partial G}{\partial n}\right)\mathrm{d}S=\int_{\Sigma S_i}\left(G\frac{\partial\phi}{\partial n}-\phi\frac{\partial G}{\partial n}\right)\mathrm{d}S \tag{6.33}$$

将 $\boldsymbol{P}_{\mathrm{bou}}$ 移动到边界 $S_i$ 上的某一点，这里仍需要设置一个除去奇点外的小圆球体 $\tau_\varepsilon$。然而圆球体 $\tau_\varepsilon$ 只有一部分在流体域内，如图 6.2 所示。这样

$$\lim_{\varepsilon\to0}\int_{S_\varepsilon}\frac{\partial G}{\partial n}\mathrm{d}S=\int_0^{2\pi}\int_{\theta_0}^{\pi/2}\left(\frac{1}{r^2}\right)r^2\cos\theta\mathrm{d}\theta\mathrm{d}\varphi=2\pi\cdot(1-\sin\theta_0) \tag{6.34}$$

其中，$-\dfrac{\pi}{2}<\theta_0<\dfrac{\pi}{2}$，立体角可以定义如下：

$$c_{\mathrm{s}}(\boldsymbol{P})=\lim_{\varepsilon\to0}\int_{S_\varepsilon}\frac{\partial G}{\partial n}\mathrm{d}S=2\pi\cdot(1-\sin\theta_0) \tag{6.35}$$

对于光滑边界 $\theta_0=0$，有 $c_{\mathrm{s}}(\boldsymbol{P})=2\pi$。式 (6.32) 可改写成

$$\lim_{\varepsilon\to0}\int_{S_\varepsilon}\phi\frac{\partial G}{\partial n}\mathrm{d}S=\phi(\boldsymbol{P}_{\mathrm{bou}})\lim_{\varepsilon\to0}\int_{S_\varepsilon}\frac{\partial G}{\partial n}\mathrm{d}S=c_{\mathrm{s}}(\boldsymbol{P}_{\mathrm{bou}})\phi(\boldsymbol{P}_{\mathrm{bou}}) \tag{6.36}$$

因此，当点 $\boldsymbol{P}_{\text{bou}}$ 位于边界上时，式 (6.29) 变为

$$
\begin{aligned}
c_{\text{s}}(\boldsymbol{P}_{\text{bou}})\phi(\boldsymbol{P}_{\text{bou}}) &= -\lim_{\varepsilon\to 0}\int_{S_\varepsilon}\left(G\frac{\partial\phi}{\partial n}-\phi\frac{\partial G}{\partial n}\right)\mathrm{d}S \\
&= \int_{\Sigma S_i}\left(G\frac{\partial\phi}{\partial n}-\phi\frac{\partial G}{\partial n}\right)\mathrm{d}S
\end{aligned}
\tag{6.37}
$$

综上有

$$
\int_{\Sigma S_i}\left(G\frac{\partial\phi}{\partial n}-\phi\frac{\partial G}{\partial n}\right)\mathrm{d}S=\begin{cases}4\pi\cdot\phi(\boldsymbol{P}), & \text{如果 } \boldsymbol{P}\in\tau\\ c_{\text{s}}(\boldsymbol{P})\cdot\phi(\boldsymbol{P}), & \text{如果 } \boldsymbol{P}\in S_i\\ 0, & \text{其他}\end{cases}
\tag{6.38}
$$

式 (6.38) 是边界积分法的出发点。将式 (6.38) 应用到边界上，获得积分方程。积分方程在流体域的边界离散成一系列边界单元，每个单元上的未知量 (边界速度、速度势等) 可通过表面变量的某个截断多项式表示。所有局部展开式用一系列未知系数乘上一组局部基函数来表示，这样积分方程就可转化成含截断多项式系数的代数方程。为计算这一系列未知系数，采用配点法可生成一组封闭的线性方程组。总的来说，最终的线性方程组一般为稠密、非对称形式，可采用 LU 分解法求解。

利用边界积分法求解气泡问题的好处是：只需要在求解区域表面布置网格，降低了求解问题的维度，减少了计算量。

### 6.2.2　网格构造和形函数的选取

通常，边界表面可以通过任意一组多边形进行离散。在所有多边形中，三角形比较特殊，它是边数最少的多边形。正因为如此，三角形有时被称作单纯形，三角形单元也称为单纯形单元。单纯形单元有一特殊的几何特征，那就是可以保证任意曲面总能够三角化，即任何曲面都可以划分成一系列的平面或曲面三角形。三角单元不会在数值计算中产生 “沙漏” 现象，在边界表面产生大变形时单元自身不会发生翻转。

因此，将气泡表面分割成许多三角形单元。初始球形气泡表面分割成许多平面三角形单元。气泡表面用大小近似相等的三角形单元作为初始形状。可采用二十面体 (12 个顶点和 20 个等边三角形单元) 作为初始的几何形状。

图 6.3 所示的是在二十面体基础上细分不同级别得到的气泡形状。将初始二十面体上的三角形单元进一步细分成更小的三角形，并将新生成的点投影到球体表面，可以不断地增加节点和单元数目，直到得到一个较为光滑的离散表面。原始三角形细分次数决定了二十面体的 “级数”。初始的二十面体可以称为 1 级，细分一次为 2 级，再细分一次为 3 级，这样依次下去，直到整个多面体达到数值计算

的精度要求。定义 $N_\mathrm{n}$ 为第 $N$ 个级别总的节点数，定义 $N_\mathrm{t}$ 为第 $N$ 个级别总的单元数。对第 $N$ 个级别来说，有 $N_\mathrm{n}=10N^2+2$，$N_\mathrm{t}=20N^2$。理想情况是通过尽可能多的节点和单元，也就是说采用越高级别的单元划分得到的计算结果越准确。就球形气泡而言，采用 4 级离散精度计算所得到的气泡周期与解析解的误差约为 0.14%，采用 5 级离散精度计算所得到的误差约为 0.05%[20]。一般来说，6 级以上就可以较为准确地得到数值计算结果。

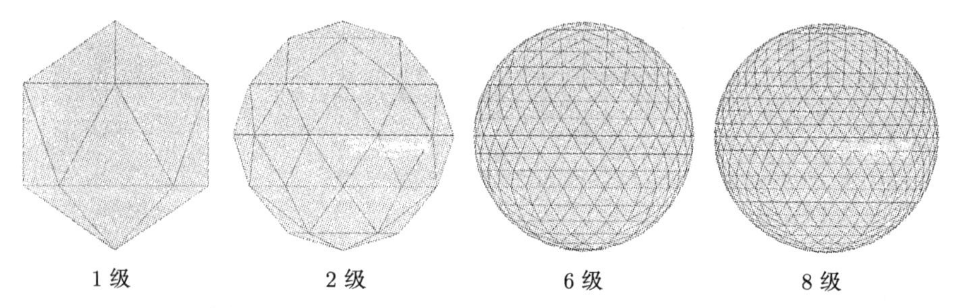


图 6.3　基于二十面体不同级别下的气泡表面离散

每个三角形单元的节点坐标通常用三维笛卡儿坐标表示，然后将三维笛卡儿坐标转换到二维局部坐标系下完成。采用一系列线性插值函数，通常称作形函数来实现。设局部坐标系下一直角三角形顶点为 (0,0)、(1,0)、(0,1)，如图 6.4(b) 所示。设直角三角形单元上任意一点坐标 $x$ 具有如下形式：

$$x(\xi,\eta)=c_1+c_2\xi+c_3\eta \tag{6.39}$$

这里 $c_1$、$c_2$、$c_3$ 为一系列待定系数；$(\xi,\eta)$ 为局部坐标系下的坐标值。式 (6.39) 是任意点 $x$ 的插值多项式的一般形式，可改写成如下形式：

$$x(\xi,\eta)=\boldsymbol{c}^\mathrm{T}\boldsymbol{b} \tag{6.40}$$

其中，列向量 $\boldsymbol{b}=[1,\xi,\eta]^\mathrm{T}$；列向量 $\boldsymbol{c}=[c_1,c_2,c_3]^\mathrm{T}$。为建立多项式系数与节点坐标的关系，我们计算节点的位置分量 $x(\xi,\eta)$。对于节点 1 到节点 3 来说，$x_1=(1,0)$、$x_2=(0,1)$、$x_3=(0,0)$，令 $\boldsymbol{x}_n=[x_1,x_2,x_3]^\mathrm{T}$，有

$$\boldsymbol{x}_n=\boldsymbol{A}\boldsymbol{c} \tag{6.41}$$

这里

$$\boldsymbol{A}=\begin{bmatrix}1&1&0\\1&0&1\\1&0&0\end{bmatrix} \tag{6.42}$$

矩阵 $\boldsymbol{A}$ 包含了一系列已知系数，这些系数只与局部节点坐标相关。另外，此矩阵为方阵且非奇异，因此多项式系数可以通过下式求得

$$\boldsymbol{c}=\boldsymbol{A}^{-1}\boldsymbol{x}_n \tag{6.43}$$

将式 (6.43) 代入式 (6.40) 有

$$x=\boldsymbol{c}^{\mathrm{T}}\boldsymbol{b}=\boldsymbol{x}_n^{\mathrm{T}}\left(\boldsymbol{A}^{-1}\right)^{\mathrm{T}}\boldsymbol{b}=\boldsymbol{N}\boldsymbol{x}_n \tag{6.44}$$

其中，$\boldsymbol{N}=[N_1,N_2,N_3]$，而

$$\boldsymbol{A}^{-1}=\begin{bmatrix}0 & 0 & 1\\ 1 & 0 & -1\\ 0 & 1 & -1\end{bmatrix} \tag{6.45}$$

则单元形函数为

$$N_1=\xi \tag{6.46}$$

$$N_2=\eta \tag{6.47}$$

$$N_3=1-\xi-\eta \tag{6.48}$$

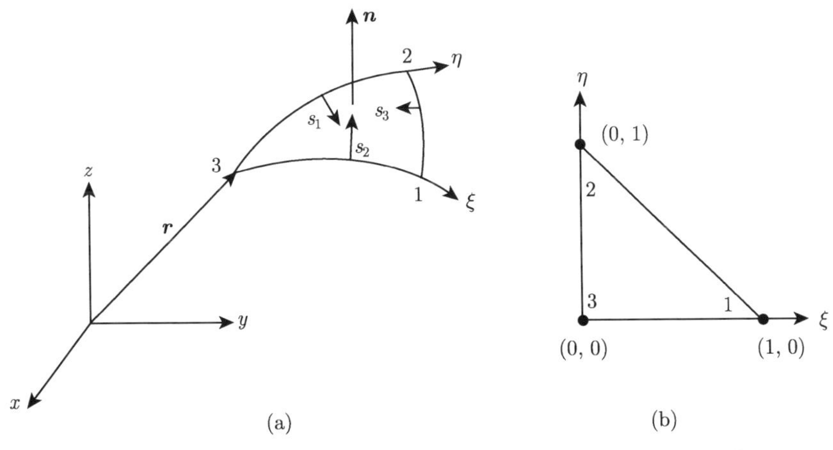


图 6.4 物理空间到参数空间的单元映射 (物理域中的线性三角单元)

值得注意的是，选择任意节点坐标以上关系式都成立。因此，球面上单元也应具有相似的形函数。但球面上单元是任意三角形单元，这里利用局部面积坐标 $(s_1,s_2,s_3)$，将任意三角形单元与等腰直角三角形单元通过三角形的高联系起来。对

任意三角形单元上的一点，其局部面积坐标分量代表该点到三角形某个边的距离与该边所对应高的比值。这三个量不是独立的，具有如下的关系：

$$s_1 + s_2 + s_3 = 1 \tag{6.49}$$

图 6.4 是任意三角形单元到局部坐标系下等腰直角三角形单元的完整映射过程。值得注意的是，局部面积坐标 $(s_1, s_2, s_3)$ 并不受到组成单元的整体节点的影响。计算中整体节点与局部节点的对应只要采用统一的规定即可。也就是说，只要保证节点的编号是顺时针或逆时针就能满足计算要求，这里采用逆时针编号规则。单元形函数与局部面积坐标有如下的关系：

$$N_1 = s_1 \tag{6.50}$$

$$N_2 = s_2 \tag{6.51}$$

$$N_3 = s_3 \tag{6.52}$$

其中，局部的面积坐标 $(s_1, s_2, s_3)$ 可以用局部线性坐标表示：

$$s_1 = \xi \tag{6.53}$$

$$s_2 = \eta \tag{6.54}$$

$$s_3 = 1 - \xi - \eta \tag{6.55}$$

这里 $0 < \xi < 1 - \eta$，$0 < \eta < 1$，气泡表面上任意一场点的坐标矢量 $\boldsymbol{r} = (X, Y, Z)$ 可表示成：

$$\boldsymbol{r} = \sum_{i=1}^{3} N_i X_i \boldsymbol{i} + \sum_{i=1}^{3} N_i Y_i \boldsymbol{j} + \sum_{i=1}^{3} N_i Z_i \boldsymbol{k} \tag{6.56}$$

其中，$N_i$ 为形函数；$X_i, Y_i, Z_i$ 为节点在整体坐标系下的坐标；$\boldsymbol{i}, \boldsymbol{j}, \boldsymbol{k}$ 为笛卡儿坐标下的单位矢量。上述式子可以展成：

$$X(\xi, \eta) = \xi X_1 + \eta X_2 + (1 - \xi - \eta) X_3 = \sum_{c=1}^{3} N_c(\xi, \eta) X_c \tag{6.57}$$

$$Y(\xi, \eta) = \xi Y_1 + \eta Y_2 + (1 - \xi - \eta) Y_3 = \sum_{c=1}^{3} N_c(\xi, \eta) Y_c \tag{6.58}$$

$$Z(\xi, \eta) = \xi Z_1 + \eta Z_2 + (1 - \xi - \eta) Z_3 = \sum_{c=1}^{3} N_c(\xi, \eta) Z_c \tag{6.59}$$

以上关系式适用于单元表面上任意线性变化的物理量。因此，类似的法则可以应用到表面速度势和法向速度的计算上，即

$$\phi(\xi,\eta)=\xi\phi_1+\eta\phi_2+(1-\xi-\eta)\phi_3=\sum_{c=1}^{3}N_c(\xi,\eta)\phi_c \tag{6.60}$$

$$\frac{\partial\phi}{\partial n}(\xi,\eta)=\xi\frac{\partial\phi_1}{\partial n}+\eta\frac{\partial\phi_2}{\partial n}+(1-\xi-\eta)\frac{\partial\phi_3}{\partial n}=\sum_{c=1}^{3}N_c(\xi,\eta)\frac{\partial\phi_c}{\partial n} \tag{6.61}$$

### 6.2.3 单元法向和雅可比函数的计算

为了简化计算，将三维整体坐标转化到二维局部坐标时会产生雅可比值 $J(\xi,\eta)$。同样，在计算节点法向矢量时要使用单元法向量。单元上任意点的位置矢量 $\boldsymbol{r}=(X,Y,Z)$ 可表示成:

$$\boldsymbol{r}=\sum_{c=1}^{3}N_cX_c\boldsymbol{i}+\sum_{c=1}^{3}N_cY_c\boldsymbol{j}+\sum_{c=1}^{3}N_cZ_c\boldsymbol{k} \tag{6.62}$$

局部坐标系下三角单元的法向矢量为

$$\boldsymbol{n}=\left[\frac{\partial\boldsymbol{r}}{\partial\xi}\right]\times\left[\frac{\partial\boldsymbol{r}}{\partial\eta}\right] \tag{6.63}$$

这里

$$\begin{aligned}\left[\frac{\partial\boldsymbol{r}}{\partial\xi}\right]&=\sum_{c=1}^{3}\frac{\partial N_c}{\partial\xi}X_c\boldsymbol{i}+\sum_{c=1}^{3}\frac{\partial N_c}{\partial\xi}Y_c\boldsymbol{j}+\sum_{c=1}^{3}\frac{\partial N_c}{\partial\xi}Z_c\boldsymbol{k}\\&=(X_1-X_3)\boldsymbol{i}+(Y_1-Y_3)\boldsymbol{j}+(Z_1-Z_3)\boldsymbol{k}\end{aligned} \tag{6.64}$$

$$\begin{aligned}\left[\frac{\partial\boldsymbol{r}}{\partial\eta}\right]&=\sum_{c=1}^{3}\frac{\partial N_c}{\partial\eta}X_c\boldsymbol{i}+\sum_{c=1}^{3}\frac{\partial N_c}{\partial\eta}Y_c\boldsymbol{j}+\sum_{c=1}^{3}\frac{\partial N_c}{\partial\eta}Z_c\boldsymbol{k}\\&=(X_2-X_3)\boldsymbol{i}+(Y_2-Y_3)\boldsymbol{j}+(Z_2-Z_3)\boldsymbol{k}\end{aligned} \tag{6.65}$$

将式 (6.64) 和式 (6.65) 代入式 (6.63)，有

$$\boldsymbol{n}=\begin{vmatrix}\boldsymbol{i}&\boldsymbol{j}&\boldsymbol{k}\\\dfrac{\partial x}{\partial\xi}&\dfrac{\partial y}{\partial\xi}&\dfrac{\partial z}{\partial\xi}\\\dfrac{\partial x}{\partial\eta}&\dfrac{\partial y}{\partial\eta}&\dfrac{\partial z}{\partial\eta}\end{vmatrix}=n_x\boldsymbol{i}+n_y\boldsymbol{j}+n_z\boldsymbol{k} \tag{6.66}$$

其中

$$n_x = \frac{\partial Y}{\partial \xi}\frac{\partial Z}{\partial \eta} - \frac{\partial Z}{\partial \xi}\frac{\partial Y}{\partial \eta} = (Y_1 - Y_3)(Z_2 - Z_3) - (Z_1 - Z_3)(Y_2 - Y_3) \tag{6.67}$$

$$n_y = \frac{\partial Z}{\partial \xi}\frac{\partial X}{\partial \eta} - \frac{\partial X}{\partial \xi}\frac{\partial Z}{\partial \eta} = (Z_1 - Z_3)(X_2 - X_3) - (X_1 - X_3)(Z_2 - Z_3) \tag{6.68}$$

$$n_z = \frac{\partial X}{\partial \xi}\frac{\partial Y}{\partial \eta} - \frac{\partial Y}{\partial \xi}\frac{\partial X}{\partial \eta} = (X_1 - X_3)(Y_2 - Y_3) - (Y_1 - Y_3)(X_2 - X_3) \tag{6.69}$$

依据雅可比函数定义，有

$$J(\xi,\eta) = \left|\frac{\partial \boldsymbol{r}}{\partial \xi} \times \frac{\partial \boldsymbol{r}}{\partial \eta}\right| = |\boldsymbol{n}| = \sqrt{n_x^2 + n_y^2 + n_z^2} \tag{6.70}$$

将式 (6.67)~ 式 (6.69) 单位化，可以得到单元上的单位法向矢量，即

$$N_{\text{elem}} = \frac{\boldsymbol{n}}{|\boldsymbol{n}|}, \quad |\boldsymbol{n}| = \sqrt{n_x^2 + n_y^2 + n_z^2} \tag{6.71}$$

### 6.2.4　积分方程的离散

如前所述，Laplace 方程的边界积分形式如下：

$$c(\boldsymbol{P})\phi(\boldsymbol{P}) = \int_S \left(\frac{\partial \phi(\boldsymbol{Q})}{\partial n} G(\boldsymbol{P},\boldsymbol{Q}) - \phi(\boldsymbol{Q})\frac{\partial G(\boldsymbol{P},\boldsymbol{Q})}{\partial n}\right) \mathrm{d}S \tag{6.72}$$

其中，$c(\boldsymbol{P})$ 代表场点 $\boldsymbol{P}$ 处封闭流体域的立体角；$S$ 代表计算域 $\tau$ 的边界，包括自由液面 $S_{\rm f}$、气泡边界面 $S_{\rm b}$ 以及结构表面 $S_{\rm r}$，如图 6.1 所示；$\boldsymbol{P} = (x,y,z)$ 为场点；$\boldsymbol{Q} = (x',y',z')$ 为源点或称为积分点；函数 $G(\boldsymbol{P},\boldsymbol{Q}) = 1/\left|\overrightarrow{\boldsymbol{PQ}}\right| = 1/r_{PQ}$ 为 Laplace 方程的基本解；$\boldsymbol{n} = (n_X, n_Y, n_Z)$ 为指向流体域外的单位法向矢量；$\partial/\partial n = n\cdot\nabla$ 为边界表面的法向导数。

从方程 (6.72) 可以看出，当边界 $S$ 上的速度势 $\phi$ 和法向速度 $\partial\phi/\partial n$ 已知后，计算域 $\tau$ 内任意一点速度势 $\phi$ 就可以通过对边界的积分求得。例如，如果我们将 $\boldsymbol{P}$ 点限制在边界上，控制方程可以给出边界上 $\phi$ 和 $\partial\phi/\partial n$ 的关系。在给定的某个时刻，如果在边界上其中一个变量已知 (如 $\phi$)，就可以通过求解控制方程得到另一个变量 (如 $\partial\phi/\partial n$)。这样，当边界上每一点的速度矢量求得后，利用已知的速度矢量和边界条件就可以更新边界的位置，并得到下一时刻的速度势 $\phi$ 值。定义 $K_1$ 和 $K_2$ 两个核函数：

$$K_1(\boldsymbol{P},\boldsymbol{Q}) = \frac{\partial}{\partial n}\left(\frac{1}{r_{PQ}}\right) = -\frac{1}{r_{PQ}^3}\left[(X_Q - X_P)n_X + (Y_Q - Y_P)n_Y + (Z_Q - Z_P)n_Z\right] \tag{6.73}$$

$$K_2(\boldsymbol{P},\boldsymbol{Q})-\frac{1}{r_{PQ}} \tag{6.74}$$

其中，$r_{PQ}=\left[(X_Q-X_P)^2+(Y_Q-Y_P)^2+(Z_Q-Z_P)^2\right]^{1/2}$，代表点 $\boldsymbol{P}$ 和点 $\boldsymbol{Q}$ 间的距离；$(X_P,Y_P,Z_P)$ 和 $(X_Q,Y_Q,Z_Q)$ 代表点 $\boldsymbol{P}$ 和点 $\boldsymbol{Q}$ 在整体坐标系下的坐标。将式 (6.69) 和式 (6.70) 代入控制方程 (6.72) 后，并设点 $\boldsymbol{P}$ 位于气泡表面上，那么

$$c(\boldsymbol{P})\phi(\boldsymbol{P})+\int_S K_1(\boldsymbol{P},\boldsymbol{Q})\phi(\boldsymbol{Q})\mathrm{d}S=\int_S K_2(\boldsymbol{P},\boldsymbol{Q})\frac{\partial\phi(\boldsymbol{Q})}{\partial n}\mathrm{d}S \tag{6.75}$$

在处理三维曲面积分时，需要将其转换到局部的二维坐标系下进行积分，那么

$$\int_S \mathrm{d}S=\int_0^1\int_0^{1-\eta}J\mathrm{d}\xi\mathrm{d}\eta \tag{6.76}$$

$$J=|(\boldsymbol{r}_1-\boldsymbol{r}_2)\times(\boldsymbol{r}_1-\boldsymbol{r}_3)| \tag{6.77}$$

这里 $J$ 为雅可比值，它是将计算单元从整体坐标系转化到局部坐标系下生成的变量。$(\boldsymbol{r}_1,\boldsymbol{r}_2,\boldsymbol{r}_3)$ 为整体坐标系下单元三个顶点的坐标。设气泡划分成 $M$ 个三角形单元，并利用上述位置矢量、速度势和法向速度的线性插值格式 (式 (6.56)、式 (6.60) 和式 (6.61))，将式 (6.75) 改写成以下形式：

$$\begin{aligned}&c(\boldsymbol{P})\phi(\boldsymbol{P})+\sum_{m=1}^{M}\int_0^1\int_0^{1-\eta}K_1\left[\xi\phi_{m,1}(\boldsymbol{Q})+\eta\phi_{m,2}(\boldsymbol{Q})+(1-\xi-\eta)\phi_{m,3}(\boldsymbol{Q})\right]J_m\mathrm{d}\xi\mathrm{d}\eta\\&=\sum_{m=1}^{M}\int_0^1\int_0^{1-\eta}K_2\left[\xi\frac{\partial\phi_{m,1}(\boldsymbol{Q})}{\partial n}+\eta\frac{\partial\phi_{m,2}(\boldsymbol{Q})}{\partial n}+(1-\xi-\eta)\frac{\partial\phi_{m,3}(\boldsymbol{Q})}{\partial n}\right]J_m\mathrm{d}\xi\mathrm{d}\eta\end{aligned} \tag{6.78}$$

$$\begin{aligned}&c(\boldsymbol{P})\phi(\boldsymbol{P})+\sum_{m=1}^{M}\sum_{c=1}^{3}\phi_{m,c}(\boldsymbol{Q})\int_0^1\int_0^{1-\eta}K_1N_c(\xi,\eta)J_m\mathrm{d}\xi\mathrm{d}\eta\\&=\sum_{m=1}^{M}\sum_{c=1}^{3}\frac{\partial\phi_{m,c}(\boldsymbol{Q})}{\partial n}\int_0^1\int_0^{1-\eta}K_2N_c(\xi,\eta)J_m\mathrm{d}\xi\mathrm{d}\eta\end{aligned} \tag{6.79}$$

这里将某一任意三角单元记为 “$m$”；下标 1、2、3 代表单元的三个顶点，其中

$$N_1(\xi,\eta)=\xi \tag{6.80}$$

$$N_2(\xi,\eta)=\eta \tag{6.81}$$

$$N_3(\xi,\eta)=1-\xi-\eta \tag{6.82}$$

$$\sum_{c=1}^{3}N_c(\xi,\eta)\phi_{m,c}(\boldsymbol{Q})=\xi\phi_{m,1}(\boldsymbol{Q})+\eta\phi_{m,2}(\boldsymbol{Q})+(1-\xi-\eta)\phi_{m,3}(\boldsymbol{Q}) \tag{6.83}$$

$$\sum_{c=1}^{3} N_c(\xi,\eta)\frac{\partial\phi_{m,c}(\boldsymbol{Q})}{\partial n}=\xi\frac{\partial\phi_{m,1}(\boldsymbol{Q})}{\partial n}+\eta\frac{\partial\phi_{m,2}(\boldsymbol{Q})}{\partial n}+(1-\xi-\eta)\frac{\partial\phi_{m,3}(\boldsymbol{Q})}{\partial n} \tag{6.84}$$

定义

$$\overline{H}_{mc}=\int_0^1\int_0^{1-\eta} K_1 N_c(\xi,\eta)J_m\mathrm{d}\xi\mathrm{d}\eta \tag{6.85}$$

$$G_{mc}=\int_0^1\int_0^{1-\eta} K_2 N_c(\xi,\eta)J_m\mathrm{d}\xi\mathrm{d}\eta \tag{6.86}$$

方程 (6.79) 可简化为

$$c(\boldsymbol{P})\phi(\boldsymbol{P})+\sum_{m=1}^{M}\sum_{c=1}^{3}\overline{H}_{mc}\phi_{m,c}(\boldsymbol{Q})=\sum_{m=1}^{M}\sum_{c=1}^{3}G_{mc}\frac{\partial\phi_{m,c}(\boldsymbol{Q})}{\partial n} \tag{6.87}$$

式中，$\phi(\boldsymbol{P})$ 和 $\phi_{m,c}(\boldsymbol{Q})$ 尽管符号表达上有所不同，但均代表节点上的速度势。为了便于以下计算，它们需要经过重新整理，改写成以下形式

$$[H]_{N\times N}[\phi]_{N\times 1}=[G]_{N\times N}\left[\frac{\partial\phi}{\partial n}\right]_{N\times 1} \tag{6.88}$$

以上表达式写成矩阵形式如下

$$\begin{bmatrix} H_{11} & H_{12} & H_{13} & \cdots & H_{1N} \\ H_{21} & H_{22} & H_{23} & \cdots & H_{2N} \\ H_{31} & H_{32} & H_{33} & \cdots & H_{3N} \\ \vdots & & & & \vdots \\ H_{N1} & H_{N2} & H_{N3} & \cdots & H_{NN} \end{bmatrix}\begin{bmatrix} \phi_1 \\ \phi_2 \\ \phi_3 \\ \vdots \\ \phi_N \end{bmatrix}$$

$$=\begin{bmatrix} G_{11} & G_{12} & G_{13} & \cdots & G_{1N} \\ G_{21} & G_{22} & G_{23} & \cdots & G_{2N} \\ G_{31} & G_{32} & G_{33} & \cdots & G_{3N} \\ \vdots & & & & \vdots \\ G_{N1} & G_{N2} & G_{N3} & \cdots & G_{NN} \end{bmatrix}\begin{bmatrix} \partial\phi_1/\partial n \\ \partial\phi_2/\partial n \\ \partial\phi_3/\partial n \\ \vdots \\ \partial\phi_N/\partial n \end{bmatrix} \tag{6.89}$$

其中，

$$H_{ij}=\begin{cases} c_i(\boldsymbol{P})+\overline{H}_{ij}, & i=j \\ \overline{H}_{ij}, & i\neq j \end{cases} \tag{6.90}$$

这里 $N$ 代表分布在边界上所有的节点数目，也是这个方阵的维度。上式中 $[H]$ 和 $[G]$ 称为影响系数阵，$[H]$ 的非对角元素以及 $[G]$ 的所有元素可由 $H_{mc}$ 和 $G_{mc}$ 整理得到。对每一个场点来说，边界上的每个单元对于该点的贡献都应计及。然而由

于形函数依赖于节点，每个单元积分对此点的贡献都应当考虑到，并依据总体节点编号在 $H_{ij}$ 或 $G_{ij}$ 矩阵中求和。以 $[H]$ 矩阵为例，总体节点编号为 6 的节点作为场点，设某一单元 E 的三个节点的整体编号分别为 4、7、9，如果计算单元 E 对 6 节点的贡献可以产生三个 $H_{ij}$ 或 $G_{ij}$ 分量，那么单元 E 的第一个节点对 6 节点的贡献就应当累加到矩阵 $H_{64}$ 中，单元 E 的第二个节点对 6 节点的贡献就应当累加到矩阵 $H_{67}$ 中，单元 E 的第三个节点对 6 节点的贡献就应当累加到矩阵 $H_{69}$ 中。如果还有一单元 F，它的三个节点的整体编号分别为 4，3，2，那么单元 F 的第一个节点对 6 节点的贡献就应当累加到矩阵 $H_{64}$ 中，单元 F 的第二个节点对 6 节点的贡献就应当累加到矩阵 $H_{63}$ 中，单元 F 的第三个节点对 6 节点的贡献就应当累加到矩阵 $H_{62}$ 中。注意到，$H_{64}$ 需要被累加两次，类似的情况也应该这样计算。因此，遍历所有单元上节点对每一个节点的贡献，就会生成一个非对称满系数矩阵。该矩阵可以通过恰当的数值迭代求解，如高斯全主元消去法、双共轭梯度法 (Bi-CG) 迭代格式等。其中 Bi-CG 迭代格式是共轭梯度 (CG) 迭代算法的一个改进，适合求解非对称正定系数阵，计算效率较 CG 迭代算法低。CG 算法只适合于对称正定系数矩阵的求解，并不适合非对称正定系数阵。另外，高斯全主元消去法也适合于一般线性方程组的求解，但求解效率比 Bi-CG 迭代方式低，因此本节中大多数计算采用 Bi-CG 迭代算法，当数值不收敛时采用高斯全主元消去法。

### 6.2.5 核函数的计算

核函数 $K_1$ 和 $K_2$ 的计算与场点 $\boldsymbol{P}$ 和源点 $\boldsymbol{Q}$ 的相对位置密切相关，但核函数组成的系数矩阵在对角线和非对角线元素的求解上存在很大差异，需要区别对待。首先，我们考虑非对角元元素的计算方法。

当 $\boldsymbol{P}$ 和 $\boldsymbol{Q}$ 两点在不同单元上时，式 (6.89) 和式 (6.90) 是规则积分，它们具有以下形式

$$\overline{H}_{mc}=\int_0^1\int_0^{1-\eta}f(\xi,\eta)\mathrm{d}\xi\mathrm{d}\eta=\frac{1}{2}\sum_{i=1}^{N}f(\xi_i,\eta_i)w_i \tag{6.91}$$

$$G_{mc}=\int_0^1\int_0^{1-\eta}g(\xi,\eta)\mathrm{d}\xi\mathrm{d}\eta=\frac{1}{2}\sum_{i=1}^{N}g(\xi_i,\eta_i)w_i \tag{6.92}$$

这里

$$f(\xi,\eta)=K_1N_c(\xi,\eta)J_m \tag{6.93}$$

$$g(\xi,\eta)=K_2N_c(\xi,\eta)J_m \tag{6.94}$$

以上积分表达式可以通过三角形单元的高斯公式求得。高斯积分计算中选用七点格式，$f(\xi_i,\eta_i)$ 或 $g(\xi_i,\eta_i)$ 为高斯积分点上的被积函数值，$w_i$ 为对应的加权系数。在参数坐标系下，积分点位置如表 6.1 所示。

表 6.1　三角形单元高斯积分坐标点及系数 (7 点)

| $i$ | $\xi_i$ | $\eta_i$ | $w_i$ |
|---|---|---|---|
| 1 | 0.3333333333 | 0.3333333333 | 0.2250000000 |
| 2 | 0.0597158718 | 0.4701420641 | 0.1323941528 |
| 3 | 0.4701420641 | 0.0597158718 | 0.1323941528 |
| 4 | 0.4701420641 | 0.4701420641 | 0.1323941528 |
| 5 | 0.7974269854 | 0.1012865073 | 0.1259391805 |
| 6 | 0.1012865073 | 0.7974269854 | 0.1259391805 |
| 7 | 0.1012865073 | 0.1012865073 | 0.1259391805 |

当控制点位于所积分的三角形单元上时，也就是说，$\boldsymbol{P}$ 和 $\boldsymbol{Q}$ 两点位于相同的单元上时，这时点 $\boldsymbol{P}$ 可能非常接近点 $\boldsymbol{Q}$ 或与点 $\boldsymbol{Q}$ 重合，$[H]$ 和 $[G]$ 矩阵对角线上的积分就会出现奇异性。对于 $[H]$ 矩阵对角元我们采用一种间接的方法求解。对于三维外域问题，假定控制方程的 Laplace 方程具有等势解 $\phi=1$，那么在边界面 $S$ 上，$\partial\phi/\partial n=0$。方程 (6.72) 可以化简为

$$c(\boldsymbol{P})=\int_S-\frac{\partial}{\partial \boldsymbol{n}}\left(\frac{1}{r_{PQ}}\right)\mathrm{d}S \tag{6.95}$$

$S$ 代表计算域 $\tau$ 的边界面，包含气泡边界 $S_\mathrm{b}$、结构边界 $S_\mathrm{r}$ 以及无穷远边界 $S_\infty$。那么上述方程变为

$$c(\boldsymbol{P})=-\int_{S_\mathrm{b}+S_\mathrm{r}}\frac{\partial}{\partial n}\left(\frac{1}{r_{PQ}}\right)\mathrm{d}S-\int_{S_\infty}\frac{\partial}{\partial n}\left(\frac{1}{r_{PQ}}\right)\mathrm{d}S \tag{6.96}$$

由式 (6.73) 和式 (6.85) 得

$$\int_{S_\mathrm{b}+S_\mathrm{r}}\frac{\partial}{\partial n}\left(\frac{1}{r_{PQ}}\right)\mathrm{d}S=\sum_{j=1}^{N}\overline{H}_{ij} \tag{6.97}$$

$$\int_{S_\infty}\frac{\partial}{\partial n}\left(\frac{1}{r_{PQ}}\right)\mathrm{d}S=\int_{S_\infty}\frac{\partial}{\partial r}\left(\frac{1}{r_{PQ}}\right)\mathrm{d}S=-4\pi \tag{6.98}$$

将式 (6.97) 和式 (6.98) 代入式 (6.96) 有

$$c(\boldsymbol{P})=-\sum_{j=1}^{N}\overline{H}_{ij}+4\pi \tag{6.99}$$

这里对角元元素

$$H_{ii}=\overline{H}_{ii}+c_i(\boldsymbol{P})=\overline{H}_{ii}-\sum_{j=1}^{N}\overline{H}_{ij}+4\pi \tag{6.100}$$

因此，$[H]$ 对角元可写成

$$H_{ii} = \overline{H}_{ii} + c_i(\boldsymbol{P}) = 4\pi - \sum_{\substack{j=1 \\ i \neq j}}^{N} \overline{H}_{ij} = 4\pi - \sum_{\substack{j=1 \\ i \neq j}}^{N} H_{ij} \tag{6.101}$$

经过上述变换，我们可以首先求取矩阵的非对角元元素值，然后对非对角元元素求和即可得到对角元元素，从而避开了直接求取 $[H]$ 矩阵对角元素带来的困难。这一算法我们不妨称之为 $4\pi$ 法则。但是，由于 $H_{ij}$ 是通过数值积分计算的，如果误差不能控制在一个很小的范围内，就会使对角元素的数值产生很大的偏差。采用高精度的高斯数值积分可以有效减小这一计算误差。但该方法只适用于气泡或结构物完全封闭的情况，并不适合自由液面这种不封闭的情形，为此我们将在第 7 章作详细讨论。

由于 $[G]$ 矩阵对角元具有 $1/r$ 形式的奇异性，通常采用极坐标变换来消除此类奇异积分。该变换是将以 $\xi$ 和 $\eta$ 形式的笛卡儿坐标转变为以 $r$ 和 $\theta$ 形式的极坐标，通过引入一个雅可比函数来消除 $1/r$ 形式的奇异积分。由此得

$$G_{mc} = \int_0^1 \int_0^{1-\eta} \frac{1}{r_{PQ}} N_c(\xi, \eta) J_m \mathrm{d}\xi \mathrm{d}\eta = \int_0^1 \int_0^{1-\eta} \frac{1}{\sqrt{r_x^2 + r_y^2 + r_z^2}} N_c J_m \mathrm{d}\xi \mathrm{d}\eta \tag{6.102}$$

其中，

$$r_x = (X_Q - X_P) = [\xi(X_1 - X_3) + \eta(X_2 - X_3) + X_3 - X_P] \tag{6.103}$$

$$r_y = (Y_Q - Y_P) = [\xi(Y_1 - Y_3) + \eta(Y_2 - Y_3) + Y_3 - Y_P] \tag{6.104}$$

$$r_z = (Z_Q - Z_P) = [\xi(Z_1 - Z_3) + \eta(Z_2 - Z_3) + Z_3 - Z_P] \tag{6.105}$$

假设场点和某个单元积分点重合，不妨设为该单元的第三个点，这样有 $X_P = X_3$、$Y_P = Y_3$、$Z_P = Z_3$。如图 6.5 所示，令 $\xi = r\cos\theta$，$\eta = r\sin\theta$，以上三式变为

$$r_x^2 = r^2 \left[a_1 \cos^2\theta + b_1 \sin 2\theta + c_1 \sin^2\theta\right] \tag{6.106}$$

$$r_y^2 = r^2 \left[a_2 \cos^2\theta + b_2 \sin 2\theta + c_2 \sin^2\theta\right] \tag{6.107}$$

$$r_z^2 = r^2 \left[a_3 \cos^2\theta + b_3 \sin 2\theta + c_3 \sin^2\theta\right] \tag{6.108}$$

其中，

$$a_1 = (X_1 - X_3)^2, \quad b_1 = (X_1 - X_3)(X_2 - X_3), \quad c_1 = (X_2 - X_3)^2 \tag{6.109}$$

$$a_2 = (Y_1 - Y_3)^2, \quad b_2 = (Y_1 - Y_3)(Y_2 - Y_3), \quad c_2 = (Y_2 - Y_3)^2 \tag{6.110}$$

$$a_3 = (Z_1 - Z_3)^2, \quad b_3 = (Z_1 - Z_3)(Z_2 - Z_3), \quad c_3 = (Z_2 - Z_3)^2 \tag{6.111}$$

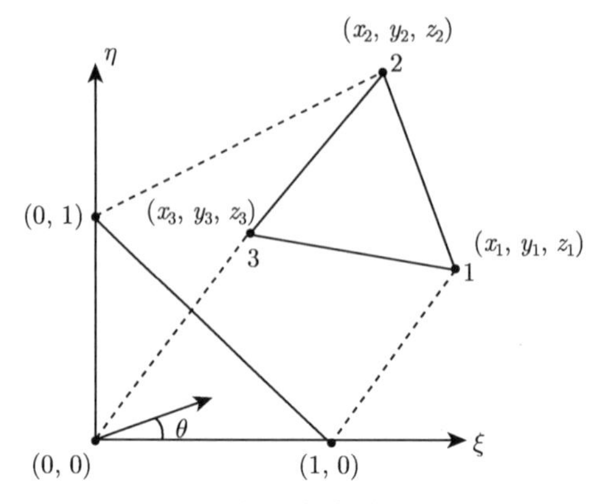


图 6.5　极坐标变换示意图

将式 (6.106)~式 (6.108) 代入式 (6.102)，令 $A=(a_1+a_2+a_3)$，$B=(b_1+b_2+b_3)$，$C=(c_1+c_2+c_3)$，并将积分域转换到极坐标下，原积分方程可以化为

$$G_{mc} = \int_0^{\pi/2}\int_0^{r_0} \frac{1}{\sqrt{A\cos^2\theta + B\sin 2\theta + C\sin^2\theta}} N_c J_m J_p \mathrm{d}r\mathrm{d}\theta \tag{6.112}$$

其中，$r_0 = 1/(\sin\theta+\cos\theta)$，$J_p = r$ 是从直角坐标系转换到极坐标后产生的雅可比值。对式 (6.112) 关于 $r$ 积分，有

$$G_{mc} = \int_0^{\pi/2} \frac{f_c(\theta) J_m}{4\pi\sqrt{A\cos^2\theta + B\sin 2\theta + C\sin^2\theta}}\mathrm{d}\theta = \sum_{i=1}^{n} f(\xi_i) w_i \tag{6.113}$$

其中，系数 $\xi_i$ 和 $w_i$ 在表 6.2 中给出。

**表 6.2　一维高斯积分坐标点及系数 (4 点)**

| $i$ | $\xi_i$ | $w_i$ |
|---|---|---|
| 1 | −0.8611363116 | 0.3478548451 |
| 2 | −0.3399810435 | 0.6521451548 |
| 3 | 0.3399810435 | 0.6521451548 |
| 4 | 0.8611363116 | 0.3478548451 |

## 6.3　离散表面的数值求解问题

### 6.3.1　节点速度和法向矢量的求解

在计算中，参与运算的是节点的实际速度和法向矢量。对于线性单元，每个单元上三个节点的法向和单元的法向是一致的。但气泡上的某个节点一般被五到六个单元所包围，在单元边界上两相邻单元间法向矢量是不连续的，这样就会在位置矢量的更新上产生问题，这是因为节点位置的更新受其法向矢量的影响。因此，准确地计算节点上的法向矢量十分重要。当边界被离散成许多小的单元后，节点就成为这些单元的一角。严格意义上说，离散边界上节点的法向矢量在数学意义上并不存在，因此我们需要作近似的插值计算。对于节点法向矢量求解最直接的方法就是对周围单元法向进行平均，即 $n_d = \sum n_{di}/m$，$n_{di}$ 为节点周围某 $i$ 单元法向矢量在坐标轴上的投影，$m$ 为节点周围的单元数目，$n_d$ 代表该点法向矢量在某个坐标轴上的投影，求和号代表对节点周围所有单元求和。此种近似方法较为简单，对于规则图形能够得到较为满意的近似结果。但是对于气泡扭曲变形的网格特点，这种估算方法往往会产生较大的误差。另一种较为直接的改进方法是将单元的法向矢量乘上单元面积 (或单元质心距该点的距离) 后作加权平均，但这种方法仍不能得到较为满意的结果。

以上方法是基于单元的计算方法，另一种思路是基于邻近节点的计算思想。通过目标节点和周围节点的关系，我们可以找到一个近似的表面函数。此函数一旦确定后，可以找到与该表面相切的两个正交矢量，这两个正交矢量的叉乘即为该点的法向矢量。最常见的一种近似局部表面的二次函数是

$$g(x, y, z) = a_1x^2 + a_2y^2 + a_3z^2 + a_4x + a_5y + a_6z \tag{6.114}$$

上述方程有六个未知数，因此需要选择六个坐标节点代入上述方程，就可得到一个线性方程组。线性方程组的解即为系数 $(a_1, a_2, \cdots, a_6)$ 的值。这六个节点中一般包含了一个中心点 (目标节点) 和周围六个邻近点中的五个，如图 6.6(a) 所示。对于每一个节点都需求解一个线性方程组，因此这样会大大增加计算时间。同时，构成网格的节点坐标在局部可能存在对称性，如果这五个邻近点选择不恰当，那么线性方程组可能存在奇异性。如图 6.6 所示，目标节点周围分布着六个单元，目标点在图 6.6(b) 中用黑色实心圆圈表示。五个邻近节点要尽可能地选择广泛，因为如果仅选择周围邻近的五个点 (可以称为第一层节点)，往往不能准确地反映整个曲面的变化趋势。通常情况下第一层节点只选择三个点，如图 6.6(b) 中黑色方框点，剩余两个节点从第二层节点中选取 (邻近第一层节点的周围外侧点)。剩余两个节点的选择原则是，不能让中心点、第一层节点和第二层节点处在一条直线上 (或近似地处在一条直线上)，否则会使得生成的线性方程产生奇异性。综上所述，如图 6.6(b) 所示，可供选择的节点为第二层节点中的黑色实心方框点。这样法向矢量可以表示成

$$\boldsymbol{n} = \pm\frac{\nabla g(x, y, z)}{|\nabla g(x, y, z)|} \tag{6.115}$$

正负号的选择原则是应保证法向矢量始终指向流体域外。这种方法能够较好地近

似节点法向，但是计算过程可能产生一系列问题。因为近似表面函数的选择需要多次尝试，如果选择不好，求解结果可能很不理想。此外，节点类型和节点数目的选择也是比较任意的。

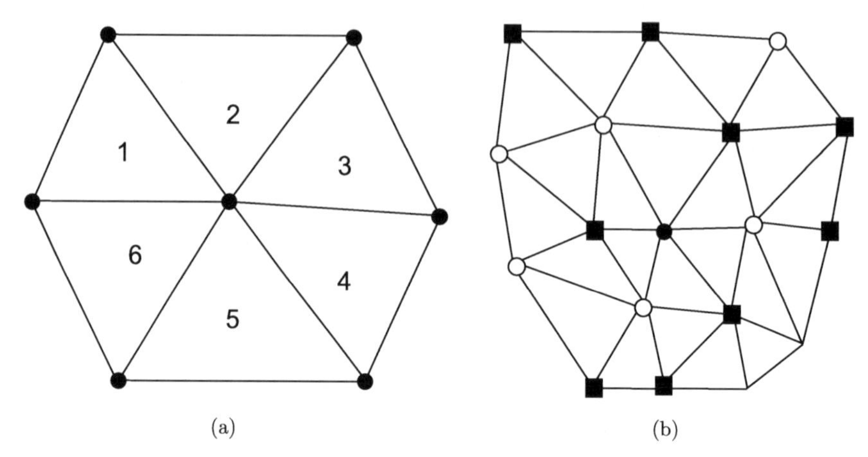


图 6.6　表面插值函数中节点选取示意图

切向速度的计算是另一个关键问题，切向速度矢量往往会使得气泡表面网格朝着不利的方向上演化。随着网格的不断变化，局部单元可能出现严重的歪斜扭曲，从而使整个计算停止。另外，较大的网格切向速度通常出现在气泡溃灭末期，这时大量的计算时间已经耗费掉。这里采用一种类似的方法来计算切向速度。假定气泡表面上节点的速度势在某个局部满足

$$\phi(x,y,z) = a_1x^2 + a_2y^2 + a_3z^2 + a_4x + a_5y + a_6z + a_7 \tag{6.116}$$

以上二次多项式除了常数项 $a_7$ 外，其余与上述法向矢量计算相同。由于存在七个未知数，因此还需要补充一个附加的节点。这些节点的选择与计算法向矢量的选择类似，补充节点应在第二层节点中选取，最后可以构成形如 $K\boldsymbol{a} = \phi$ 的线性方程组。一旦系数 $\boldsymbol{a} = (a_1, a_2, \cdots, a_7)$ 得到后，速度势梯度的切向分量 (即切向速度) 由下式给定

$$\boldsymbol{V}_t = \boldsymbol{n} \times (\nabla\phi \times \boldsymbol{n}) \tag{6.117}$$

依据上式来决定切向速度的原因有以下两点：

(1) $\left(\dfrac{\partial\phi}{\partial n}\right)^2 + (\boldsymbol{n} \times (\nabla\phi \times \boldsymbol{n}))^2 = |\nabla\phi|^2$；　(6.118)

(2) 矢量 $\boldsymbol{n} \times (\nabla\phi \times \boldsymbol{n})$ 同时垂直于矢量 $\boldsymbol{n}$ 和矢量 $\nabla\phi \times \boldsymbol{n}$，故它为单元的切向，如图 6.7 所示。

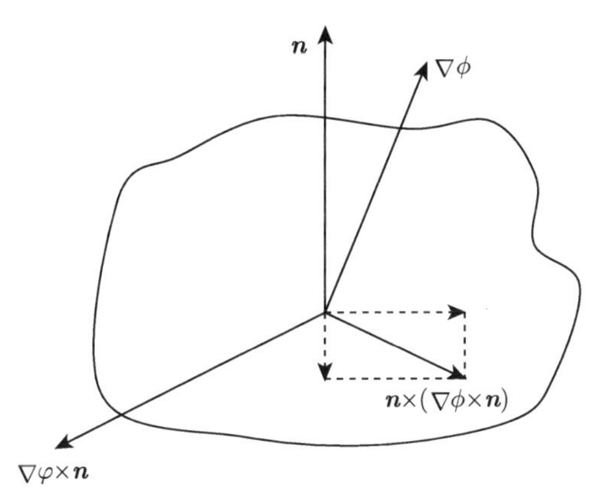


图 6.7　切向速度计算示意图

从以上讨论可以看出，这种求解方法依然存在一些问题。首先，第二层节点的选择并没有一定的规则，因此给计算带来了难度；其次，如果第二层节点选择不恰当，可能会造成系数方程组的奇异性；同时为找到合适的邻近点，需要对每个节点进行一番查找统计，这将耗费大量的计算时间。除此之外，由于插值过程中表面函数和周围节点选择的任意性，所找到的拟合函数可能只适用于某一类型的形状表面，很难找到适用于气泡变化中各类复杂形状的通用拟合函数。因此，需要找到一种更为简单、省时的方法来计算速度和法向矢量。

我们再从节点周围单元的角度出发来研究节点的速度。尽管多面体 (离散的气泡面) 上顶点的法向矢量在数学意义上并不存在，但是每个离散单元的法向矢量是存在的。从控制方程可以求出法向速度 $\partial\phi/\partial n$，再通过有限差分法找到沿两个切线方向 $\boldsymbol{l}$ 和 $\boldsymbol{m}$(也就是沿着三角形的两个边方向，如图 6.8 所示) 的切向速度，对某个单元 $i$ 有

$$\frac{\partial\phi}{\partial n}=\frac{\partial\phi}{\partial x}\cdot n_x+\frac{\partial\phi}{\partial y}\cdot n_y+\frac{\partial\phi}{\partial z}\cdot n_z=u_x^i\cdot n_x^i+u_y^i\cdot n_y^i+u_z^i\cdot n_z^i \tag{6.119}$$

$$\frac{\partial\phi}{\partial l}=\frac{\partial\phi}{\partial x}\frac{\partial x}{\partial l}+\frac{\partial\phi}{\partial y}\frac{\partial y}{\partial l}+\frac{\partial\phi}{\partial z}\frac{\partial z}{\partial l}=u_x^i\cdot\frac{\partial x}{\partial l}+u_y^i\cdot\frac{\partial y}{\partial l}+u_z^i\cdot\frac{\partial z}{\partial l} \tag{6.120}$$

$$\frac{\partial\phi}{\partial m}=\frac{\partial\phi}{\partial x}\frac{\partial x}{\partial m}+\frac{\partial\phi}{\partial y}\frac{\partial y}{\partial m}+\frac{\partial\phi}{\partial z}\frac{\partial z}{\partial m}=u_x^i\cdot\frac{\partial x}{\partial m}+u_y^i\cdot\frac{\partial y}{\partial m}+u_z^i\cdot\frac{\partial z}{\partial m} \tag{6.121}$$

上式可以改写为

$$\begin{pmatrix} n_x^i & n_y^i & n_z^i \\ \dfrac{\partial x}{\partial l} & \dfrac{\partial y}{\partial l} & \dfrac{\partial z}{\partial l} \\ \dfrac{\partial x}{\partial m} & \dfrac{\partial x}{\partial m} & \dfrac{\partial x}{\partial m} \end{pmatrix}\begin{pmatrix} u_x^i \\ u_y^i \\ u_z^i \end{pmatrix}=\begin{pmatrix} \dfrac{\partial\phi}{\partial n} \\ \dfrac{\partial\phi}{\partial l} \\ \dfrac{\partial\phi}{\partial m} \end{pmatrix} \tag{6.122}$$

求解以上方程可得到围绕该节点 $O$ 的某个单元的速度矢量。这样，节点的实际速度可通过单元的加权平均近似得到

$$\begin{pmatrix} u_x \\ u_y \\ u_z \end{pmatrix} = \frac{\sum_{i=1}^{n}(1/A_i)\cdot\begin{pmatrix} u_x^i \\ u_y^i \\ u_z^i \end{pmatrix}}{\sum_{i=1}^{n}(1/A_i)} \tag{6.123}$$

其中，$A_i$ 为第 $i$ 个三角形的单元面积。式 (6.123) 中加权系数采用 $(1/A_i)$，因为小单元对于平均速度的贡献比大单元大，越小的单元越能准确地反映节点周围表面的局部特性。这种加权方法不同于以往的计算方法。如果直接对单元作速度平均或采用面积作为加权系数进行平均，局部表面的近似效果往往很差。即使在网格细化后仍有可能不能收敛到精确解，这是因为法向矢量的准确性在很大程度上依赖于周围单元的规则性。同理，对于某个节点的法向矢量有着类似的计算方法，即

$$\begin{pmatrix} n_x \\ n_y \\ n_z \end{pmatrix} = \frac{\sum_{i=1}^{n}(1/A_i)\cdot\begin{pmatrix} n_x^i \\ n_y^i \\ n_z^i \end{pmatrix}}{\sum_{i=1}^{n}(1/A_i)} \tag{6.124}$$

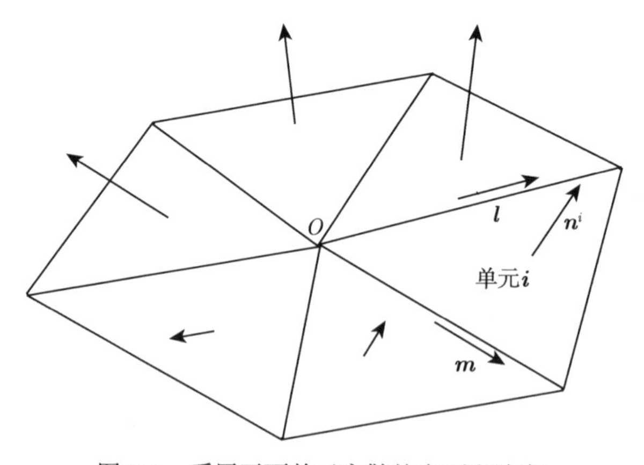


图 6.8　采用平面单元离散的表面和法向

### 6.3.2　时间步的推进

由于采用向前的差分格式，因此时间步长的选取需要格外谨慎，这样才能更好地控制计算中的数值不稳定性和截断误差。在气泡生长初期和溃灭末期，气泡表面

速度变化十分剧烈，但是在两者之间的大部分时间内速度变化缓慢。如果采用等时间步长，时间步长取得太小，整个计算时间就会大大增加。然而，如果时间步长取得太大，在气泡剧烈变化时往往不能准确地捕捉变化细节，同时会产生显著的数值不稳定性。因此，时间步长应当是可变的。该变时间步长应在气泡变化剧烈时减小而在变化缓慢时增大。时间步长可通过下式求得

$$\Delta t=\min\left\{\frac{\Delta\phi}{\max\left|1+\frac{1}{2}\left|\nabla\phi\right|^2-\delta^2 z-\varepsilon\left(\frac{V_0}{V}\right)^{\lambda}\right|},\frac{\Delta\phi}{\max\left|\frac{1}{2}\left|\nabla\phi\right|^2-\delta^2(z-\gamma_{\mathrm{f}})\right|}\right\} \tag{6.125}$$

选用上述公式的原则是，要求整个网格内所有节点速度势的最大变化量小于某一规定常数 $\Delta\phi$。同时兼顾计算效率和数值稳定性两方面，$\Delta\phi$ 通常取 0.02 到 0.03 之间，本节均取为 0.02。分母中最大值的选取需要遍历边界上所有节点。

气泡表面某一节点 $j$ 的位置矢量和速度势可以采用预测–校正 (predictor-corrector) 的方法进行更新，具体形式如下：

$$\frac{\mathrm{D}\boldsymbol{Y}}{\mathrm{D}t}=\boldsymbol{F}(\boldsymbol{Y},t) \tag{6.126}$$

这里

$$\boldsymbol{Y}(t)=\begin{pmatrix} x\\ y\\ z\\ \phi \end{pmatrix} \tag{6.127}$$

其中，$\boldsymbol{F}$ 的具体形式视具体问题确定，这样有预测步骤：

$$\overline{\boldsymbol{Y}}_j^{n+1}=\boldsymbol{Y}_j^n+(t^{n+1}-t^n)\boldsymbol{F}\left(t^n,Y_j^n\right) \tag{6.128}$$

校正步骤：

$$\boldsymbol{Y}_j^{n+1}=\boldsymbol{Y}_j^n+\frac{(t^{n+1}-t^n)}{2}\left[\boldsymbol{F}\left(t^n,Y_j^n\right)+\boldsymbol{F}\left(t^{n+1},\overline{Y}_j^{n+1}\right)\right] \tag{6.129}$$

### 6.3.3 光顺算法的讨论

在气泡演化过程中，网格常常发生严重畸变，整个气泡表面产生明显的锯齿特征。除了控制时间步长外，还需要采用适当的算法技巧来维持计算的稳定性。对于二维数值问题，可采用局部的五点光滑算法来实现。它是采用周围五个等距点的函数值作加权平均来求取目标点的光顺值，即

$$\overline{f}_j=f_j-D(f_{j-2}-4f_{j-1}+6f_j-4f_{j+1}+f_{j+2}) \tag{6.130}$$

$D$ 是一个可变参数，实际计算中 $D < 1/16$ 即可满足精度要求。当气泡距边界一定距离时，$D = 0.01$ 更为恰当。

但上述方法并不适用于三维情况。为此我们将此方法进行推广，同样采用周围节点信息来光顺目标节点。这里采用双二次多项式

$$z = a_1x^2 + a_2xy + a_3y^2 + a_4x + a_5y + a_6 = f(x, y) \tag{6.131}$$

来实现。首先以目标点 $K$ 为原点建立一个局部坐标系 $x'y'z'$。局部坐标系 $z'$ 轴朝上，这里可取该点的外法线方向。$x'$ 轴、$y'$ 轴和 $z'$ 轴相互垂直。选择目标节点 $K$ 和其周围 $m$ 个节点 (如点 1 到点 5，如图 6.9(a) 所示) 及这些周围节点的 $n$ 个外层节点 (点 6 到点 15，如图 6.9(b) 所示)，将这些点作为一个集合。由于采用局部坐标系，因此需要对原坐标系下节点的坐标进行转换，即

$$\begin{bmatrix} x' \\ y' \\ z' \end{bmatrix} = \begin{bmatrix} T_{11} & T_{12} & T_{13} \\ T_{21} & T_{22} & T_{23} \\ T_{31} & T_{32} & T_{33} \end{bmatrix} \begin{bmatrix} x \\ y \\ z \end{bmatrix} = \boldsymbol{T} \cdot \begin{bmatrix} x \\ y \\ z \end{bmatrix} \tag{6.132}$$

$\boldsymbol{T}$ 为整体坐标系到局部坐标系的转换矩阵。以最小二乘法为基础，对于拟合问题需建立目标函数：

$$S(a_1, a_2, a_3, a_4, a_5, a_6) = \sum_{j=1}^{m+n+1} [f(x_j, y_j) - z_j]^2 \tag{6.133}$$

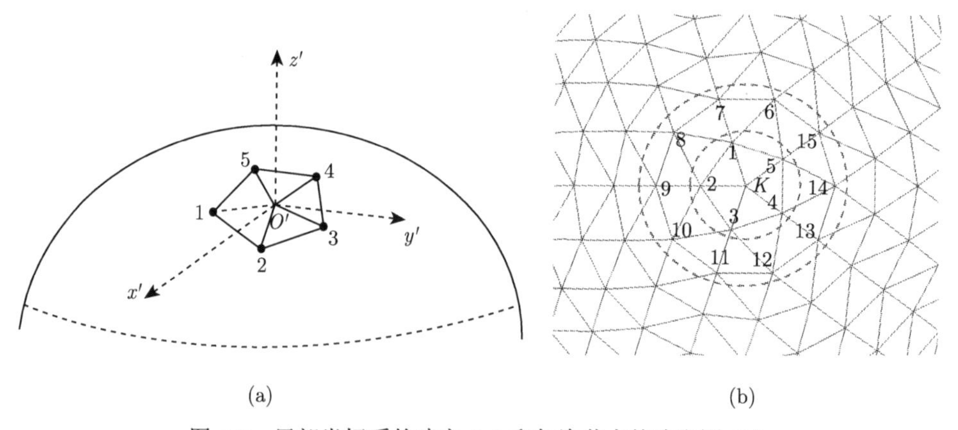


图 6.9　局部坐标系的建立 (a) 和气泡节点的选取图 (b)

对式 (6.133) 中六个变量求导得

$$\frac{\partial S}{\partial a_1} = 2 \sum_{j=1}^{m+n+1} (f_j - z_j) \cdot x_j^2 \tag{6.134}$$

$$\frac{\partial S}{\partial a_2} = 2\sum_{j=1}^{m+n+1}(f_j - z_j)\cdot x_j y_j \tag{6.135}$$

$$\frac{\partial S}{\partial a_3} = 2\sum_{j=1}^{m+n+1}(f_j - z_j)\cdot y_j^2 \tag{6.136}$$

$$\frac{\partial S}{\partial a_4} = 2\sum_{j=1}^{m+n+1}(f_j - z_j)\cdot x_j \tag{6.137}$$

$$\frac{\partial S}{\partial a_5} = 2\sum_{j=1}^{m+n+1}(f_j - z_j)\cdot y_j \tag{6.138}$$

$$\frac{\partial S}{\partial a_6} = 2\sum_{j=1}^{m+n+1}(f_j - z_j) \tag{6.139}$$

令以上六个式子右端均等于零，有

$$\sum_{j=1}^{m+n+1}\left(a_1x_j^4 + a_2x_j^3y_j + a_3x_j^2y_j^2 + a_4x_j^3 + a_5x_j^2y_j + a_6x_j^2\right) = \sum_{j=1}^{m+n+1} x_j^2 z_j \tag{6.140}$$

$$\sum_{j=1}^{m+n+1}\left(a_1x_j^3y_j + a_2x_j^2y_j^2 + a_3x_jy_j^3 + a_4x_j^2y_j + a_5x_jy_j^2 + a_6x_jy_j\right) = \sum_{j=1}^{m+n+1} x_jy_jz_j \tag{6.141}$$

$$\sum_{j=1}^{m+n+1}\left(a_1x_j^2y_j^2 + a_2x_jy_j^3 + a_3y_j^4 + a_4x_jy_j^2 + a_5y_j^3 + a_6y_j^2\right) = \sum_{j=1}^{m+n+1} y_j^2 z_j \tag{6.142}$$

$$\sum_{j=1}^{m+n+1}\left(a_1x_j^3 + a_2x_j^2y_j + a_3x_jy_j^2 + a_4x_j^2 + a_5x_jy_j + a_6x_j\right) = \sum_{j=1}^{m+n+1} x_j z_j \tag{6.143}$$

$$\sum_{j=1}^{m+n+1}\left(a_1x_j^2y_j + a_2x_jy_j^2 + a_3y_j^3 + a_4x_jy_j + a_5y_j^2 + a_6y_j\right) = \sum_{j=1}^{m+n+1} y_j z_j \tag{6.144}$$

$$\sum_{j=1}^{m+n+1}\left(a_1x_j^2 + a_2x_jy_j + a_3y_j^2 + a_4x_j + a_5y_j + a_6\right) = \sum_{j=1}^{m+n+1} z_j \tag{6.145}$$

整理上述方程有

$$
\begin{bmatrix}
\sum_{j=1}^{m+n+1} x_j^4 & \sum_{j=1}^{m+n+1} x_j^3 y_j & \sum_{j=1}^{m+n+1} x_j^2 y_j^2 & \sum_{j=1}^{m+n+1} x_j^3 & \sum_{j=1}^{m+n+1} x_j^2 y_j & \sum_{j=1}^{m+n+1} x_j^2 \\
\sum_{j=1}^{m+n+1} x_j^3 y_j & \sum_{j=1}^{m+n+1} x_j^2 y_j^2 & \sum_{j=1}^{m+n+1} x_j y_j^3 & \sum_{j=1}^{m+n+1} x_j^2 y_j & \sum_{j=1}^{m+n+1} x_j y_j^2 & \sum_{j=1}^{m+n+1} x_j y_j \\
\sum_{j=1}^{m+n+1} x_j^2 y_j^2 & \sum_{j=1}^{m+n+1} x_j y_j^3 & \sum_{j=1}^{m+n+1} y_j^4 & \sum_{j=1}^{m+n+1} x_j y_j^2 & \sum_{j=1}^{m+n+1} y_j^3 & \sum_{j=1}^{m+n+1} y_j^2 \\
\sum_{j=1}^{m+n+1} x_j^3 & \sum_{j=1}^{m+n+1} x_j^2 y_j & \sum_{j=1}^{m+n+1} x_j y_j^2 & \sum_{j=1}^{m+n+1} x_j^2 & \sum_{j=1}^{m+n+1} x_j y_j & \sum_{j=1}^{m+n+1} x_j \\
\sum_{j=1}^{m+n+1} x_j^2 y_j & \sum_{j=1}^{m+n+1} x_j y_j^2 & \sum_{j=1}^{m+n+1} y_j^3 & \sum_{j=1}^{m+n+1} x_j y_j & \sum_{j=1}^{m+n+1} y_j^2 & \sum_{j=1}^{m+n+1} y_j \\
\sum_{j=1}^{m+n+1} x_j^2 & \sum_{j=1}^{m+n+1} x_j y_j & \sum_{j=1}^{m+n+1} y_j^2 & \sum_{j=1}^{m+n+1} x_j & \sum_{j=1}^{m+n+1} y_j & m+n+1
\end{bmatrix}
$$

$$
\times \begin{bmatrix} a_1 \\ a_2 \\ a_3 \\ a_4 \\ a_5 \\ a_6 \end{bmatrix} = \begin{bmatrix} \sum_{j=1}^{m+n+1} x_j^2 z_j \\ \sum_{j=1}^{m+n+1} x_j y_j z_j \\ \sum_{j=1}^{m+n+1} y_j^2 z_j \\ \sum_{j=1}^{m+n+1} x_j z_j \\ \sum_{j=1}^{m+n+1} y_j z_j \\ \sum_{j=1}^{m+n+1} z_j \end{bmatrix} \tag{6.146}
$$

求解以上方程可得到系数 $(a_1, a_2, \cdots, a_6)$ 的数值，那么光顺后的目标节点坐标为 $(0, 0, a_6)$。该坐标值为局部坐标系下的节点坐标，需要通过坐标转换还原到整体坐标系中，即

$$
\begin{bmatrix} x \\ y \\ z \end{bmatrix} = \begin{bmatrix} T_{11} & T_{21} & T_{31} \\ T_{12} & T_{22} & T_{32} \\ T_{13} & T_{23} & T_{33} \end{bmatrix} \begin{bmatrix} x' \\ y' \\ z' \end{bmatrix} = \boldsymbol{T}^{\mathrm{T}} \cdot \begin{bmatrix} x' \\ y' \\ z' \end{bmatrix} \tag{6.147}
$$

由于坐标转换矩阵为正交阵，因此 $\boldsymbol{T}^{\mathrm{T}}$ 为 $\boldsymbol{T}$ 的转置阵。除节点的坐标位置进行光顺外，速度势也要进行光顺，其方法与节点坐标的光顺类似。不采用和采用光顺算

法的气泡表面如图 6.10 所示。

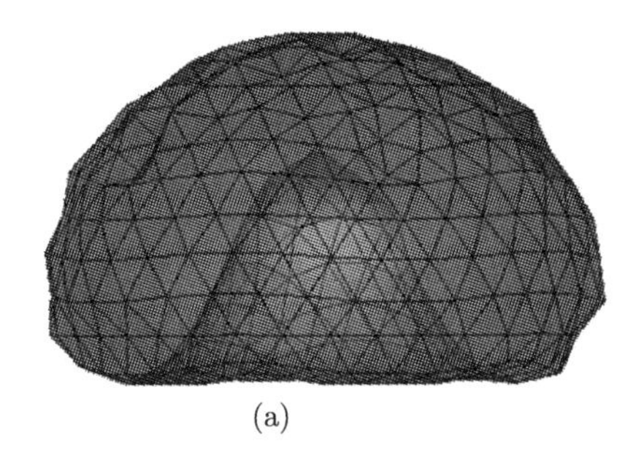
(a)

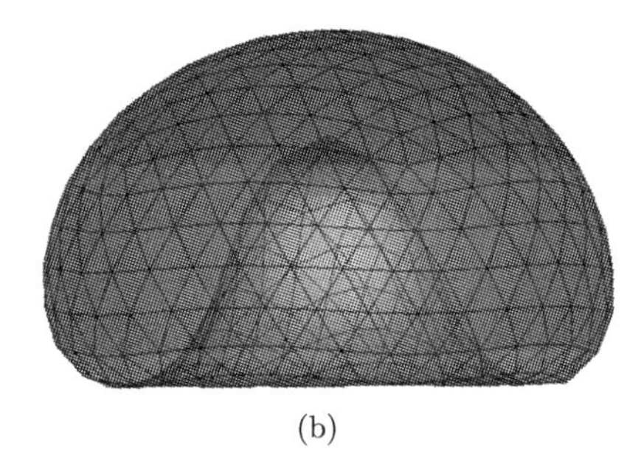
(b)

图 6.10 不采用 (a) 和采用 (b) 光顺算法得到的气泡表面演变

### 6.3.4 弹性网格算法

对于非对称气泡变形，网格的扭曲十分常见，有时还十分严重。尤其是在射流形成时，气泡的单元和节点被吸引到射流部分，变得十分拥挤。气泡单元中远离射流前端的部分变得十分稀疏，从而导致计算精度的下降，甚至使整个计算停止。很多人就网格细化和稳定性作了一系列的研究 [19−21]。这里采用弹性网格算法 [21] 来有效地改进网格特性和数值计算结果。气泡表面可以表示成如下函数:

$$S(\boldsymbol{x}(t), t) = 0 \tag{6.148}$$

其中，$\boldsymbol{x}(t)$ 位于气泡表面。对式 (6.148) 关于时间 $t$ 求导可以得到

$$\frac{\partial S}{\partial t} + \nabla S(\boldsymbol{x}(t), t) \cdot \boldsymbol{x}'(t) = 0 \tag{6.149}$$

注意到表面的单位法向量是 $\boldsymbol{n} = \nabla S / |\nabla S|$，因此式 (6.149) 变成

$$\frac{\partial S}{\partial t} + |\nabla S(\boldsymbol{x}(t), t)| \cdot [\boldsymbol{n} \cdot \boldsymbol{x}'(t)] = 0 \tag{6.150}$$

从式 (6.150) 可以看出，表面法向速度决定了气泡形状的演化过程。弹性网格算法假定气泡网格单元的每条边中存在一个力，该力为单元长度 $l$ 的一个函数，即

$$f = f(l) \tag{6.151}$$

假定气泡表面有 $N$ 个节点，$\boldsymbol{x}_i$ 代表气泡表面第 $i$ 个节点坐标 $(i = 1, 2, \cdots, N)$，$\boldsymbol{v}_i$ 代表节点在 $\boldsymbol{x}_i$ 处的速度，$\boldsymbol{x}_j$ 代表节点 $j$ 的坐标，并与 $i$ 节点相邻 $(i \neq j)$。当经历了一小段时间 $\Delta t$ 后，$i$ 与 $j$ 点的长度变为 $|(\boldsymbol{x}_i - \boldsymbol{x}_j) + \Delta t(\boldsymbol{v}_i - \boldsymbol{v}_j)|$，储存在气泡所有线段中总的弹性能为

$$E_{\text{mesh}} = \sum_{(i,j)} \int_0^{|(\boldsymbol{x}_i - \boldsymbol{x}_j) + \Delta t(\boldsymbol{v}_i - \boldsymbol{v}_j)|} f(l) \mathrm{d}l \tag{6.152}$$

最优速度 $\boldsymbol{v}_i$ 使得 $E_{\mathrm{mesh}}$ 取得最小值，并满足如下约束条件：

$$\boldsymbol{v}_i \cdot \boldsymbol{n}_i = q_i \tag{6.153}$$

其中，$\boldsymbol{n}_i$ 为 $i$ 节点处垂直于表面的单位法向矢量；$q_i$ 为法向速度值，同时也垂直于 $i$ 节点处的气泡表面。为使弹性势能 $E_{\mathrm{mesh}}$ 取得最小值，对式 (6.152) 关于 $\boldsymbol{v}_i$ 求导并令其等于零，有

$$\frac{\partial E_{\mathrm{mesh}}}{\partial t} = 0 \tag{6.154}$$

将式 (6.152) 代入式 (6.154) 可得到

$$\sum_j \left\{ f\left[|(\boldsymbol{x}_i - \boldsymbol{x}_j) + \Delta t(\boldsymbol{v}_i - \boldsymbol{v}_j)|\right] \cdot \frac{\partial |(\boldsymbol{x}_i - \boldsymbol{x}_j) + \Delta t(\boldsymbol{v}_i - \boldsymbol{v}_j)|}{\partial \boldsymbol{v}_i} \right\} = 0 \tag{6.155}$$

其中

$$\begin{aligned}
&\frac{\partial |(\boldsymbol{x}_i - \boldsymbol{x}_j) + \Delta t(\boldsymbol{v}_i - \boldsymbol{v}_j)|}{\partial \boldsymbol{v}_i} \\
&= \frac{\partial}{\partial \boldsymbol{v}_i} \sqrt{[(\boldsymbol{x}_i - \boldsymbol{x}_j) + \Delta t(\boldsymbol{v}_i - \boldsymbol{v}_j)] \cdot [(\boldsymbol{x}_i - \boldsymbol{x}_j) + \Delta t(\boldsymbol{v}_i - \boldsymbol{v}_j)]} \\
&= \frac{2\left[(\boldsymbol{x}_i - \boldsymbol{x}_j) + \Delta t(\boldsymbol{v}_i - \boldsymbol{v}_j)\right] \cdot \frac{\partial}{\partial \boldsymbol{v}_i}\left[(\boldsymbol{x}_i - \boldsymbol{x}_j) + \Delta t(\boldsymbol{v}_i - \boldsymbol{v}_j)\right]}{2\sqrt{[(\boldsymbol{x}_i - \boldsymbol{x}_j) + \Delta t(\boldsymbol{v}_i - \boldsymbol{v}_j)] \cdot [(\boldsymbol{x}_i - \boldsymbol{x}_j) + \Delta t(\boldsymbol{v}_i - \boldsymbol{v}_j)]}} \\
&= \frac{(\boldsymbol{x}_i - \boldsymbol{x}_j) + \Delta t(\boldsymbol{v}_i - \boldsymbol{v}_j)}{|(\boldsymbol{x}_i - \boldsymbol{x}_j) + \Delta t(\boldsymbol{v}_i - \boldsymbol{v}_j)|} \cdot \Delta t
\end{aligned} \tag{6.156}$$

进一步式 (6.155) 变为

$$\sum_j \left\{ f\left[|(\boldsymbol{x}_i - \boldsymbol{x}_j) + \Delta t(\boldsymbol{v}_i - \boldsymbol{v}_j)|\right] \cdot \frac{(\boldsymbol{x}_i - \boldsymbol{x}_j) + \Delta t(\boldsymbol{v}_i - \boldsymbol{v}_j)}{|(\boldsymbol{x}_i - \boldsymbol{x}_j) + \Delta t(\boldsymbol{v}_i - \boldsymbol{v}_j)|} \cdot \Delta t \right\} = 0 \tag{6.157}$$

结合式 (6.153) 可得到下述迭代格式：

$$\boldsymbol{v}_i^{n+1} = q_i \boldsymbol{n}_i + P\left\{ \frac{\displaystyle\sum_j \frac{f\left[\left|(\boldsymbol{x}_i - \boldsymbol{x}_j) + \Delta t(\boldsymbol{v}_i^n - \boldsymbol{v}_j^n)\right|\right]}{\left|(\boldsymbol{x}_i - \boldsymbol{x}_j) + \Delta t(\boldsymbol{v}_i^n - \boldsymbol{v}_j^n)\right|}\left[(\boldsymbol{x}_j - \boldsymbol{x}_i) + \Delta t \cdot \boldsymbol{v}_j^n\right]}{\displaystyle\Delta t \cdot \sum_j \frac{f\left[\left|(\boldsymbol{x}_i - \boldsymbol{x}_j) + \Delta t(\boldsymbol{v}_i^n - \boldsymbol{v}_j^n)\right|\right]}{\left|(\boldsymbol{x}_i - \boldsymbol{x}_j) + \Delta t(\boldsymbol{v}_i^n - \boldsymbol{v}_j^n)\right|}} \right\} \tag{6.158}$$

式 (6.158) 中上标 $n$ 代表第 $n$ 次迭代；$n$+1 代表第 $n$+1 次迭代；$P$ 是一算子符号，表示将矢量投影到节点 $i$ 处的切平面上。经过多次计算尝试，力函数 $f(l) = l^3$ 对于三维网格的情况较为恰当，因此选择此函数计算。非定常 Bernoulli 方程修正为

$$\frac{\partial \phi^*}{\partial t^*} + \boldsymbol{v}^* \cdot \nabla \phi^* = \boldsymbol{v}^* \cdot \nabla \phi^* - \frac{1}{2}\left|\nabla \phi^*\right|^2 - \delta^2(z^* - \gamma_{\mathrm{f}}) \quad \text{(在水面上)} \tag{6.159}$$

$$\frac{\partial \phi^*}{\partial t^*}+\boldsymbol{v}^*\cdot\nabla\phi^*=1+\boldsymbol{v}^*\cdot\nabla\phi^*-\frac{1}{2}\left|\nabla\phi^*\right|^2-\delta^2 z^*-\varepsilon\left(\frac{V_0^*}{V^*}\right)\quad(\text{在气泡上})\tag{6.160}$$

其中，带 $*$ 代表变量均为无量纲形式。$\boldsymbol{v}^*$ 代表一个转化速度，如果网格用实际速度推进，那么 $\boldsymbol{v}^*=\nabla\phi^*$；如果网格采用弹性网格算法推进，那么 $\boldsymbol{v}^*$ 就为式 (6.158) 中的优化速度。

图 6.11 为不采用 (a) 和采用 (b)、(c) 弹性网格算法得到的气泡网格在平板上方溃灭的形态图。从图 6.11(a) 可以看出，采用原始的算法在气泡溃灭末期，射流前端聚集了大量的网格节点，从而导致了其余部分网格分布稀疏，计算很快就停止了，但经过该算法改进后，整个表面的网格分布更加均匀，如图 6.11(b)、(c) 所示，尤其是在数值稳定性较差的射流撞击过程，数值计算仍十分稳定。

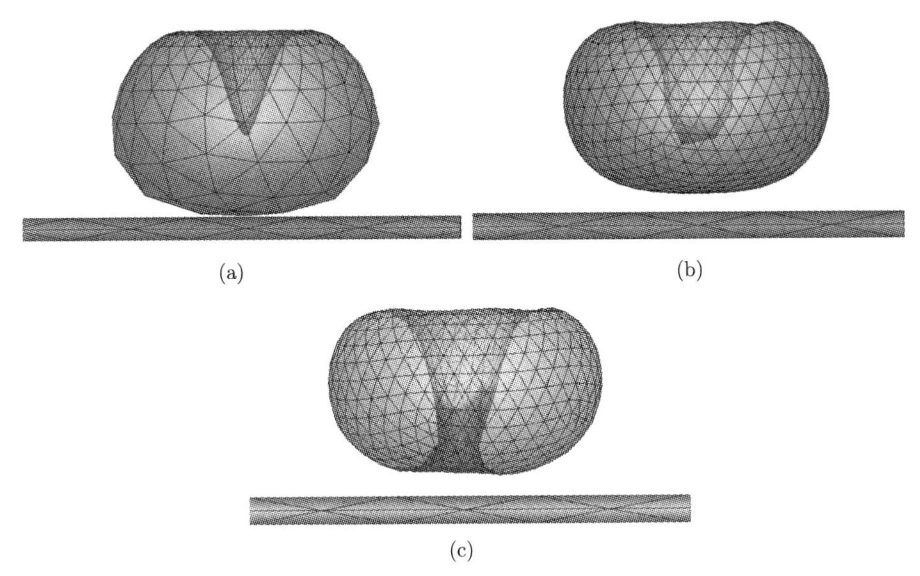


图 6.11　不采用 (a) 和采用 (b)、(c) 弹性网格算法得到的气泡表面形状

### 6.3.5　多连通区域处理

如前所述，在溃灭中由于气泡迁移、周围物体阻碍或者压力梯度的变化 (周围扰动或重力作用) 等，气泡表面不同部分往往以不同速度收缩从而形成射流，射流撞击使气泡的几何形状由最初的单连通结构转化成双连通结构。这一过程给数值计算带来了重大挑战，因为在这个转变过程中数值计算往往失效。Best 等 [18] 最早采用二维代码计算了射流撞击过程，在环形阶段中采用了一个辅助的切割表面来表示撞击面，从而使得整个环形阶段的计算得以继续进行，这种域切割技术的本质仍然是使整个流体域保持单连通结构。随后，Zhang 等 [20] 采用类似的 “域切割” 技术，在射流撞击时沿切割面上生成一剪切层来模拟环形气泡的运动。Wang 等 [21]

提出在气泡内部用涡环来代替射流撞击后产生的环量。这种方法消除了由于流体环量生成引起的速度势不连续特点，同时也避免了直接切割流体域产生的困难。这种方法可以处理从单连通域变为多连通域流体流动，故称为变拓扑边界积分法。

假设射流撞击发生在一点，整个撞击效应转变成流体域中一环量的生成。首先，需在几何模型上作相应处理。由于 Kelvin 冲量作为气泡周围流体惯性的一个量度，可以用来预测气泡运动和射流方向。依据公式可以计算出 Kelvin 冲量 $\boldsymbol{I}=\int S_{\text{bubble}}\phi\boldsymbol{n}\mathrm{d}S$ 的大小，其中 $\int S_{\text{bubble}}$ 代表在气泡表面上进行积分。Kelvin 冲量一般指向射流产生的方向。然后，确定气泡节点上的最大速度 $\boldsymbol{u}_{\max}$，这里我们通过创建一个点的子集来实现，该子集中包含所有节点速度大于 $0.5\boldsymbol{u}_{\max}$ 的节点，同时这些节点中包围了最大速度为 $\boldsymbol{u}_{\max}$ 的这一节点。因此，该子集中每个节点位置矢量 $\boldsymbol{x}$ 与 $\boldsymbol{I}$ 的内积最大值就指向射流的最前端节点，我们将此点标记为点 $\boldsymbol{Q}_{\mathrm{J}}$，如图 6.12(b) 所示。该图为气泡在平板上方溃灭末期的形态图。在平板的 Bjerknes 效应作用下，气泡在溃灭中产生一垂直向下的射流，如图 6.12(a) 所示。图 6.12(b) 是射流前端点处的放大图，Kelvin 冲量指向平板的方向。沿 Kelvin 矢量方向在点 $\boldsymbol{Q}_{\mathrm{J}}$ 前端距离点 $\boldsymbol{Q}_{\mathrm{J}}\boldsymbol{r}_1$ 处设置一人工点 $\boldsymbol{a}$，以此点为圆心、$\boldsymbol{r}_2$ 为半径可以确定一个圆球。随着射流的推进，如果前端任何点落入这个圆球范围内并且距点 $\boldsymbol{Q}_{\mathrm{J}}$ 距离最小，那么该点就确定为撞击点 $\boldsymbol{P}_{\mathrm{J}}$，如图 6.12(b) 所示。否则，将继续上述计算直到找到满足要求的点。$\boldsymbol{r}_2$ 一般取 0.1 倍气泡等效半径，$\boldsymbol{r}_1$ 的取值一般在 $\boldsymbol{r}_2$ 和 1 之间。判断撞击的条件是，当点 $\boldsymbol{Q}_{\mathrm{J}}$ 与网格上所有节点间的距离小于某个定值时射流撞击发生。但是该方法可能会找到错误的节点，这是因为该点可能为射流前端周围的某一点。因此，应避免此类现象的发生。例如，设从点 $\boldsymbol{Q}_{\mathrm{J}}$ 与所寻找的点之间构造矢量 $\boldsymbol{I}_2$，如果 $\boldsymbol{I}_2\cdot\boldsymbol{I}>\boldsymbol{0}$，则该点为所要寻找的点 $\boldsymbol{P}_{\mathrm{J}}$，反之则不是。

一旦点 $\boldsymbol{Q}_{\mathrm{J}}$ 和点 $\boldsymbol{P}_{\mathrm{J}}$ 选定并满足射流撞击条件后，就需要采用数值切割技术来实现气泡几何形状的转变。除点 $\boldsymbol{Q}_{\mathrm{J}}$ 和点 $\boldsymbol{P}_{\mathrm{J}}$ 外，还需确定与它们共单元的邻近节点，并将其进行适当排序。选择点 $\boldsymbol{Q}_{\mathrm{J}}$ 周围任意一点为 $\boldsymbol{K}_1$，那么点 $\boldsymbol{Q}_{\mathrm{J}}$ 周围邻近点可依次用符号 $\boldsymbol{K}_1,\boldsymbol{K}_2,\cdots,\boldsymbol{K}_m$ 表示，如图 6.13 所示。同理还应当确定点 $\boldsymbol{P}_{\mathrm{J}}$ 周围的邻近点，并对它们进行排序，这些点用 $\boldsymbol{L}_1,\boldsymbol{L}_2,\cdots,\boldsymbol{L}_m$ 表示。注意 $\boldsymbol{L}_1$ 应当是与点 $\boldsymbol{P}_{\mathrm{J}}$ 邻近且最靠近 $\boldsymbol{K}_1$ 的节点。如果两边节点数目不相等，即 $m\neq n$，那么需要适当地增加节点数目使得 $m=n$。增加节点一般选取邻近点内间距最大的两点，再求取其平均值并作为新的节点坐标。在增加节点的同时，单元数目也要相应增加。经过上述处理后，可得到一组以 $\boldsymbol{N}_1,\boldsymbol{N}_2,\cdots,\boldsymbol{N}_m$ 表示的新节点，其坐标通过下式求得

$$\boldsymbol{r}_{\boldsymbol{N}_i}=(\boldsymbol{r}_{\boldsymbol{K}_i}+\boldsymbol{r}_{\boldsymbol{L}_i})/2\quad(i=1,2,\cdots,n)\tag{6.161}$$

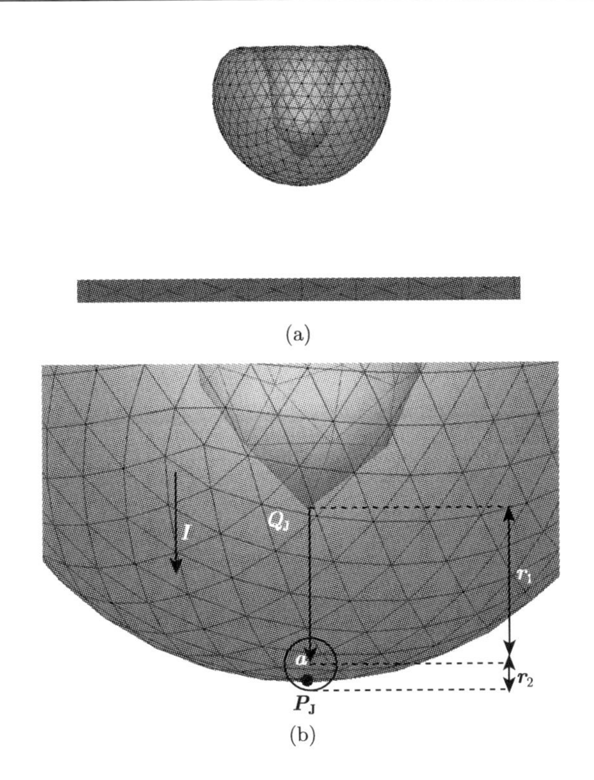


图 6.12 气泡在方板上方的溃灭 (a) 以及射流撞击判断的放大图 (b)

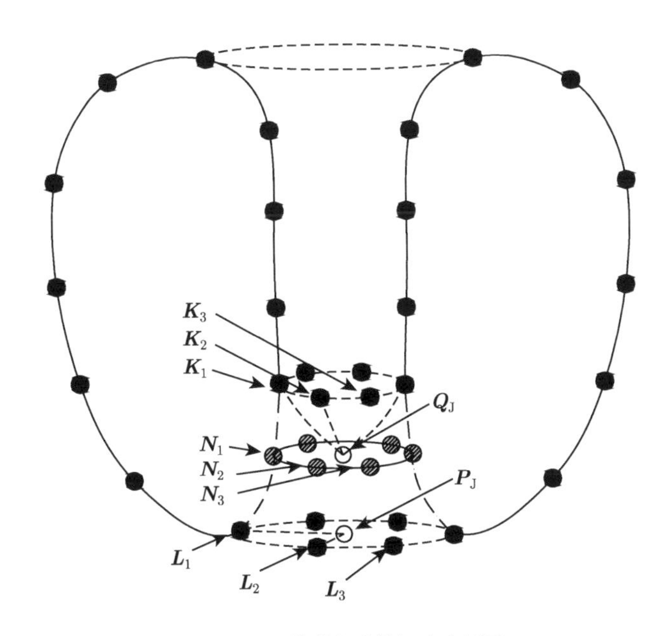


图 6.13 数值切割技巧示意图

其中，$\boldsymbol{r}_{\boldsymbol{K}_i}$ 和 $\boldsymbol{r}_{\boldsymbol{L}_i}$ 分别为 $\boldsymbol{K}_i$ 和 $\boldsymbol{L}_i$ 的位置矢量坐标。当新的中间节点生成后，点 $\boldsymbol{Q}_{\mathrm{J}}$ 和点 $\boldsymbol{P}_{\mathrm{J}}$ 以及它们周围的单元都应删除掉，如三角单元 $\boldsymbol{K}_1\boldsymbol{Q}_{\mathrm{J}}\boldsymbol{K}_2$、$\boldsymbol{L}_1\boldsymbol{P}_{\mathrm{J}}\boldsymbol{K}_2$ 等。这样在气泡中部就形成了两个空洞结构。这时，需要将节点 $\boldsymbol{K}_1, \boldsymbol{K}_2, \cdots, \boldsymbol{K}_m$ 及节点 $\boldsymbol{L}_1, \boldsymbol{L}_2, \cdots, \boldsymbol{L}_m$ 重新放置在新生成的节点 $\boldsymbol{N}_1, \boldsymbol{N}_2, \cdots, \boldsymbol{N}_m$ 上。经过上述处理后，上下两个面就被中间节点 $\boldsymbol{N}_1, \boldsymbol{K}_2, \cdots, \boldsymbol{N}_m$ 连接起来，如图 6.14(b) 所示。

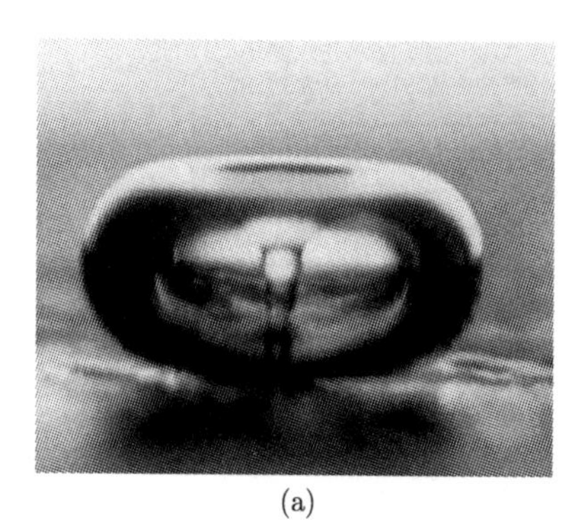

(a)

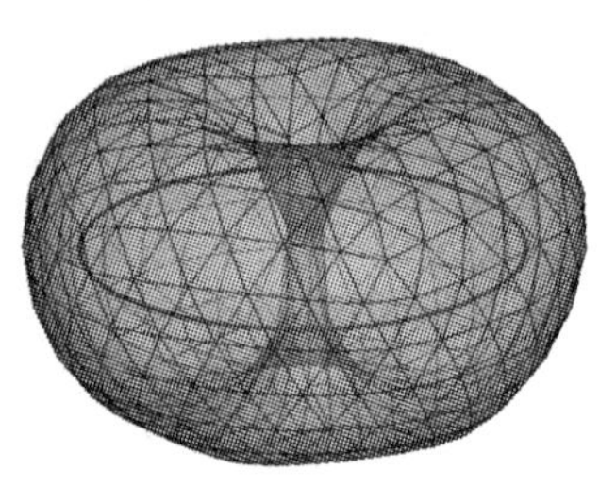

(b)

图 6.14　环形气泡的模拟 (彩图请扫封底二维码)

(a) 自然界的环形气泡；(b) 数值模拟的环形气泡

在自然界中，当射流撞击发生后可以形成如图 6.14(a) 所示的环形气泡，这一过程除了需要在几何上处理外，气泡节点上的速度势也要作相应修正。考虑流体域从单连通结构转变成双连通结构，因此需在气泡内部空间引入一涡环用来描述流体的有旋部分 (图 6.14(b) 中的红色圆圈)。总的速度势 $\phi$ 分解成两部分：一部分是射流撞击产生的环量速度势，我们称之为涡环速度势，用 $\psi$ 表示；另一部分为速度势的剩余部分，我们称之为剩余速度势，用 $\varphi$ 表示。整个速度势可改写成

$$\phi(\boldsymbol{P},t) = \psi(\boldsymbol{P}) + \varphi(\boldsymbol{P},t) \tag{6.162}$$

射流撞击效应可认为转化为流体域中一个环量 $\Gamma$，越过这一涡环速度势将产生一 $\Delta\phi$ 的跳跃。因此，环量的大小应等于这一速度势的跳跃，即

$$\Gamma = \Delta\phi = \phi_P - \phi_Q \tag{6.163}$$

撞击过程假定发生在某一点上，因此速度势跳跃应当等于点 $\boldsymbol{Q}_{\mathrm{J}}$ 和点 $\boldsymbol{P}_{\mathrm{J}}$ 上速度势之差。从式 (6.163) 可以看到，一旦撞击发生，$\Gamma$ 即为一常数。涡环应当完全位于所形成的圆环面内部，并贯穿整个圆环面，如图 6.14(b) 所示。只要涡环一直保持在圆环面内部，涡环位置是保持不变的。随着气泡的不断运动，应当适时适当地调整其位置，使其始终位于圆环面内。但是，涡环的位置不一定要处在射流撞击的平

面上。因为根据式 (6.163) 可知，任何位置处涡环所产生的速度势都可以通过剩余速度势得到补充。在任意场点处涡环产生的速度势为

$$\psi(\boldsymbol{P}) = \frac{\Gamma}{4\pi}\Xi(\boldsymbol{P}) \tag{6.164}$$

其中,

$$\Xi(\boldsymbol{P}) = \int_{S_c} \frac{\partial}{\partial n}\left(\frac{1}{r}\right)\mathrm{d}S \tag{6.165}$$

这里 $\Xi(\boldsymbol{P})$ 为场点 $\boldsymbol{P}$ 处涡环所对的立体角，$\boldsymbol{S}_c$ 为涡环所围成的表面。利用 Biot-Savart 定律，在任意节点上这一环量产生的速度为

$$\boldsymbol{u}_R(\boldsymbol{P},t) = \frac{\Gamma}{4\pi}\int_C \frac{\boldsymbol{r}(\boldsymbol{P},\boldsymbol{Q}') \times \mathrm{d}\boldsymbol{l}(\boldsymbol{Q}')}{r^3} \tag{6.166}$$

其中, $\boldsymbol{r}(\boldsymbol{P},\boldsymbol{Q}')$ 为从环上积分点 $\boldsymbol{Q}'$ 到任意场点 $\boldsymbol{P}$ 的矢量。该积分是沿涡环进行积分，且 $r=\|\boldsymbol{r}\|$。

剩余速度势依然满足原来的控制方程，因此仍求解方程 (6.72)，但是求解变量为剩余速度势 $\varphi$ 和法向导数 $\partial\varphi/\partial n$。

环形气泡在运动过程中主要以径向的扩张和收缩为主，因此采用法向速度 $\boldsymbol{u}_n = (\partial\varphi/\partial\boldsymbol{n})\boldsymbol{n} + (\boldsymbol{u}_R\cdot\boldsymbol{n})\boldsymbol{n}$ 来更新位置和速度势，相应的边界条件修正为

$$\frac{\mathrm{D}\boldsymbol{x}}{\mathrm{D}t} = \boldsymbol{u}_n \tag{6.167}$$

$$\frac{\mathrm{D}\phi}{\mathrm{D}t} = 1 - \frac{1}{2}\left|\nabla\phi + \boldsymbol{u}_R\right|^2 + \boldsymbol{u}_n\left|\boldsymbol{u}_R + \nabla\phi\right| - \delta^2 z - \varepsilon\left(\frac{V_0}{V}\right)^\lambda \tag{6.168}$$

以下我们进一步考察数值切割时撞击距离 (满足切割要求时气泡射流点和撞击点之间的距离) 对气泡后续演变的影响。设撞击距离用 Dimp 表示，气泡的等效直径用 DB ($\mathrm{DB} = 2\times(3V/(4\pi))^{1/3}$) 表示。我们考察了两组不同撞击距离的影响，如图 6.15 所示，其中，(a1)~(a6) 中撞击距离为 Dimp = 0.1DB，(b1)~(b6) 中撞击距离为 Dimp = 0.2DB。从图中可以看到，撞击距离的远近在射流撞击的短暂时期内对气泡形态有一定影响，如图 6.15(a2) 和 (b2) 所示。但随着时间的推进，气泡随后的变化特征基本相同，这说明撞击距离大小对环形气泡的后续演化无显著影响。

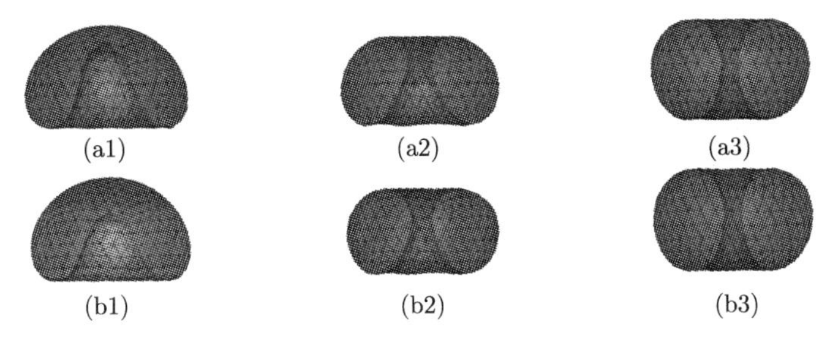

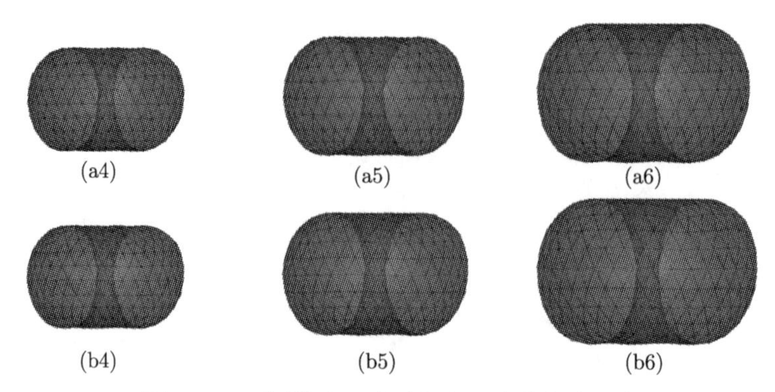

图 6.15　不同撞击距离对气泡后续演变的影响

(a1)~(a6)Dimp=0.1DB, (b1)~(b6) Dimp =0.2DB; (a1) 2.00789, (a2)2.00865, (a3) 2.01531, (a4) 2.02017, (a5) 2.02538, (a6) 2.03304; (b1)2.00630, (b2)2.00885, (b3) 2.01532, (b4) 2.01974, (b5) 2.02579, (b6) 2.03373

## 6.4　数值计算流程

由于程序涉及的计算参数较多，为进一步阐明数值实施过程，完整计算流程如下：

(1) 给定初始条件，如气泡表面的速度势和结构上的速度、气泡初始内部压力、初始半径等，完成所有变量的无量纲化；

(2) 生成气泡和结构的节点坐标与网格单元；

(3) 计算单元的雅可比行列式；

(4) 求解控制方程得到气泡节点的法向速度和结构节点上的速度势；

(5) 采用加权平均的方法求得节点上的实际速度矢量；

(6) 采用动力学和运动学边界条件对气泡和结构上节点的位置进行更新，其中速度矢量的更新应适时地采用光顺算法或弹性网格算法，以保证整个程序的稳定性；

(7) 依据气泡新的体积和运动状态，计算气泡新的内部压力；

(8) 判断气泡内射流是否满足撞击条件，如果不满足条件，回到第 (3) 步并重复上述步骤；否则进入第 (9) 步；

(9) 如果满足撞击条件，则进行气泡的三维动态切割过程，并完成相应单元和节点的删除和添加，同时计算环量产生的速度势和速度；

(10) 求解剩余速度势，利用剩余速度势求解原始控制方程；

(11) 采用剩余速度和诱导速度得到总的速度矢量，并代入新的边界条件完成节点位置、速度势和速度的更新，回到第 (3) 步，直到整个程序结束。

## 6.5 本章小结

本章首先介绍了气泡运动的计算方法。详细地推导了控制方程的边界积分形式，阐述了初始网格和形函数的选取原则，并将控制方程进行数值离散。核函数通过高斯积分求解，并分别采用极坐标变换和刚体位移法消除了封闭域中系数矩阵的奇异性。本章还分析和比较了离散多边形上节点速度和法向矢量的计算方法，详细阐述了数值计算中的光顺算法和弹性网格算法。最后，详细介绍了三维模型中流体域从单连通过渡到多连通结构的求解方法 —— 变拓扑边界积分法，并给出了整个程序的计算流程。

# 第 7 章　变拓扑边界积分法的验证与实证

V & V (Verification & Validation, 验证与实证) 是计算科学的重要一环。Verification(验证) 指的是和已有的理论或者数值结果的对比，旨在检验新计算方法是否正确地解决了对应的数学问题；Validation(实证) 指的是和试验结果的对比，旨在检验新计算模型是否能够描述物理问题。

近年来，各国学者通过电火花、激光、水下爆炸等各类手段产生气泡，并对其进行了大量的观察和测量，为气泡数值方法的验证提供了有力数据。以下我们通过一些代表性的算例，进一步验证变拓扑积分法的可靠度和准确性。

## 7.1　Lawson 气泡试验的对比

Lawson 等 [43] 在试验中借助质点影像测速技术，利用一充气气球来模拟水下气泡在重力作用下的溃灭过程。在一个长、宽均为 600mm，深度为 800mm 的水箱中将一个气球注入 $300\text{cm}^3$ 空气，以模拟真实气泡在水中运动的特点。为了使气泡 (气球) 产生一初速度，初始时刻将气球用细针刺破，再由质点影像测速系统记录气泡的运动特点。

参照试验，本例中计算参数如表 7.1 所示，整个气泡表面划分为 720 个单元，试验与计算结果如图 7.1 所示。图中依次给出了四个典型时刻气泡运动的截面图。实线代表数值计算结果，虚线代表试验测试结果。计算过程中考虑了重力的影响($\delta$ =0.06277)，与试验条件一致。从初始时刻到拍摄结束的整个过程中，气泡都在竖直向上运动。初始时刻运动较为缓慢，随着时间的增长，气泡逐渐向上加速运动。在 $t$=50ms 时刻，气泡下部表面出现明显凹陷，下部水流的运动速度明显高于其余部位的水流速度。在 $t$=60ms 和 70ms 时刻，气泡继续上浮，其底部凹陷进一步加深，并逐渐形成向上的射流。试验中射流在 90ms 将气泡冲破，而数值计算中是 92ms，计算结果与试验值十分接近。整个数值计算与试验基本吻合。计算中我们发现，数值计算与实际观察仍然存在一些差别，这可能是气球中初始气体受到一定压缩 (气体在气球破裂时有一定膨胀) 和计算的截断误差所致。但整体说来，计算结果能较为准确地反映气泡运动的真实情况。

表 7.1 气泡初始参数设置

| 最大半径/m | 初始水深/m | 参考压强 $\Delta P$/Pa |
|---|---|---|
| 0.042 | 0.455 | 104460 |
| 压力参量 $\varepsilon$ | 浮力参量 $\delta$ | 初始半径/m |
| 1 | 0.06277 | 0.042 |

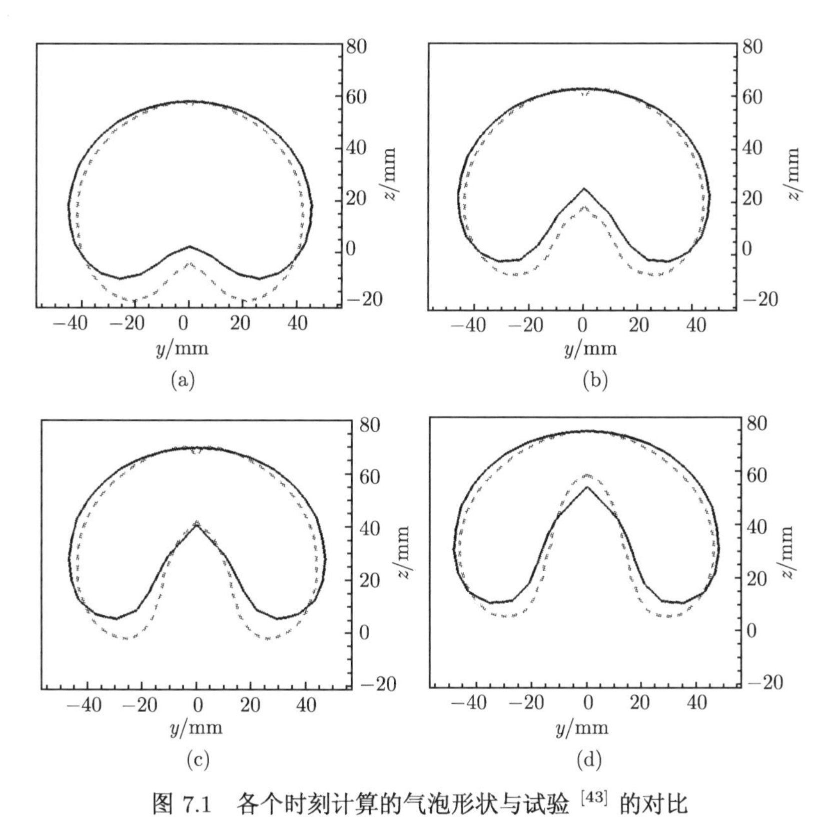


图 7.1 各个时刻计算的气泡形状与试验 [43] 的对比

(a) 50ms, (b) 60ms, (c) 70ms, (d) 80ms; 虚线代表试验数据，实线代表数值计算

## 7.2 Rayleigh 气泡模型的对比

在不考虑重力存在的条件下，忽略自由液面和周围边界的影响，无限流场中的气泡脉动可以用 Rayleigh-Plesset 方程描述，其无量纲形式如下：

$$R\frac{\mathrm{d}^2R}{\mathrm{d}t^2}+\frac{3}{2}\left(\frac{\mathrm{d}R}{\mathrm{d}t}\right)^2=\varepsilon\left(\frac{R_0}{R}\right)^{3\lambda}-1 \tag{7.1}$$

当 $\varepsilon$、$\lambda$ 和 $R_0$ 给定时，气泡半径可以通过恰当的数值方法求解。本节采用 Runge-Kutta-Felhberg (RKF) 方法计算，具体数值实施步骤详见附录 A。计算中的初始参数如表 7.2 所示，气泡划分成 980 个面元，时间步进方式采用预测–校正方法。

**表 7.2　Rayleigh 气泡的初始参数**

| | | | |
|---|---|---|---|
| 初始水深/m | 100 | 初始半径 (无量纲) | 0.14985 |
| 参考压强 $\Delta P$/Pa | 1081300 | 热比率 $\lambda$ | 1.25 |
| 最大半径/m | 5.6 | 压力参量 $\varepsilon$ | 97.53 |
| 初始半径/m | 0.8395 | 浮力参量 $\delta$ | 0 |

如图 7.2 所示，实线代表采用 RKF 方法求解 Rayleigh-Plesset 方程得到的气泡半径变化曲线，星号代表采用边界积分法 (BIM) 得到的数值结果，虚线代表二者的误差 (这里误差是 RKF 解与 BIM 解的绝对误差)。从图可以看到，采用 RKF 方法计算的气泡半径与数值结果十分一致，这说明边界积分法能很好地捕捉气泡在无限流场中的运动。从误差曲线可以看到，数值计算的气泡半径在溃灭阶段的误差比生长阶段大，特别是当气泡溃灭到最小体积时误差最大，这说明气泡在溃灭阶段是不太稳定的。随着计算的推进，在气泡第三个脉动周期的溃灭末期，误差有明显增加，这可能与计算的误差累积有关。

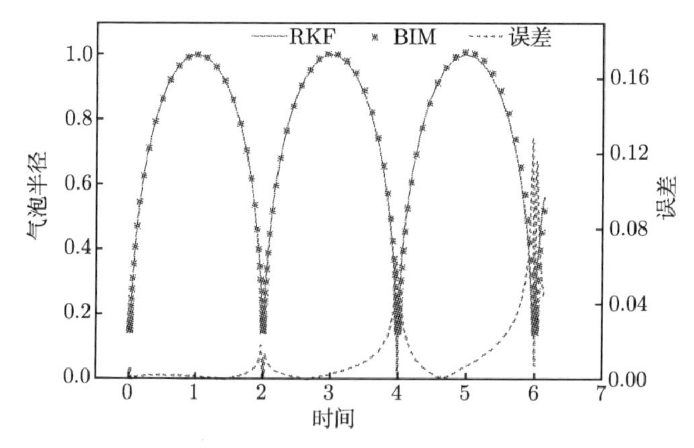


图 7.2　采用 BIM 方法和 RKF 方法求得 Rayleigh 气泡半径随时间的变化

## 7.3　重力场中气泡的运动对比

如图 7.3 所示，汪斌等 [6] 对多组小药量炸药爆炸产生的气泡进行了系统的观测。试验在长、宽、高均为 2m 的方形水箱中进行。三组试验中 PETN(太恩) 炸药均放置在方形水箱中央，炸药重量分别为 1.5g、3.0g 和 4.5g。水箱内部附有厚度为 20mm 的吸能材料，可有效地分散爆炸产生的冲击波效应和吸收爆炸产生的能量。整个水箱由聚甲基丙烯酸甲酯材料组成，水箱旁放置两个球形超高压汞灯，光线可以通过水箱壁面透射入水中，气泡影像通过拍照速度为 4000 帧/s 的高速摄影机记录。试验测得的气泡半径最大值为 27cm 左右，远远小于气泡中心与水箱壁面的距离 (1m)，因此气泡的运动可以认为不受周围边界的影响，气泡在整个过程中主要受到重力影响。

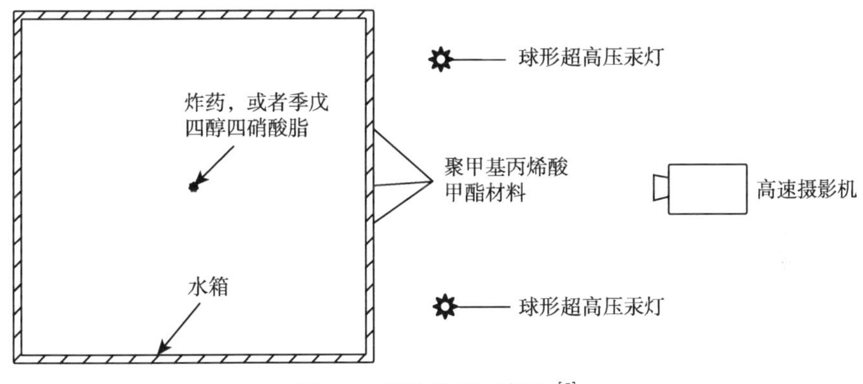


图 7.3 试验装置示意图 [6]

计算中，气泡表面划分成 1280 个单元，且不考虑周围边界的影响。采用预测–校正方法作为时间步的推进算法。图 7.4 给出了试验和数值计算中气泡半径与时间的函数关系图。从图中可以看出由于药包重量不同，这三组测试下气泡的振荡周期和最大半径是不同的。但是，试验和计算中气泡的整体运动特性是相同的，即较大的药量产生较大的气泡半径和较长的振动周期，气泡体积和运动周期均与药包

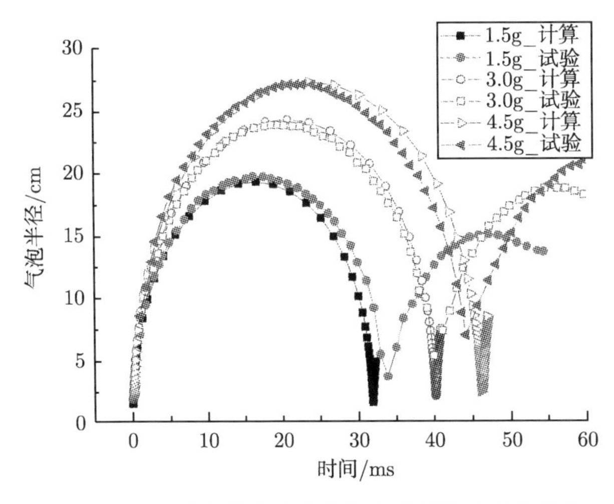


图 7.4 试验和数值计算中气泡半径随时间的变化

重量呈正比。在三种重量药包 (1.5g、3.0g 和 4.5g) 下，试验测得的振动周期分别约为 34ms、40ms 和 45ms。同时，在半个气泡脉动周期时，三组试验中的气泡都基本达到了最大体积 (尽管在溃灭过程中气泡不再呈现球形，但我们仍采用等效半径，即 $R=(3V/(4\pi))^{1/3}$ 作为衡量标准)。在最后阶段由于气泡呈现环形，这可能会给试验和计算对比带来一定误差，但并不会影响整体的比较效果。

图 7.5~图 7.7 分别给出了三种重量药包 (1.5g、3.0g 和 4.5g) 下试验与数值计算

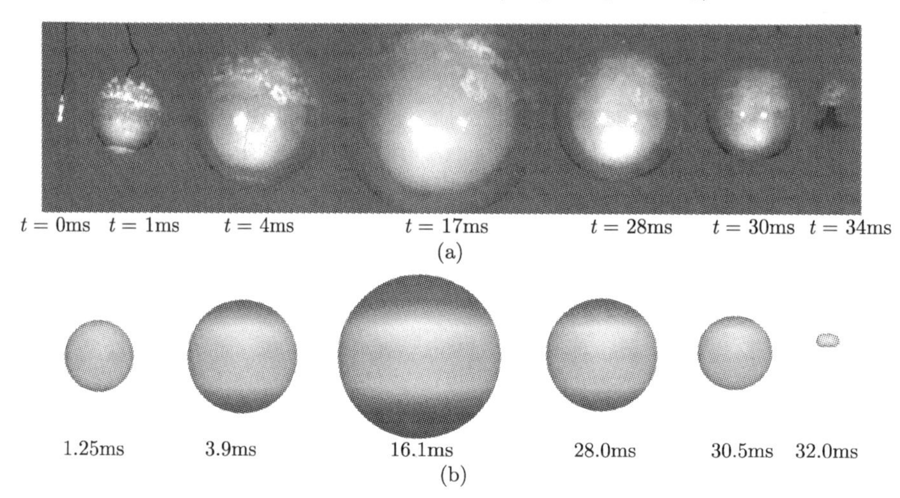


图 7.5　1.5g PETN 药包产生的气泡在重力作用下的生长和溃灭

(a) 试验；(b) 数值计算

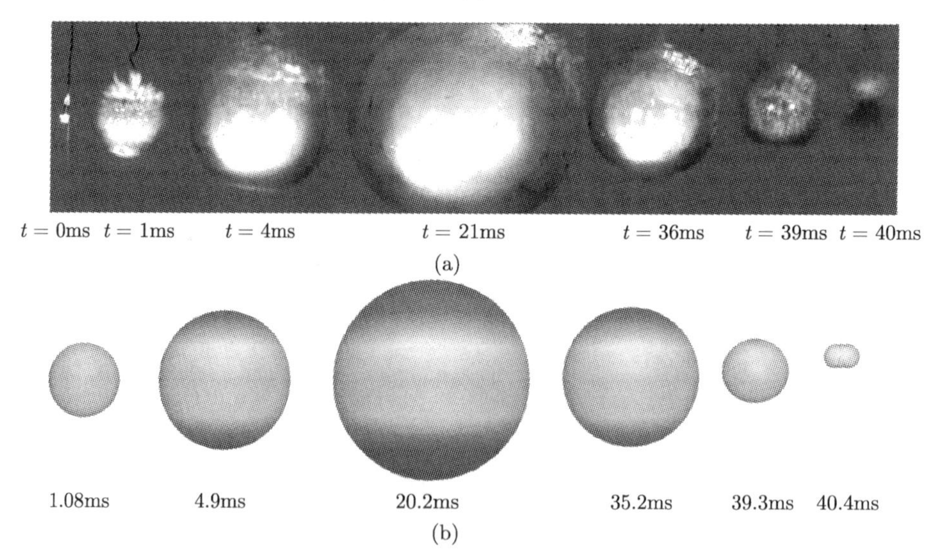


图 7.6　3.0g PETN 药包产生的气泡在重力作用下的生长和溃灭

(a) 试验；(b) 数值计算

图 7.7 4.5g PETN 药包产生的气泡在重力作用下的生长和溃灭
(a),(c) 试验；(b),(d) 数值计算

的气泡形态图。以 4.5g 药包为例，如图 7.7 所示。试验第一帧画面中黑线是通电电线，下面白色部分是爆炸鱼线，鱼线起着捆绑药包和减轻边界影响的作用。气泡在运动初期迅速地向外球形生长，其顶部出现的白色杂质是爆炸产生的炸药残余物。在 23ms 左右，气泡增大到最大半径 (27cm 左右)。水箱壁距气泡质心距离为 1m，同时周围壁面附着吸能材料，这使得水箱壁的边界效应对气泡运动几乎没有影响，因此气泡在生长中基本呈现球形。在溃灭前期，气泡几乎仍维持球形，但其下表面溃灭速度略微大于上表面，如试验图 7.7 中第六帧 (数值计算的第五帧) 所示。在计算中，46ms 时气泡所受重力作用明显加强，重力所引起的竖直向上射流撞击气泡上表面，从而产生了一环形气泡。虽然此时试验中 (45ms) 产生的炸药产

物干扰了射流撞击过程的观测，但从图中可以明显看到一股含炸药产物的黑色水流从气泡下方朝上运动，并涌向气泡顶部表面。这也间接地证明了射流的存在。试验图 7.7(c) 中第八帧到第十三帧 (44.50~45.75ms) 是射流撞击过程的进一步细化，与之对应的计算结果为图 7.7(d) 的第七到第十二帧。从图中可以看到气泡溃灭到较小体积时，受重力作用其底部出现向上的凹陷，并逐步发展成向上射流，在 46ms 时发生撞击并转变成环形气泡。随后气泡迅速溃灭到最小值，同时内部压力逐渐增大，环形气泡又再次向外径向膨胀。图 7.5 和图 7.6 分别给出 1.5g 和 3.0g PETN 药包爆炸的对比图。整个数值计算和试验观测在时间和外形上都吻合得很好。特别是在射流撞击和环形气泡反弹过程中，计算稳定性良好，并没有出现明显的数值振荡或计算停止的现象。这说明涡环算法与边界积分法结合能有效地克服流体域从单连通到双连通结构过渡这一计算难点。

## 7.4 方板上方气泡的运动对比

本节中我们将边界影响考虑进去，该试验 [6] 与 7.3 节试验的装置相同，药包重量为 1.5g，将炸药放置在一块方形钢板上方 0.2m 处。

试验和计算结果分别如图 7.8(a) 和 (b) 所示。数值结果中云图代表气泡上的速度势分布。方板长、宽均为 0.31m，厚度为 0.01m，并放置在药包中心下方 0.2m 处。在生长初期，气泡内部高压气体推动着气泡向外迅速扩张。如图 7.8(a2) 和 (b2) 所示，当气泡增大到最大体积时，气泡下部表面靠近方板的部位出现微微扁平。此时气泡内部压力下降到了一个很低的值，随后迅速溃灭。由于气泡体积相对较大，因此整个过程中重力对气泡形状变化有着重要影响，在 $t$=26.5ms 时气泡呈现出 “梨形” 特点。在方板的 Bjerknes 力 (竖直朝下) 和重力 (竖直朝上) 的共同作用下，气泡在垂直方向上不断伸长。在溃灭末期由于 Bjerknes 力和重力作用大小基本持平，气泡逐渐缩小拉长，呈现出 “黄瓜” 状特点，如图 7.8(a5) 和 (b5) 所示。整个过程中试验得到的气泡形态变化和数值结果符合很好，进一步验证了数值代码的准确性和稳定性。

下一试验取自 Snay 在柱形金属水槽中的水下爆炸试验 (本书的数据取自 Blako 的文献 [17])，整个试验过程在减压的环境下完成。0.2g 叠氮化铅炸药放置在 2ft* 水深下，药包中心距离刚性圆柱体表面 5.54in，此距离与气泡的最大半径基本相等。水面上方大气压力 7646.8Pa，圆柱直径 5.33in。如图 7.9 所示，气泡溃灭过程中形成了一高度扭曲形状，射流基本上是竖直朝上运动。气泡左侧一部分表面呈现出附着于柱体表面的趋势。计算结果与试验结果的主要差别是气泡生长和溃灭的周期有所偏

---

* 1ft=$3.048\times10^{-1}$m。

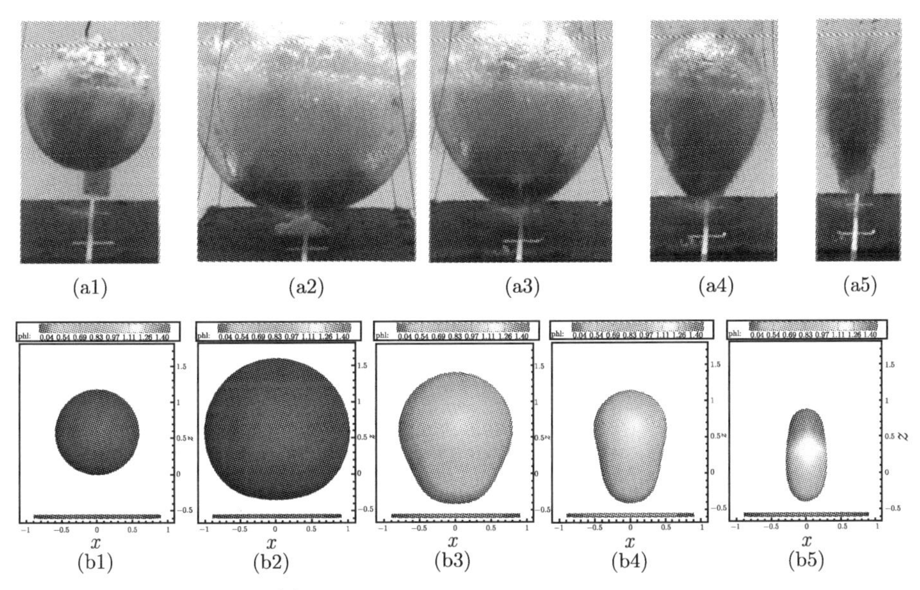


图 7.8 试验 [6] 和数值计算结果的对比 (彩图请扫封底二维码)

试验: (a1)~(a5); 数值计算: (b1)~(b5)

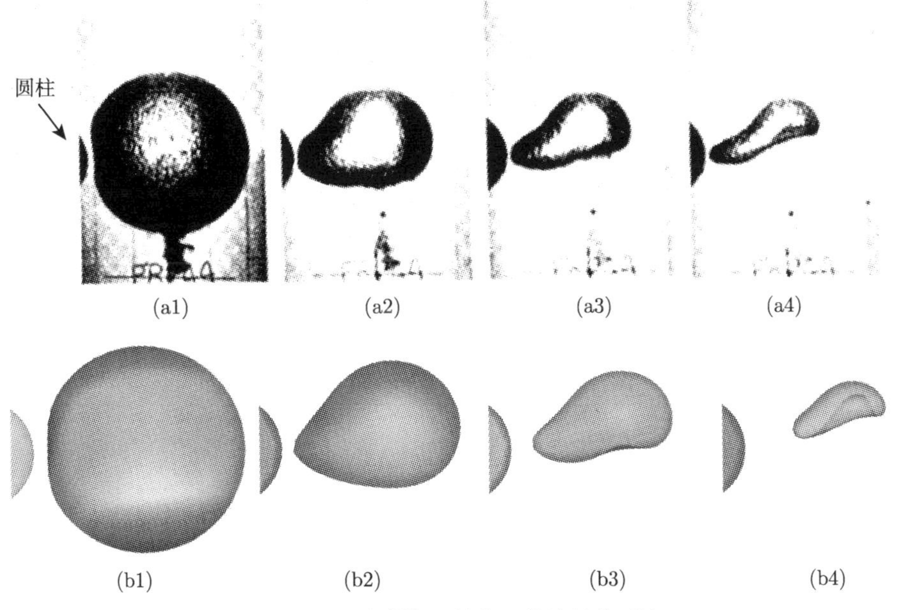


图 7.9 试验 [17] 和数值计算结果的对比

试验: (a1)~(a4); 数值计算: (b1)~(b4)

差。试验测得的气泡周期比计算周期长 9%左右。这一偏差的主要原因可能是计算中气泡处在只有圆柱体存在的无限流场中，但试验是在 4ft 的柱形金属水槽中完成的。受边界效应的影响，气泡周期可能会有所增长。但总的说来，计算和试验中气泡运动的主要特征基本一致，这说明数值计算结果比较准确可信。

## 7.5　电火花气泡的运动对比

本节中试验取自 Gibson 和 Blake[44] 的试验，主要观测电火花气泡在水面下方的运动情况。试验中测试了在不同初始位置下气泡的运动特点，取其中一组作为对比：电火花气泡在水深为 213mm，直径为 260mm 的圆柱形水箱产生，水面上方大气压力为 6.67kPa。电火花触发深度为 20mm，最大气泡半径为 20.3mm，因此气泡中心距初始水面的无量纲距离为 0.98。对于蒸汽气泡，初始气泡网格上的速度势可以通过下述公式求得

$$\phi_0 = -R_0\sqrt{\frac{2(p_\infty - p_v)}{3\rho}\left(\frac{R_m^3}{R_0} - 1\right)} \tag{7.2}$$

与试验相对应的初始计算参数为

$$\phi_0 = -2.58, \quad 当\ t = 0.0015527时 \tag{7.3}$$

假定蒸汽气泡的初始大小为 0.1 倍最大半径。计算中水面被细分成 739 个三角形面元，气泡网格被细分成 1280 个面元，初始时刻水面节点的速度势 $\phi = 0$。这里，我们对比了几个典型时刻计算结果。图 7.10(a1)~(a4) 是试验结果，与之对应的数值计算结果如图 7.10(b1)~(b4) 所示。在整个过程中试验与数值计算结果气泡形状十分一致。主要差别是溃灭中数值计算结果较试验结果推进得快一些，这可能是离散精度带来的计算误差。

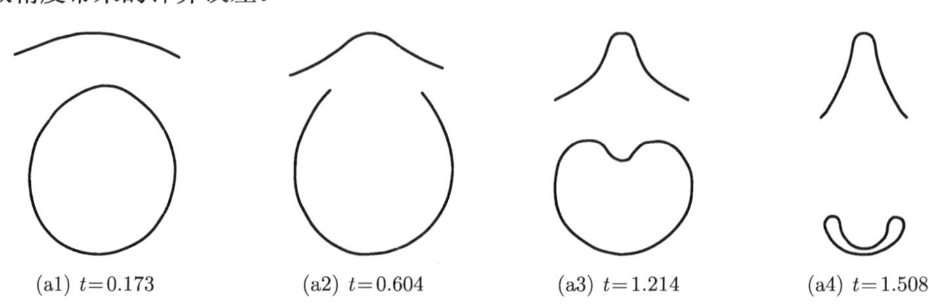

(a1) $t$=0.173　(a2) $t$=0.604　(a3) $t$=1.214　(a4) $t$=1.508

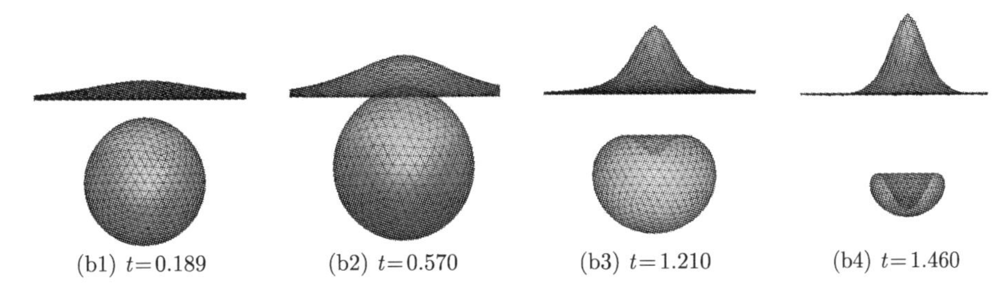

(b1) $t=0.189$　(b2) $t=0.570$　(b3) $t=1.210$　(b4) $t=1.460$

图 7.10　试验 [44] 和数值计算结果的对比

试验：(a1)～(a4)；数值计算：(b1)～(b4)

## 7.6　轴对称模型对比

下一算例是将三维计算结果与 Wang 的轴对称模型的计算结果进行对比 [45]。气泡距初始水面的无量纲距离为 0.75，浮力参量为 0.5，其初始内部压力为同深度周围静水压的 100 倍。图 7.11(a1) 和 (a2) 分别为 Wang 的轴对称模型计算的最大体积和射流撞击前两个典型时刻的形态图，图 7.11(b1) 和 (b2) 是三维计算结果。图 7.11(a1) 和 (b1) 为气泡生长阶段末期的形态，此刻气泡顶部在竖直方向有明显伸长。气泡的上部分表面埋入抬升的水面底部，使得水面产生显著隆起。图 7.11(a2) 和 (b2) 是气泡溃灭末期的形态，气泡内部产生一垂直向下的射流，同时在水面上形成细长的水冢。通过对比发现，两个模型间计算结果吻合良好。

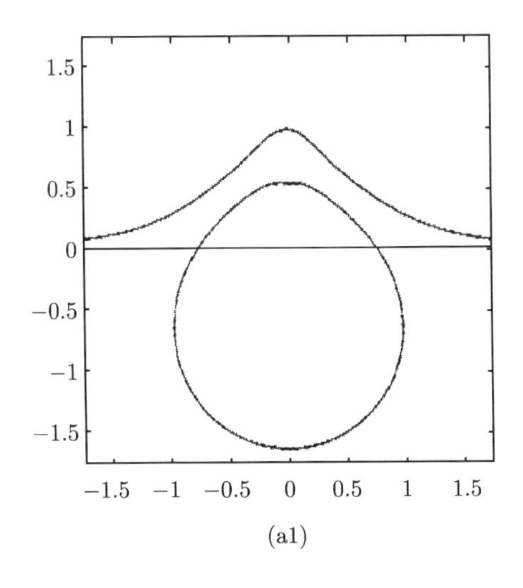


(a1)

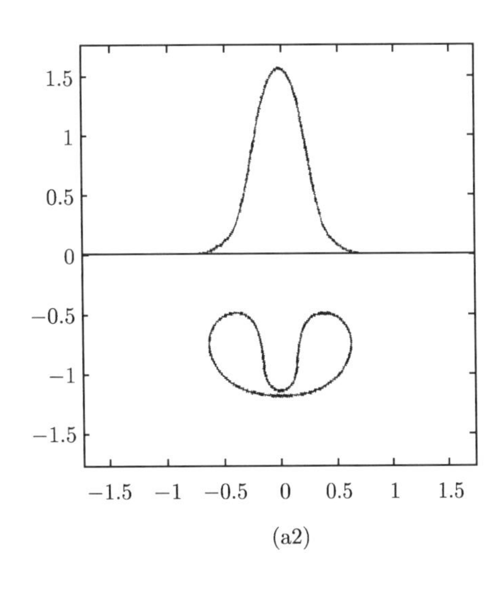


(a2)

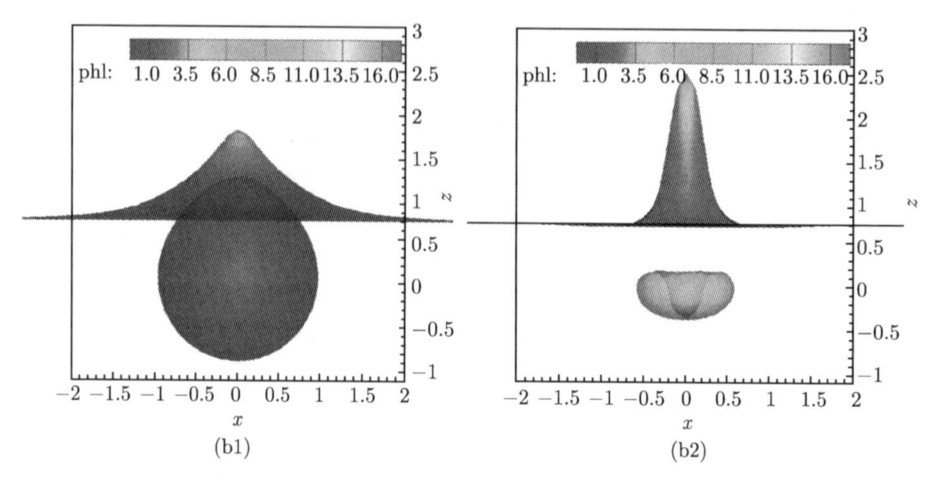


(b1)　　(b2)

图 7.11　数值计算的对比 (彩图请扫封底二维码)

Wang 的结果 [45]：(a1), (a2)；本节计算结果：(b1), (b2)

## 7.7　压力场的对比

该对比取自法国的海军系统技术中心 [46] 试验，试验采用黑索金和蜡组成的混合炸药进行了一系列的爆炸测试。其中一组为 35g 药包放置在水面下方 3.5m 深度，如图 7.12(a) 所示，$S1$，$S2$ 和 $S3$ 三点布置传感器以记录爆炸中流场压力随时间的变化。$S1$ 深度与药包深度相同，距离药包的水平距离为 0.7m。$S2$ 和 $S3$ 与 $S1$ 的水平距离相同，$S2$ 位于 $S1$ 下方 0.71m，$S3$ 位于 $S1$ 上方 1.095m。试验和数值计算结果如图 7.12(b) 和 (c) 所示，尽管试验结果较计算结果略微偏大，然而三点压力随时间的变化整体上吻合良好。两者主要差别是数值计算结果较试验结果提前了约 5ms，

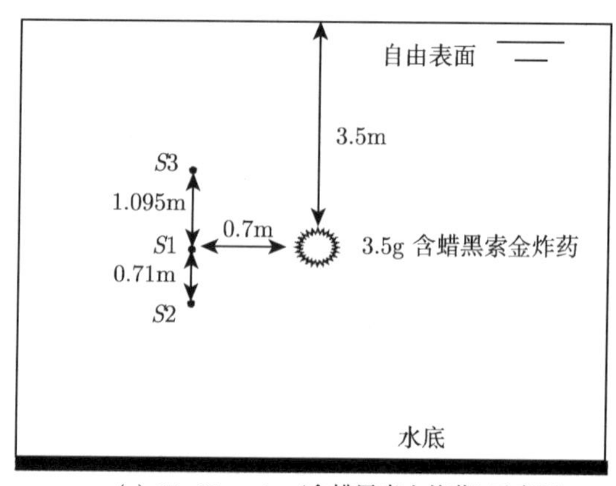


(a) 35g Hexocire (含蜡黑索金炸药) 示意图

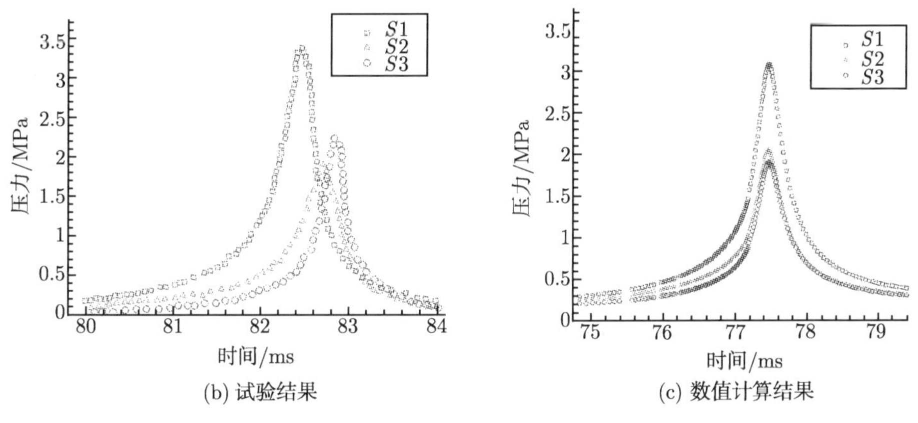

(b) 试验结果 (c) 数值计算结果

图 7.12 35g 药包的试验示意图

这可能是由于水中声速影响。因为在距离药包一定远处的压力测量并不能立刻得到，需要一个时间传递过程；但是不压缩理论假定使得计算理想化，可以在计算中立刻得到压力峰值情况。

## 7.8 本 章 小 结

本章通过解析、试验和数值计算三种不同方法详细比对了变拓扑边界积分法的准确度和可行性。通过与 Lawson 试验对比可以看出，虽然气泡产生为非爆炸方式，但是程序仍可以较为准确地捕捉气泡变形和射流撞击特征。从 Rayleigh-Plesset 方程的解析解与数值计算结果的比较可以看到，气泡半径在三个完整周期内均吻合良好。在三组不同炸药重量的试验中，计算得到的气泡半径与试验结果符合良好。特别是在环形气泡形成和发展阶段，数值计算仍旧十分稳定可靠。本章还进一步比较了方板上方和柱体周围的气泡运动。气泡伸长、收缩、扭曲变形等显著特征在计算中都得到了准确的捕捉。本章计算结果还与电火花气泡试验和轴对称模型结果作了进一步比较，在液面抬升、内部射流变化和水冢等方面的对比效果都较好。最后，在压力时程曲线的验证中，试验和计算压力峰值符合良好，主要差别为数值计算时间比试验有 4~5ms 的提前，这可能是不可压缩势流理论这一假定引起的。

# 第 8 章　近自由表面的气泡动力学

在无浮力作用下气泡总是朝向远离低质量流体的方向运动。对于刚性结构可以认为边界具有无穷大惯性，而对于自由液面则认为是零惯性。所以，气泡靠近刚性结构时，会形成射向结构的射流；靠近自由表面时，会形成反向射流。气泡导致液面剧烈的大变形运动，给数值计算提出了挑战。气泡在自由液面零惯性条件下会演变成非球形，同时自由液面也受到气泡生长和溃灭的影响产生很大的变形。在本章中应用边界积分法研究自由液面和气泡在有无重力或底部边界条件下的大变形运动特性 [42,47]。

## 8.1　非封闭网格中的系数阵对角元处理

立体角代表在某一点处观测物体在三维空间中的二维角度大小，是观察者所在处看到的物体大小的一个量度，用 $\varLambda$ 表示。一个小物体在近处所对的立体角可能和一个大物体在远处所对的立体角大小相等，比如，距我们较近的月球可以在日食时能完全遮挡距离更远、体积更大的太阳一样。一个物体的立体角等于单位球面上 (球心在立体角的顶点处) 被此物体所限定部分的面积 $A$，如图 8.1 的阴影所示。在球坐标系中，有

$$\mathrm{d}\varLambda = \sin\varphi \mathrm{d}\varphi \mathrm{d}\theta \tag{8.1}$$

在一点 $\boldsymbol{P}$ 所对的任意目标面 $A$ 的立体角大小等于该面在单位球面上的投影面积，

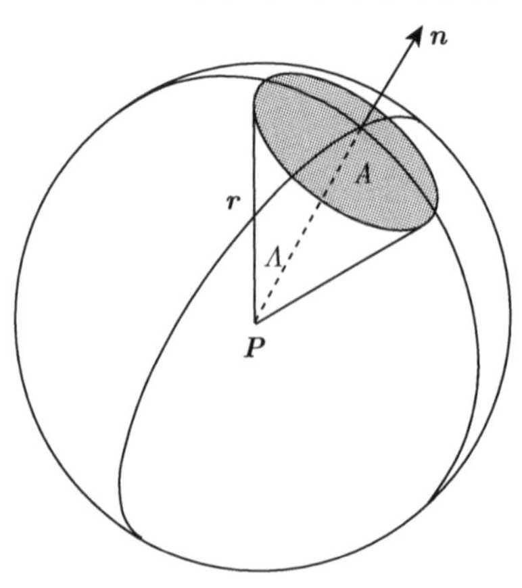


图 8.1　立体角示意图

其中，单位球体的中心位于 $\boldsymbol{P}$ 点，那么

$$\Lambda=\iint_{S}\frac{\boldsymbol{r}\cdot\boldsymbol{n}\mathrm{d}A}{|\boldsymbol{r}|^{3}}=\iint_{S}\sin\varphi\mathrm{d}\varphi\mathrm{d}\theta \tag{8.2}$$

这里 $\boldsymbol{r}$ 为关于点 $\boldsymbol{P}$ 的无穷小面积 $\mathrm{d}A$ 的位置矢量，$\boldsymbol{n}$ 为垂直于 $\mathrm{d}A$ 的单位法向矢量。

对于一个完全封闭曲面，如气泡所构成的封闭表面，立体角大小可以通过计算影响系数矩阵 $H$ 中的其他元素得到，即采用前面所提到的 $4\pi$ 法则。但当自由液面存在时，就不能采用此方法求解，这是因为自由液面为不封闭网格，这种不封闭结构使得 $4\pi$ 法则不再成立。避开此问题的一个方法是人工增加一些网格面使得整个网格封闭。但是计算中发现：为维持一个合理的计算精度，只有当液面网格单元和增加的这部分网格单元足够小时，计算才不会引入较大的误差。这样计算时间就会成倍增加。

考虑影响系数矩阵 $[H]$ 的计算方法。对于线性单元的系数阵有

$$[H]_{N\times N}[\phi]_{N\times 1}=[G]_{N\times N}\left[\frac{\partial\phi}{\partial n}\right]_{N\times 1} \tag{8.3}$$

其中，$[H]$ 包含如下积分

$$I=\int_{S_{x'}}\left[-\frac{(\boldsymbol{Q}-\boldsymbol{P})\cdot\boldsymbol{n}'}{|\boldsymbol{Q}-\boldsymbol{P}|^{3}}\right]\mathrm{d}A_{x'} \tag{8.4}$$

当 $\boldsymbol{P}$ 点落入某个单元 $A_{x'}$ 内时，即数值表示场点 $\boldsymbol{P}$ 与源点 $\boldsymbol{Q}$ 重合时，上述积分 $I$ 出现奇异性。表面积分 $I$ 的被积函数 $F(1/|\boldsymbol{Q}-\boldsymbol{P}|)$ 类型具有 $1/r^{m}$ 形式的奇异性，这里 $r$ 为 $|\boldsymbol{Q}-\boldsymbol{P}|$，$m$ 为被积函数中 $1/r$ 的最高阶数，因此需要采用其他方式来处理这一奇异积分。

由于采用的是线性插值单元，即对于单元 $A_{x'}$ 内任意两点 $\boldsymbol{P}$ 和 $\boldsymbol{Q}$，单元法向量 $\boldsymbol{n}'$ 与矢量 $(\boldsymbol{Q}-\boldsymbol{P})$ 始终垂直。换句话说，方程 (8.4) 中奇异被积函数除奇异点 $\boldsymbol{P}=\boldsymbol{Q}$ 外，在整个单元内始终为零，如图 8.2 所示，即

$$I_{S}=\int_{S_{x'}}\left[-\frac{(\boldsymbol{Q}-\boldsymbol{P})\cdot\boldsymbol{n}'}{|\boldsymbol{Q}-\boldsymbol{P}|^{3}}\right]\mathrm{d}A_{x'}=0 \tag{8.5}$$

因此，对于线性元单元，$[H]$ 矩阵对角线元素等于该点立体角大小。对于封闭区域，采用 $4\pi$ 法则可以求得立体角：

$$c(\boldsymbol{P})=H_{ii}=4\pi-\sum_{\substack{j\\ j\neq i}}H_{ij} \tag{8.6}$$

即对角元大小可以通过非对角线元素间接求得。然而，非对角元 $H_{ij}$ 的计算精度直接关系到计算结果的准确性。如前所述，采用七点高斯积分可以比较准确地得到计算结果，从而避免计算中引入较大的误差。然而对于不完全封闭的网格区域，如自由液面，这种方法并不适用。为此，本章采用直接计算法进行计算。

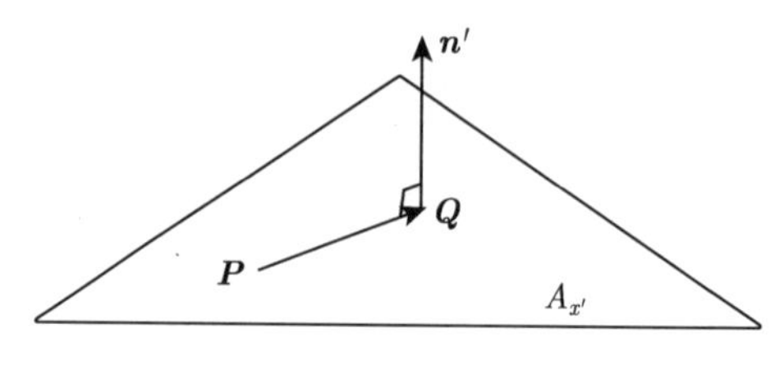


图 8.2　奇异积分示意图

如图 8.3(a) 所示，假定 $\triangle AOB$、$\triangle BOC$、$\triangle COD$、$\triangle DOE$、$\triangle EOA$ 是气泡上的网格单元，如果存在一个单位球面，该球面球心为 $O$，弧长 $\overset{\frown}{HI}$、$\overset{\frown}{IJ}$、$\overset{\frown}{JK}$、$\overset{\frown}{KL}$、$\overset{\frown}{LH}$ 是单位球面和三角形单元的交线。$\overrightarrow{OR}$ 是网格上某节点 $O$ 的法向矢量。$O$ 点立体角大小等于 $O$ 点对应的球面三角形 $HRI$、$IRJ$、$JRK$、$KRL$ 和 $LRH$ 的面积之和。

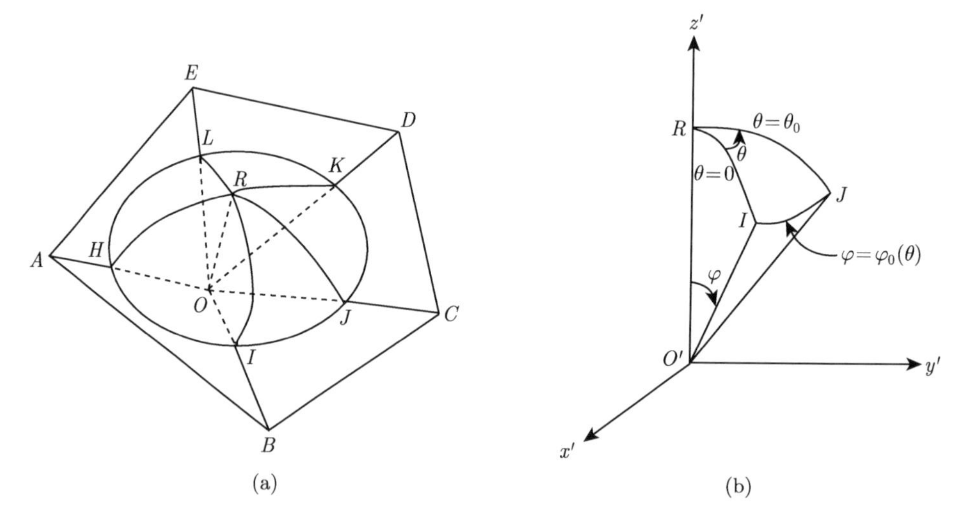


图 8.3　立体角示意图 (a) 和球面三角形计算 (b)

具体计算方法如下：选用局部笛卡儿坐标系统 $(x', y', z')$ 和球面坐标系统 $(r, \theta, \varphi)$ 两套系统。在球面三角形系统中，$R$ 点是北极点，$RI$ 和 $RJ$ 是经度线。球面半径为 1，图 8.3(b) 球面三角形 $RIJ$ 面积为

$$S_{RIJ} = \int_0^{\theta_0} \mathrm{d}\theta \int_0^{\varphi_0(\theta)} \sin\varphi \mathrm{d}\varphi = \theta_0 - \int_0^{\theta_0} \cos\varphi_0(\theta)\mathrm{d}\theta \tag{8.7}$$

其中，$\varphi=\varphi_0(\theta)$ 代表弧长 $\widehat{IJ}$ 的纬度线，它是平面 $OBC$

$$\begin{pmatrix} x' \\ y' \\ z' \end{pmatrix}=\begin{pmatrix} x'_I \\ y'_I \\ z'_I \end{pmatrix}s+\begin{pmatrix} x'_J \\ y'_J \\ z'_J \end{pmatrix}t \tag{8.8}$$

和球面 $RIJ$

$$\begin{aligned} x' &= \cos\theta\sin\varphi \\ y' &= \sin\theta\sin\varphi \\ z' &= \cos\varphi \end{aligned} \tag{8.9}$$

的交线，其中 $0\leqslant\theta\leqslant 2\pi$，$0\leqslant\varphi\leqslant\pi$。对弧长 $\widehat{IJ}$ 有

$$\cot\varphi_0(\theta)=\frac{z'}{x'}\cos\theta=\frac{z'_I s+z'_J t}{x'_I s+x'_J t}\cos\theta=\frac{z'_I+z'_J(t/s)}{x'_I+x'_J(t/s)}\cos\theta \tag{8.10}$$

而

$$\frac{x'}{y'}=\frac{x'_I s+x'_J t}{y'_I s+y'_J t}=\frac{\cos\theta}{\sin\theta} \tag{8.11}$$

那么

$$\frac{t}{s}=\frac{x'_I\sin\theta-y'_I\cos\theta}{y'_J\cos\theta-x'_J\sin\theta} \tag{8.12}$$

将式 (8.12) 代入式 (8.10)，化简有

$$\cot\varphi_0(\theta)=\frac{z'_I(y'_J\cos\theta-x'_J\sin\theta)+z'_J(x'_I\sin\theta-y'_I\cos\theta)}{x'_I y'_J-x'_J y'_I} \tag{8.13}$$

因此，式 (8.7) 中的被积分函数：

$$\cos\varphi_0(\theta)=\frac{\cot\varphi_0(\theta)}{\sqrt{1+\cot^2\varphi_0(\theta)}} \tag{8.14}$$

式 (8.7) 可以通过数值积分求解，这里采用四点高斯积分求解。那么节点 $O$ 的立体角大小为

$$c(O)=S_{RIJ}+S_{RJK}+S_{RKL}+S_{RLH}+S_{RHI} \tag{8.15}$$

由于计算中节点坐标是在笛卡儿坐标系下表示的，而 $R$、$I$、$J$ 这些点的坐标是在球坐标系下表示的，因此需要将其转化到笛卡儿坐标系下进行计算，并记为节点 $I'$、$J'$。由式 (8.9) 可知，必须首先计算出局部球面坐标的大小 $\theta_J(=\theta_0)$、$\varphi_I$ 和 $\varphi_J(\theta_I=0)$。参考图 8.3(a) 和 (b) 我们可以得到

$$\cos\varphi_I=\boldsymbol{O'I}^0\cdot\boldsymbol{O'R}^0=\boldsymbol{O'I'}^0\cdot\boldsymbol{O'R}^0 \tag{8.16}$$

$$\cos\varphi_J = \boldsymbol{O'J}^0 \cdot \boldsymbol{O'R}^0 = \boldsymbol{O'J'}^0 \cdot \boldsymbol{O'R}^0 \tag{8.17}$$

这里上标零代表单位矢量，$\boldsymbol{J}$ 点经度可以通过 $\boldsymbol{O'I'}$ 和 $\boldsymbol{O'J'}$ 点乘得到。无论在球坐标系还是在笛卡儿坐标系下，$\boldsymbol{O'I'} \cdot \boldsymbol{O'J'}$ 都保持不变，而

$$\boldsymbol{O'I'} = (\sin\varphi_I \cos 0)\boldsymbol{i} + (\sin\varphi_I \sin 0)\boldsymbol{j} + (\cos\varphi_I)\boldsymbol{k} \tag{8.18}$$

$$\boldsymbol{O'J'} = (\sin\varphi_I \cos\theta_J)\boldsymbol{i} + (\sin\varphi_I \sin\theta_J)\boldsymbol{j} + (\cos\varphi_J)\boldsymbol{k} \tag{8.19}$$

那么

$$\sin\varphi_I \sin\varphi_J \cos\theta_J + \cos\varphi_I \cos\varphi_J = \boldsymbol{O'I'} \cdot \boldsymbol{O'J'} \tag{8.20}$$

因此

$$\cos\theta_J = \frac{\boldsymbol{O'I'} \cdot \boldsymbol{O'J'} - \cos\varphi_I \cos\varphi_J}{\sin\varphi_I \sin\varphi_J} \tag{8.21}$$

一旦 $\theta_J$ 和 $\varphi_I$、$\varphi_J$ 求得后，通过式 (8.9) 可求得 $(x'_I, y'_I, z'_I)$ 和 $(x'_J, y'_J, z'_J)$，$\boldsymbol{O'R}^0$ 可取为该节点的单位法向量。

## 8.2 液面网格的形成和计算效率的提高

为维持网格节点的计算稳定性和准确性，将液面布置为单层网格，选定正三角形作为初始的单元形式。同时，自由液面大小的选取对于计算精度的影响也较为显著，另外还应考虑计算时间和效率等因素，因此需要对网格单元进行恰当的变换处理。通过多次数值尝试和模拟 (曾采用圆形、椭圆和正方形进行计算) 发现：单个气泡采用正方形，两个或更多个气泡采用长方形的网格形式可使得计算较为稳定。同时，由于气泡的网格形式是三角形单元，自由液面形式也采用三角形网格 (这样便于与原来的网格形式统一)，如图 8.4 所示。当气泡距离自由液面足够近时，自由液面将产生很大的抬升和变形。如果单个网格单元尺寸不够小，那么采用 Lagrange 形式捕捉的液面形状就很难达到计算要求。但是，加密网格也会产生另外一个问题：如果液面网格很小而计算域比较大，这样总的网格节点数目就十分庞大。由于采用双精度计算格式，且数组采用二维存储形式，这样会占用很大的计算机内存，同时耗费大量的计算时间。在数值计算中如果节点数目太多，计算程序就可能直接崩溃，所以不能直接采用这样的均匀网格形式。我们注意到距离气泡越近，液面网格的运动幅值越大；而距离气泡越远，网格的运动幅值越小。因此，只需对较近区域的网格进行加密，而对较远区域的网格进行稀疏处理。这样，既能够保证计算精度又能大大减少节点数目。对于液面中心部分的网格，可采用以下公式进行变换。首先对整体网格进行缩放，即

$$x = x \cdot \left(\frac{r}{R}\right)^\alpha, \quad y = y \cdot \left(\frac{r}{R}\right)^\alpha, \quad 0 \leqslant r \leqslant R \tag{8.22}$$

然后对近场区域的网格作进一步加密

$$x=\left(x-\left(\frac{r_1}{r}\right)^\beta x\right)\cdot\left(\frac{r}{r_2}\right)^\beta+\left(\frac{r_1}{r}\right)^\beta\cdot x,\quad 0<r_1\leqslant r\leqslant r_2<R \tag{8.23}$$

$$y=\left(y-\left(\frac{r_1}{r}\right)^\beta y\right)\cdot\left(\frac{r}{r_2}\right)^\beta+\left(\frac{r_1}{r}\right)^\beta\cdot y,\quad 0<r_1\leqslant r\leqslant r_2<R \tag{8.24}$$

其中，$R=\sqrt{x_{\max}^2+y_{\max}^2}$，$x_{\max}$ 和 $y_{\max}$ 分别为网格节点横、纵坐标的最大值，$r=\sqrt{x^2+y^2}$，$r_1$ 和 $r_2$ 为加密区域上下限的径向长度，$\alpha$、$\beta$ 为变换系数，本章中 $\alpha=0.3$、$\beta=0.2$。近场区域网格加密需要重复 3~4 次才能达到较好的效果。变换后的自由液面网格如图 8.5 所示。

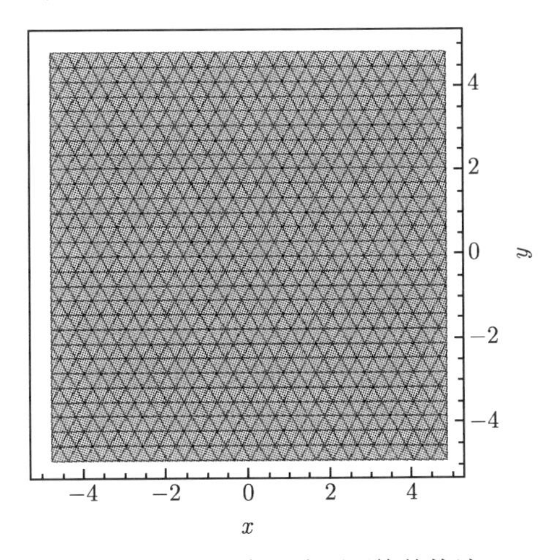


图 8.4 初始自由液面网格的构造

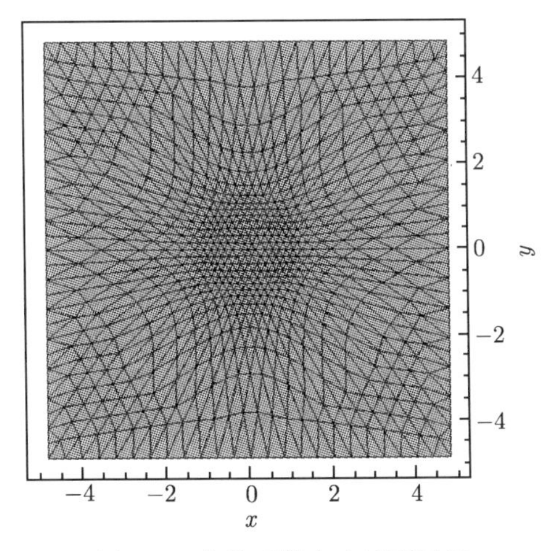


图 8.5 变换后的自由液面网格

关于网格区域大小对计算结果的影响，经过多次数值测试发现，4~5 倍最大气泡半径的宽度可以较好地保证计算准确度。数值计算与试验结果已在第 7 章作了详细的比对，这里不再赘述。

## 8.3　物理参量的计算

参考第 2 章的无量纲变量，自由液面下方气泡运动的控制方程和边界条件如下：

$$\begin{cases}\nabla^2\phi^*=0, & \text{整个流体域内} \quad (8.25)\\ \dfrac{\mathrm{D}\phi^*}{\mathrm{D}t^*}=1+\dfrac{1}{2}\left|\nabla\phi^*\right|^2-\delta^2z^*-\varepsilon\left(\dfrac{V_0^*}{V^*}\right), & \text{气泡上} \quad (8.26)\\ \dfrac{\mathrm{D}\phi^*}{\mathrm{D}t^*}=\dfrac{1}{2}\left|\nabla\phi^*\right|^2-\delta^2(z^*-\gamma_{\mathrm{f}}), & \text{液面上} \quad (8.27)\\ \dfrac{\mathrm{D}\boldsymbol{r}^*}{\mathrm{D}t^*}=\nabla\phi^*, & \text{气泡和液面上} \quad (8.28)\end{cases}$$

$$|\phi^*|\to 0,\quad |\boldsymbol{r}^*|\to 0,\qquad \text{无穷远处} \tag{8.29}$$

上述符号定义与第 6 章相同，星号代表该参数为无量纲变量。整个气泡可以看成由许多四面体单元组成，整个四面体体积有以下两种求解方法。

首先，求解基平面方程 $A_k$，该平面是由单元三个节点构成的，分别为节点 1、节点 2 和节点 3，那么设 $A_k=aX+bY+cZ+d=0$，则顶点 $(X_0,Y_0,Z_0)$(即气泡中心点) 到基平面的距离为

$$D_k=\frac{|aX_0+bY_0+cZ_0+d=0|}{\sqrt{a^2+b^2+c^2}} \tag{8.30}$$

基平面面积等于

$$A_k=l\sqrt{(l-l_1)(l-l_1)(l-l_1)} \tag{8.31}$$

其中，$l=\dfrac{1}{2}(l_1+l_2+l_3)$，$l_1$、$l_2$ 和 $l_3$ 分别为基平面三角形的三条边边长。四面体体积为

$$V_k=\frac{1}{3}A_k\cdot D_k \tag{8.32}$$

另一种求四面体的方法如下：假定平面由 $P_1$、$P_2$、$P_3$ 和 $P_4$ 点构成，即图 8.6 中的节点 1、节点 2、节点 3 和气泡中心点，我们可以选择 $P_4$ 作为所有面元的公共点，这些面元和附加点 $P_4$ 围成一个四面体，对所有四面体体积求和可得到整个

气泡体积。单个四面体的体积可由以下行列式给出：

$$V_i = \frac{1}{6}\begin{vmatrix} x_1 & y_1 & z_1 & 1 \\ x_2 & y_2 & z_2 & 1 \\ x_3 & y_3 & z_3 & 1 \\ x_4 & y_4 & z_4 & 1 \end{vmatrix} \tag{8.33}$$

其中，$x_i$、$y_i$ 和 $z_i$(对于 $i = 1, 2, 3, 4$) 代表 $P_1 \sim P_4$ 四个点的坐标值，选择 $P_4$ 作为原点可以简化成以上表达式，即 $x_4 = y_4 = z_4 = 0$。由于第二种方法简单，本章采用第二种方法进行计算。整个气泡体积为

$$V = \sum V_i \tag{8.34}$$

气泡质心的垂向坐标为

$$z_c = \frac{1}{V}\int_V z\mathrm{d}V \approx \frac{\sum z_i V_i}{\sum V_i} \tag{8.35}$$

其中，$V_i$ 代表每个四面体的体积，$z_i$ 代表某一个四面体 $i$ 质心的垂向坐标，$\sum$ 是对所有四面体单元求和。

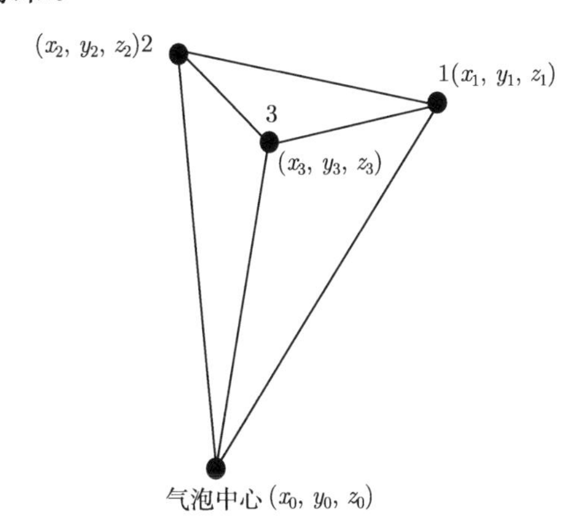


图 8.6 单个四面体示意图

计算流场中某点的压力 $p(x, y, z, t)$ 由非定常流动的 Bernoulli 方程求得

$$p(x, y, z, t) = 1 - \frac{\mathrm{D}\phi}{\mathrm{D}t} + \frac{1}{2}|\nabla\phi|^2 - \delta^2 z \tag{8.36}$$

## 8.4 单个非球形气泡和自由液面的大变形运动

如前所述，本节采用 Lagrange 方式捕捉自由液面和气泡的运动，所有边界上均划分为三角形单元。采用非均匀网格，在气泡正上方的液面网格分布较密集，远

场的液面网格分布较稀疏。为了准确地捕捉气泡和自由液面的非线性大变形运动特征，自由液面的最大宽度为气泡最大半径的 5 倍。在前四个计算实例中，假定水域为无限深度，在计算中没有考虑底部边界影响。在后面两个计算算例中，水域为有限深度，水底采用一水平方板模拟。以下部分的所有变量均采用无量纲形式，参考压力为 101.325kPa。

### 8.4.1　算例 1：较大自由液面和气泡间距

当气泡体积相对较小，静水压力较大时，这时浮力在气泡演变过程的影响不是很大，因此往往可以忽略。在算例 1 中气泡的初始半径为 0.1391，浮力参量和压力参量分别为 0 和 120。自由液面和气泡质心初始相距 $\gamma_{\mathrm{f}}=1.6$。自由液面和气泡的运动特征如图 8.7 所示。在 $t=0.0646$ 时刻，气泡仍处在球形生长阶段，如图 8.7(a) 和 (b) 所示。气泡内部高压与外界静水压力之间存在较高的压力梯度，因此推动着气泡壁面以很高的速度径向生长 (图 8.8(a))，此刻气泡生长并未对自由液面产生较

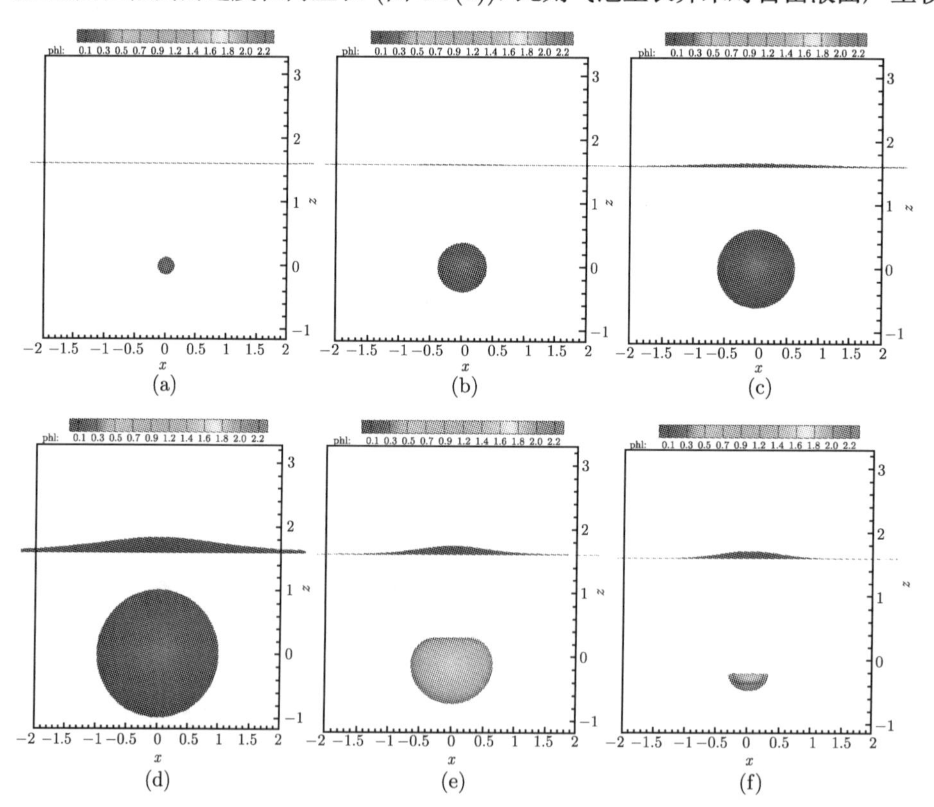


图 8.7　典型时刻自由液面和气泡变化图 (彩图请扫封底二维码)

(a) $t$=0.0, (b) $t$=0.0646, (c) $t$=0.1777, (d) $t$=0.8810, (e)$t$=1.5563, (f)$t$=1.7250

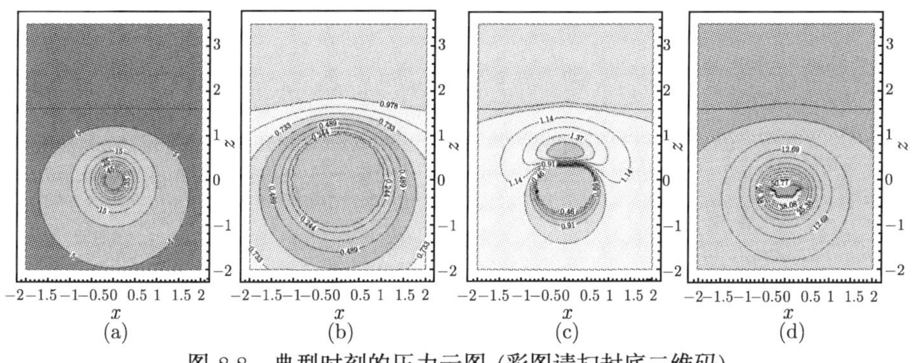


图 8.8 典型时刻的压力云图 (彩图请扫封底二维码)

(a) $t$=0.00982, (b) $t$=0.8810, (c) $t$=1.5563, (d) $t$=1.72721

大的扰动，液面仍旧保持静止。在 $t$=0.1777 时刻，气泡体积增长使得液面产生了微幅抬升，但气泡仍旧继续球形增大。气泡在 $t$=0.8810 时刻达到最大体积，同时液面高度也达到最大值，但是抬升幅度仍旧较小。在图 8.8(b) 压力云图上可以看到其内部压力降低到最小值，这也暗示着气泡溃灭过程即将出现。由于液面和气泡的间距较大，它们之间的相互作用仍旧较弱，因此气泡生长过程的形态未发生较大变化，基本是球形生长。在 $t$=1.5563 时刻，气泡已经进入溃灭过程，上部表面呈现扁平特征，并伴随着液面高度的进一步下降。从图 8.8(c) 中可以看到，一高压区域出现在气泡上方的流场中，该区域中最大压力一直向下迁移并在数值上继续增大，驱动着气泡上方一宽度较大的射流形成，如图 8.8(d) 所示。由于计算中采用理想化的计算模型，即射流撞击只发生在一点，因此在此例中并没有实现环形气泡的模拟。图 8.9(a) 为气泡北极和南极点位置和垂向速度随时间的变化曲线图。在溃灭中由于液面产生排斥作用，气泡北极点位移明显大于南极点。同样，气泡运动初期的南、北极点的速率基本相等，但是在溃灭末期北极点速率明显大于南极点 (图 8.9(b))。

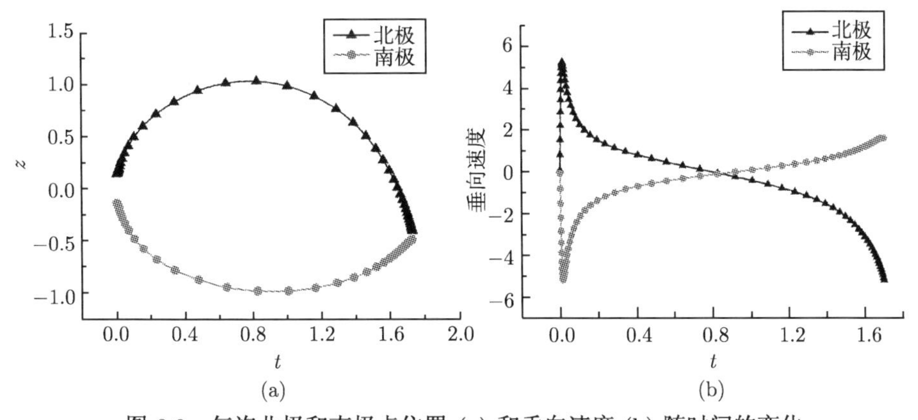


图 8.9 气泡北极和南极点位置 (a) 和垂向速度 (b) 随时间的变化

### 8.4.2　算例 2：较小自由液面和气泡间距

在此算例中，气泡初始位置位于液面下方 $\gamma_{\mathrm{f}}=0.8$ 处，其余参数与算例 1 中相同。气泡在液面下方运动如图 8.10 所示。在 $t=0.0587$ 时刻，气泡仍旧高速球形生长，

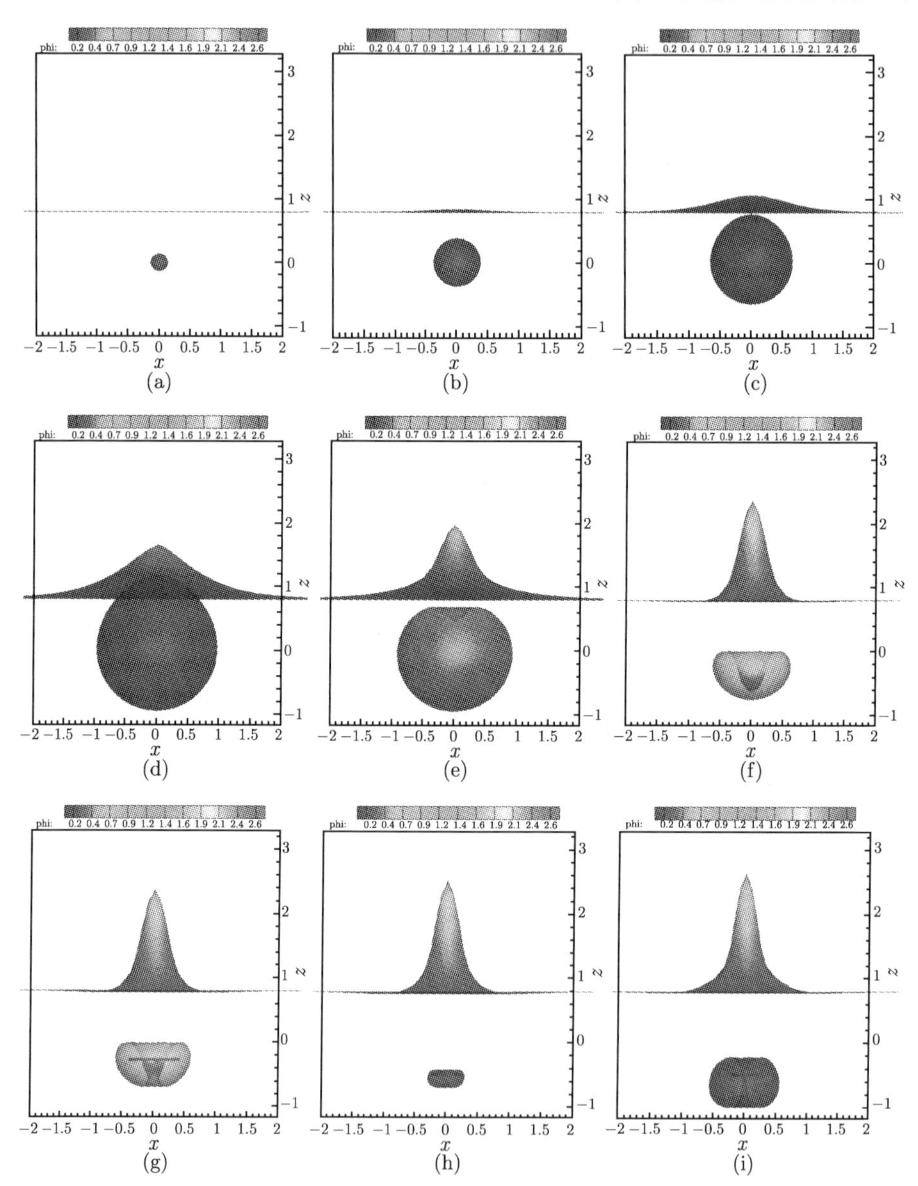


图 8.10　典型时刻自由液面和气泡变化图 (彩图请扫封底二维码)
(a)$t=0$, (b) $t=0.0587$, (c) $t=0.2022$, (d) $t=0.7140$, (e) $t=1.0330$,
(f) $t=1.4238$,(g) $t=1.4327$, (h) $t=1.5775$, (i) $t=1.7126$

此时自由液面已经出现了小幅抬升 (图 8.10(b))，较算例 1 出现的时间明显提前。气泡周围流场压力不再是均匀分布：由于液面的存在，气泡下方流场压力明显高于气泡上方 (图 8.11(a))。在 $t$=0.2022 时刻，可看到在竖直方向上气泡出现微微伸长，而气泡迅速生长使得液面出现显著抬高 (图 8.10(c))。在 $t$=0.7140 时刻，气泡上部表面已经埋入液面底部区域。此时，气泡生长到最大体积，同时其内部压力下降到一个很低的值，这也暗示着气泡溃灭即将出现，如图 8.10(d) 所示。同时，在液面和气泡上方之间狭窄流体区域内出现一个高压区。该压力区在峰值上逐渐升高，推动着液面的不断上升，如图 8.11(b) 所示。在 $t$=1.0330 时刻，在液面 Bjerknes 效应的作用下，一股垂直朝下射流开始在气泡内部形成。随后，高压区继续增大下移，推动着气泡内射流发展和液面抬升，自由液面逐渐演变成细长的 “水冢”(图 8.10(e))。在 $t$=1.4327 时刻，射流撞击到气泡下表面，气泡演变成环形，如图 8.10(f) 和 (g) 所示。图中红色条状部分为新形成的涡环。但此时气泡内部压力并没有下降到最低值，环形气泡继续缩小，见图 8.11(c)。在 $t$=1.5775 时刻溃灭到最小体积。随后气泡再次反弹，自由液面继续向上抬升，如图 8.10(h) 和 (i) 所示。气泡北极点和南极点随时间的运动轨迹如图 8.12(a) 所示。由于更加邻近液面，无论在气泡生长还是溃灭过程中，北极点位移都远远大于算例 1 中的数值。气泡两极点垂向速度如图 8.12(b) 所示，与算例 1 相比北极点溃灭速度也显著上升。

对于 $\gamma_{\mathrm{f}}$ =1.6 和 $\gamma_{\mathrm{f}}$ =0.8，自由液面前端 (即液面上最高点) 和气泡质心的垂向迁移分别如图 8.13(a) 和 (b) 所示。对于 $\gamma_{\mathrm{f}}$ =1.6 的情况，液面随着气泡生长逐渐上升，而随着气泡溃灭逐渐下降，因此气泡和液面具有相同运动趋势。但在 $\gamma_{\mathrm{f}}$ =0.8 的情况下，液面和气泡间剧烈的非线性运动十分显著：在气泡的整个生命周

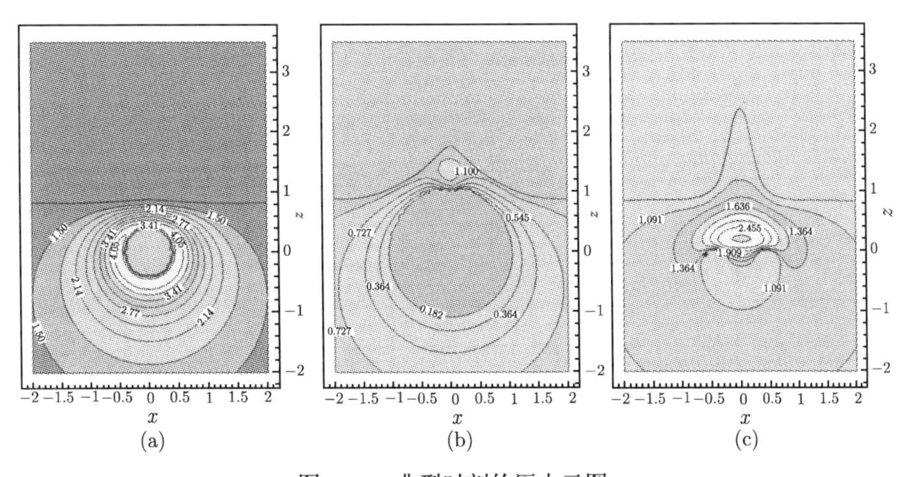

(a) (b) (c)

图 8.11 典型时刻的压力云图

(a) $t$=0.05873, (b) $t$=0.83044, (c) $t$=1.4238

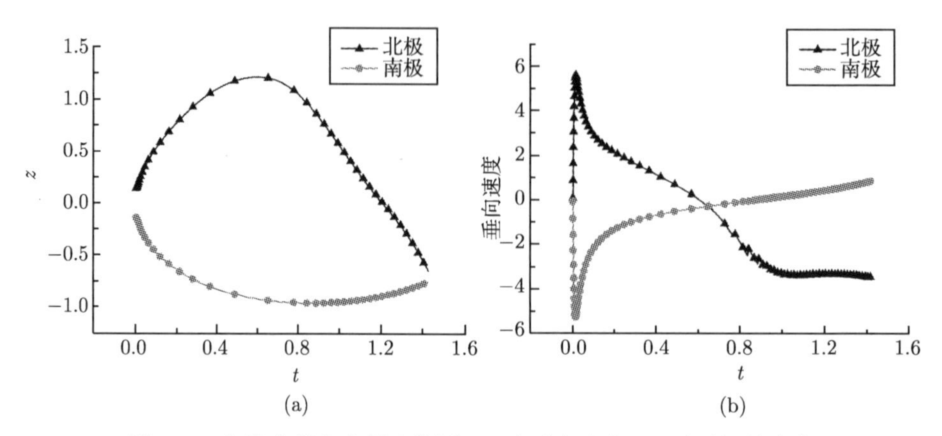


图 8.12　气泡北极和南极点位置 (a) 和垂向速度 (b) 随时间的变化

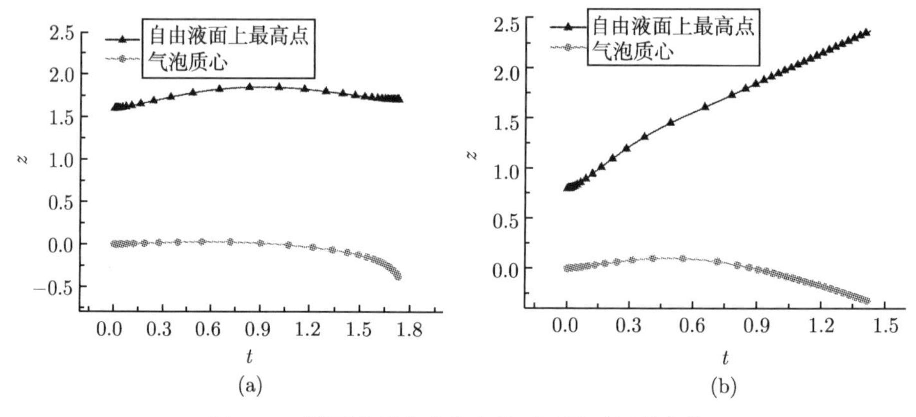


图 8.13　液面上最高点和气泡质心随时间的变化

(a)$\gamma_{\mathrm{f}}=1.6$, (b) $\gamma_{\mathrm{f}}=0.8$

期中，自由液面前端始终向上运动，即使在气泡已经进入溃灭阶段也是如此。两种情况下气泡质心迁移却十分相似，在气泡生长过程中朝向液面运动，而在气泡溃灭中远离液面运动。

自由液面最高点的垂向速度如图 8.14 所示。在运动初期，液面最高速度随着气泡体积迅速增大而加速运动。由于 $\gamma_{\mathrm{f}}=0.8$ 较 $\gamma_{\mathrm{f}}=1.6$ 更加接近自由液面，因此在 $\gamma_{\mathrm{f}}=0.8$ 的情况下，质点上升速率更快且持续时间更长。但在 $\gamma_{\mathrm{f}}=0.8$ 的情况下，自由液面最高点在气泡溃灭初期出现了二次加速现象，这与 $\gamma_{\mathrm{f}}=1.6$ 中节点速度一直下降完全不同。这种现象可能是由溃灭中液面与气泡之间的高压推动产生的，高压促使了自由液面的二次加速和气泡内部射流的迅速发展。

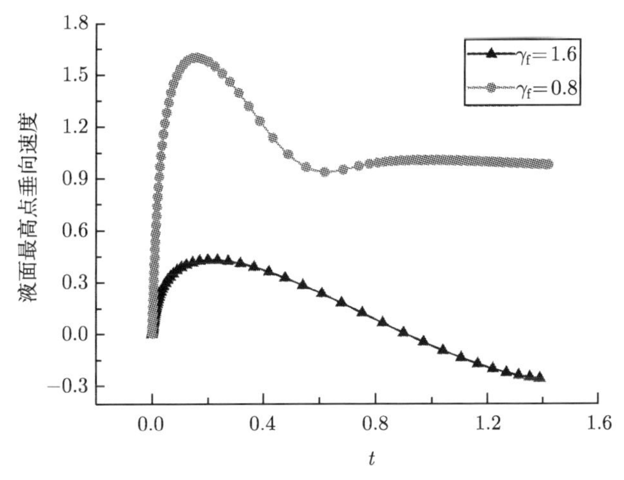


图 8.14 液面上最高点垂向速度随时间的变化

图 8.15 是不同初始距离下气泡最大体积和射流撞击前的形态图。当气泡生长到最大体积时，随着初始距离减小，气泡更加趋近于扁球形，而且更加趋向于液面底部运动。在射流撞击前瞬间，随着初始距离减小，液面高度不断增加但宽度不断缩小，同时气泡内射流宽度也越来越窄。在不同距离参量下气泡体积和 Kelvin 冲量随时间的变化分别如图 8.16(a) 和 (b) 所示。气泡在生长中体积变化受初始距离参

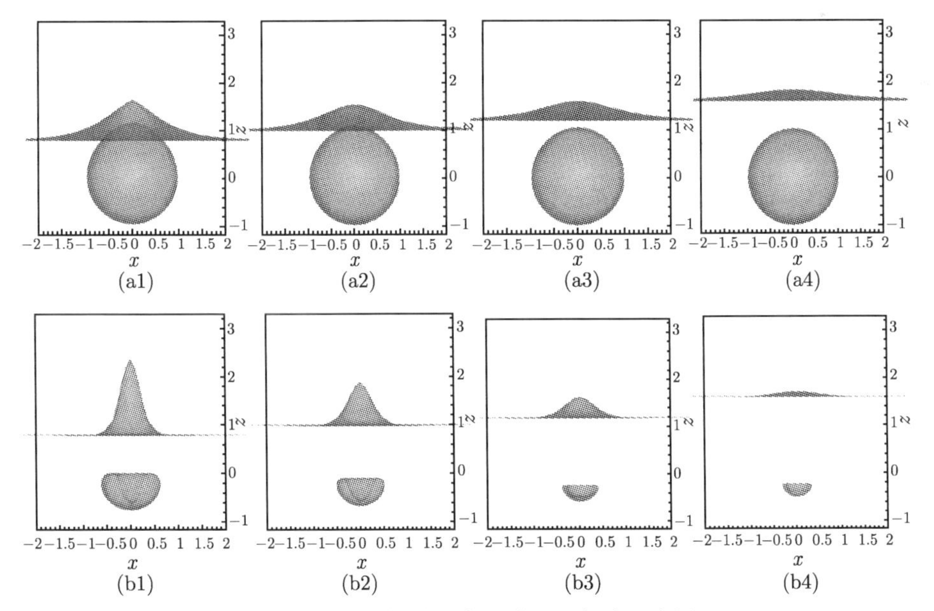


图 8.15 不同初始距离下液面和气泡形态图

(a1) $\gamma_f$ =0.8, (a2) $\gamma_f$ =1.0, (a3) $\gamma_f$ =1.2, (a4) $\gamma_f$ =1.6; 射流撞击: (b1) $\gamma_f$ =0.8, (b2) $\gamma_f$ =1.0, (b3) $\gamma_f$ =1.2, (b4) $\gamma_f$ =1.6

量影响不大，但随着距离参量减小，气泡溃灭出现的时间越早。同时，距液面越近 Kelvin 冲量数值越大，表明液面和气泡之间作用越剧烈，即较小的距离对应着较大的冲量。Kelvin 冲量在气泡生长初期和溃灭末期速率变化尤为剧烈，但在两者之间大部分时间变化比较和缓，表明这两个阶段气泡周围流体动量变化十分剧烈。

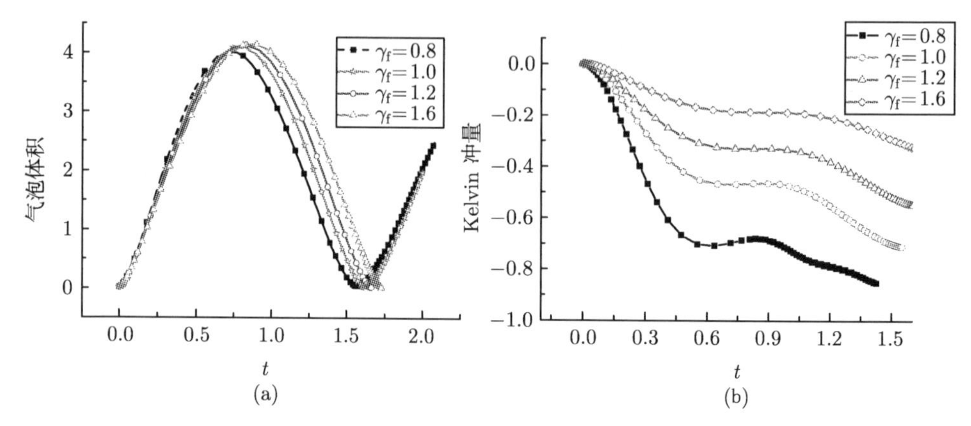


图 8.16 距液面不同初始距离下气泡体积和 Kelvin 冲量随时间的变化

### 8.4.3 算例 3：浮力参量为 $\delta = 0.7$

当气泡体积足够大 (例如，大药量炸药爆炸产生的气泡，半径可达数米) 时，浮力作用不能够忽略，它往往会对气泡运动和射流特征产生重大影响。为进一步研究浮力对气泡运动的影响，浮力参量取为 0.7，液面和气泡初始相距 $\gamma_{\mathrm{f}}$=0.9。气泡初始半径为 0.1391，内部初始压力为同深度静水压力的 120 倍。从图 8.17(a) 和 (b) 中可观察到，在生长过程中气泡在竖直方向上逐渐伸长，在浮力作用下气泡朝着液面方向迁移。当气泡生长到最大体积时，气泡上表面很大一部分埋入抬升的液面底部 (图 8.17(b))，液面形成显著的凸起。随着气泡溃灭的不断推进，在竖直方向上可看到一对向射流在气泡内部形成，如图 8.17(c) 所示。顶部射流是由液面 Bjerknes 效应产生，而底部射流是由于重力作用诱导。同时，从图 8.17(d) 的流场分布可以看

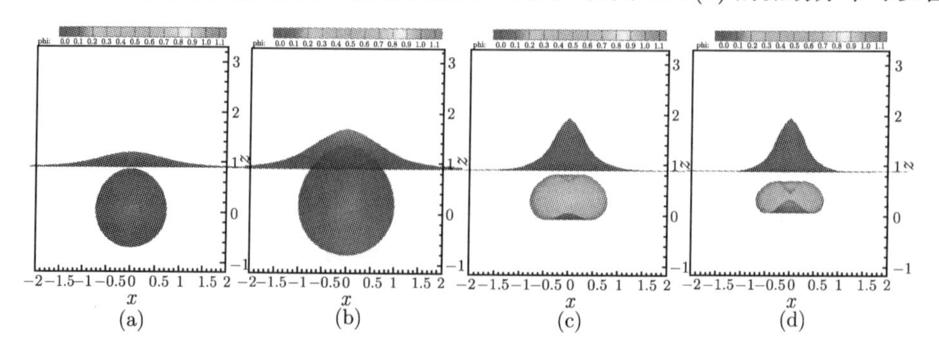

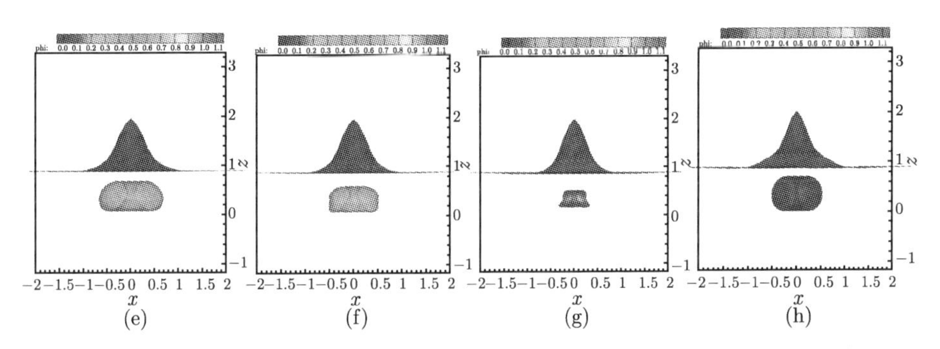


图 8.17 典型时刻自由液面和气泡变化图 ($\gamma_{\mathrm{f}}$ =0.9, $\delta$ =0.7)(彩图请扫封底二维码)

(a)$t$= 0.2613, (b) $t$=0.7866, (c) $t$=1.3734, (d) $t$= 1.4499, (e) $t$= 1.4554,

(f) $t$=1.5216, (g) $t$= 1.6286, (h) $t$=1.7756

到，在气泡底部和顶部同时出现两个高压区，进而推动着气泡内部射流的发展和液面“水冢”的不断抬升。在 $t$=1.4554 时刻，这对射流从上下两个方向发生撞击，产生一环形气泡。随后，环形气泡继续溃灭，形成一柱状气泡，并逐渐在其腰部区域发生收缩 (图 8.17(g))。当达到体积最小后，气泡又开始了回弹过程，如图 8.17(h) 所示。

### 8.4.4 算例 4: 浮力参量为 $\delta = 0.8$

在此算例中，浮力参量设置为 $\delta = 0.8$，其他参数与算例 3 相同。气泡在自由液面下方演化如图 8.18 所示。随着浮力参量增大，整个气泡更加靠近自由液面运动，气泡上表面很大部分埋入自由液面下方。在 $t$=1.2985 时刻，较大的浮力效应使得气泡下部表面出现扁平特征，并形成一速度极高的射流。如图 8.18(c) 所示，气泡底部的高压区进一步加速了内部射流的发展。射流从气泡下表面发展并撞击到顶部表面，在 $t$=1.5115 时刻生成一环形气泡。在内部低压作用下环形气泡继续溃灭，在 $t$=1.6413 时刻达到最小，形成一“盘状”气泡。随后气泡再次出现回弹，如图 8.18(f) 所示。由于浮力作用更强，此次回弹过程中气泡较算例 3 更加靠近自由液面底部运动。

在不同浮力参量下 ($\gamma_{\mathrm{f}}$ =0.9)，在射流撞击前瞬间气泡的形态和流场压力分别如图 8.19 和图 8.20 所示。当浮力参量较小时，如 $\delta$=0.2，液面产生的 Bjerknes 效应主导了浮力效应，高压区域出现在液面和气泡之间一个较薄的流体区域中 (图 8.20(a))，并推动气泡内部射流垂直向下运动和液面的不断上升。随着浮力参量上升，如 $\delta$=0.7，Bjerknes 效应和浮力作用基本持平，在流体域中可同时观察到两个高压区：一个位于气泡顶部表面上方，另一个位于气泡底部表面下方。如图 8.20(b) 所示，两个高压区推动着这一对射流从上下两个相反方向发展。在 $\delta$=0.8 时，浮力影响主导了 Bjerknes 效应，使得高压区域向下迁移。压力峰值出现在气泡下

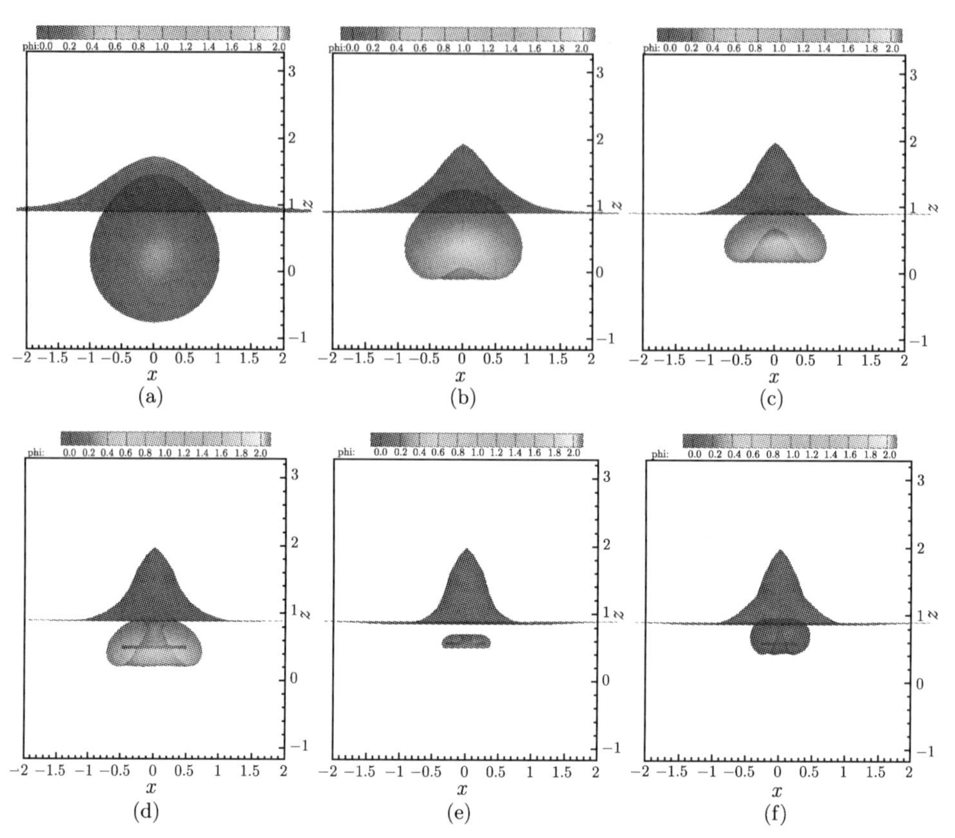


图 8.18 典型时刻自由液面和气泡变化图 ($\gamma_{\mathrm{f}}$ =0.9, $\delta$ =0.8)(彩图请扫封底二维码)

(a) $t$= 0.7821, (b) $t$=1.2985, (c) $t$=1.4814, (d) $t$= 1.5115, (e) $t$=1.6413, (f) $t$=1.7266

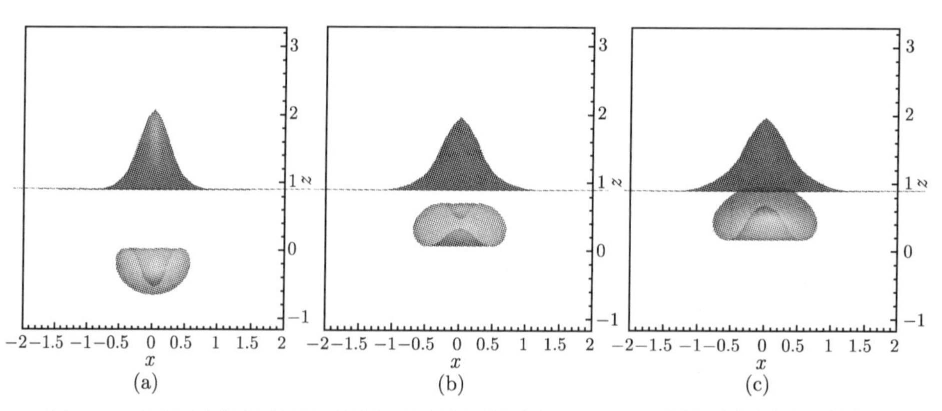


图 8.19 不同浮力影响下自由液面和气泡变化图 ($\gamma_{\mathrm{f}}$ =0.9)(彩图请扫封底二维码)

(a) $\delta$=0.2, (b) $\delta$=0.7, (c) $\delta$=0.8

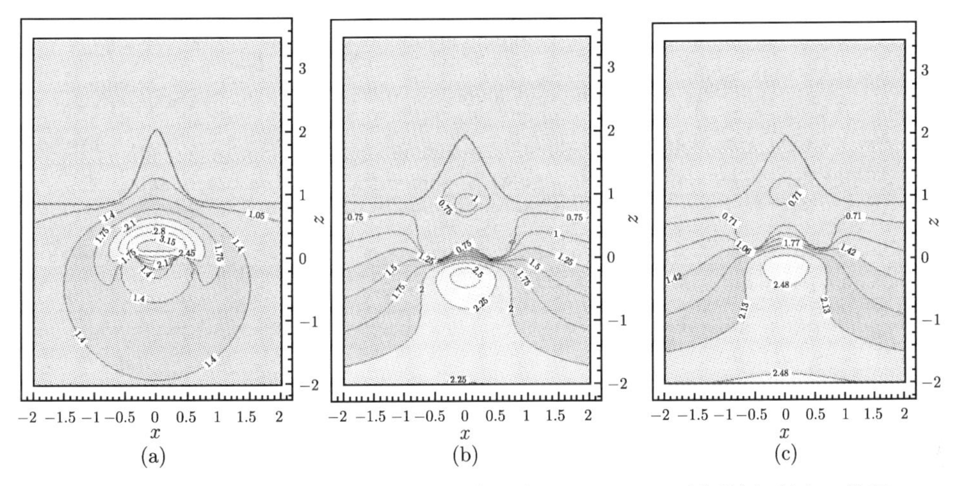


图 8.20 不同浮力影响下自由液面和气泡压力图 ($\gamma_f$ =0.9)(彩图请扫封底二维码)

(a) $\delta$=0.2, (b) $\delta$=0.7, (c) $\delta$=0.8

方的流体中，促使气泡内部形成一股垂直朝上的射流。也就是说，当浮力作用足够大时，它可以完全逆转射流的发展方向。气泡质心的垂向运动和 Kelvin 冲量变化分别如图 8.21(a) 和 (b) 所示。在浮力参量较小时，如 $\delta$=0.2 和 0.5，气泡质心在生长过程朝向液面运动，在溃灭过程中远离液面运动。当浮力参量逐渐增大时，如 $\delta$=0.7 和 0.8，气泡在整个运动周期内都朝上运动。这种现象可以通过 Kelvin 冲量的变化来解释：对于较大的浮力参量，Kelvin 冲量只有在气泡生长初期为负值，在随后的生长和溃灭中 Kelvin 冲量迅速改变了方向，即逐渐转变为正值。这表明气泡周围流体动量方向发生了逆转。

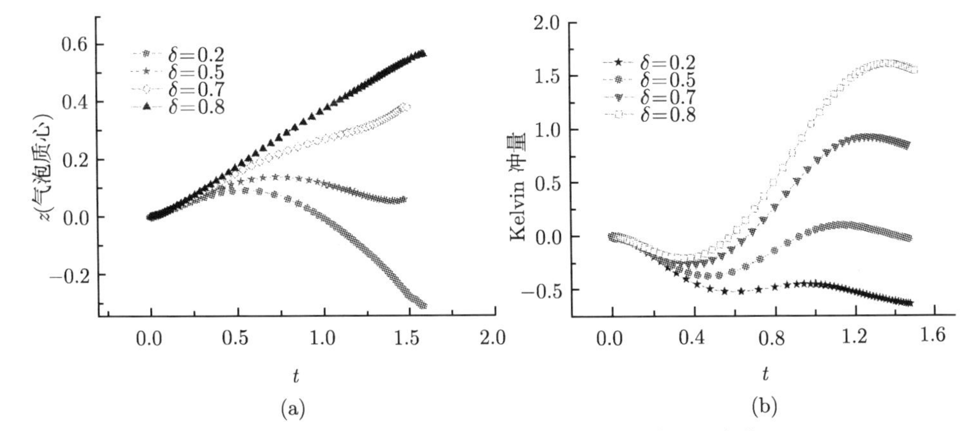


图 8.21 不同浮力影响下气泡质心和 Kelvin 冲量随时间变化 ($\gamma_f$ =0.9)

### 8.4.5 算例 5: 气泡在浅水中的运动 ($\zeta$=1.0)

在此算例中，考虑气泡在液面和底部表面共同影响下的运动特征，即模拟气泡在浅水中的变化特征。初始时刻气泡半径为 0.1391，浮力参量为 0.2，气泡初始内部压力为外界静水压力的 120 倍。液面和气泡中心的初始距离 $\gamma_{\mathrm{f}}$=0.9，气泡距离水底为 $\zeta$=1.0。这里只选取几个典型时刻下气泡的演变形态，如图 8.22 所示。在 $t$=0.1815 时刻，由于气泡的生长，液面形成显著凸起，同时底部边界吸引使得气泡在垂直方向有细微伸长。在 $t$=0.8019 时刻，气泡增长到最大体积，气泡下表面由于底部边界阻碍出现轻微的扁平特征。随后在液面排斥和底部边界吸引的共同作用下，一垂直向下射流开始形成 (图 8.22(c))。在 $t$=1.5791 时刻，液面 “水冢” 和垂直朝下的射流充分发展。如图 8.22(e) 所示，射流撞击气泡底部表面并形成环形气泡。随后，环形气泡继续溃灭，并在 $t$=1.1771 时刻达到最小。

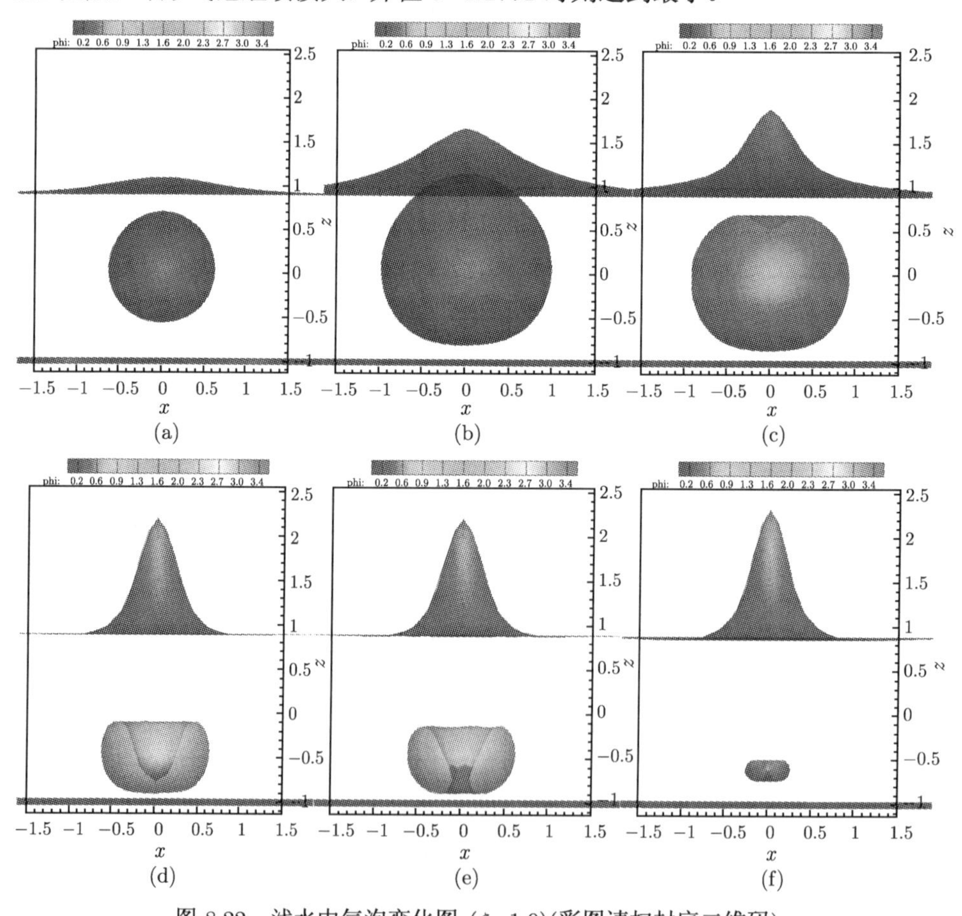


图 8.22 浅水中气泡变化图 ($\zeta$=1.0)(彩图请扫封底二维码)

(a) $t$= 0.1815, (b) $t$=0.8019, (c) $t$=1.1390, (d) $t$= 1.5791, (e) $t$=1.5885, (f) $t$=1.771

### 8.4.6　算例 6：气泡在浅水中的运动 ($\zeta$=0.7)

为进一步研究底部边界对气泡运动的影响，我们将水底和气泡的间距进一步减小。设气泡质心和底面的垂向距离为 $\zeta$=0.7，其他参数与算例 5 相同。图 8.23 给出几个典型时刻的图形。气泡在 $t$=0.8101 时刻生长到最大体积，其上表面较大区域埋入液面下方。同时由于水底的阻碍作用，气泡下表面很大一部分出现扁平特征。在底部边界的吸引和液面排斥的共同作用下，在 $t$=1.0827 时刻，气泡内部开始形成一垂直向下射流 (图 8.23(b))，射流产生的时间比算例 5 有很大提前。气泡在溃灭阶段迅速朝向水底运动，同时其大部分表面紧贴底部边界运动，这是底部边界强烈的 Bjerknes 效应引起的。在 $t$=1.5527 时刻，一股高速射流撞击到气泡下部表面，形成环形气泡。如图 8.24(a) 所示，高压区域再次出现在液面和气泡之间的狭长流体

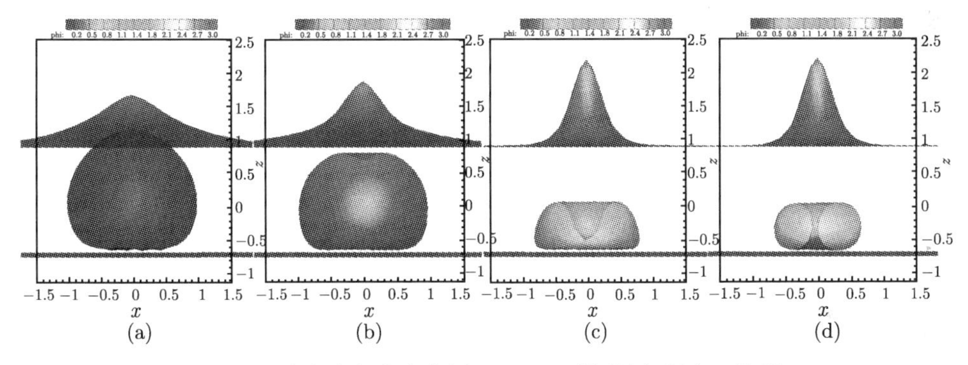


图 8.23　浅水中气泡变化图 ($\zeta$=0.7)(彩图请扫封底二维码)

(a) $t$=0.8101, (b) $t$=1.0827, (c) $t$=1.5204, (d) $t$= 1.5527

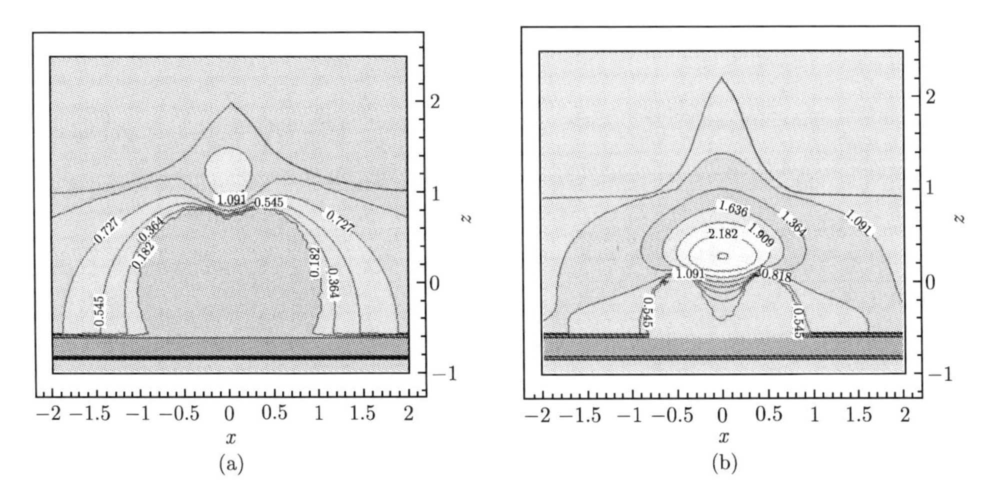


图 8.24　不同浮力影响下自由液面和气泡压力图 ($\zeta$=0.7)(彩图请扫封底二维码)

(a) $t$=1.0827, (b) $t$= 1.5204

区域中，压力峰值约为 1.1 倍参考压力。随着气泡溃灭推进，压力区域逐渐向下运动，并增大到 2.2 倍参考压力，推动着射流撞击到气泡底部表面。

## 8.5 本章小结

本章采用变拓扑边界积分法很好地捕捉了气泡在液面和刚性底部边界周围的大变形运动特征。对于自由液面这类不完全封闭网格，依据立体角的基本定义，采用球面三角形理论进行直接求解，解决了系数矩阵的强奇异性问题。数值计算结果同试验结果符合良好。计算中可总结出以下气泡运动规律。

(1) 在不考虑浮力影响的条件下，气泡溃灭时产生的高速射流总是背离液面方向。当气泡距液面较远时，如 2 倍最大半径以上，气泡运动受液面影响较小。气泡运动初期基本是球形生长，在溃灭末期形成宽度较大的射流。当气泡距液面较近，如 1 倍最大半径以内，在液面和气泡间的薄层流体域中会出现一个高压区域，该高压区域会加速射流发展和“水冢”抬升。随着气泡和液面间距不断减小，射流宽度不断减小，“水冢”呈现出更加细长的演变特征。

(2) 浮力对气泡运动方向和射流形成的影响很大。射流方向由 Bjerknes 效应和浮力共同决定，当这两者强度接近时，在重力方向会形成对向射流。当浮力影响较大时，即使是气泡和液面间距很小，气泡在溃灭时也会产生明显的向上迁移和垂直向上的射流。

(3) 当气泡位于浅水中时，液面排斥和底部边界吸引使气泡产生很大的变形，气泡在溃灭时会紧贴着底部边界运动，气泡上方和液面之间仍会产生一高压区域，其峰值随溃灭不断上升，加速气泡内射流的发展。

# 第 9 章　近固壁气泡动力学

气泡在结构物附近的演化一直是令人感兴趣的问题之一，这是因为近固壁时气泡的形状发生很大的变化，会形成射流，必须采用前面介绍的变拓扑边界积分法。本章采用前面介绍的变拓扑边界积分法考察气泡在固定结构物周围的生长和溃灭过程，并详细考察浮力效应、边界效应和多个气泡相互作用等因素的影响。

## 9.1　流固耦合数值算法

在气泡运动的流固耦合问题中，流体域假定是无限大的，因此对于基于整个流体域计算的数值算法 (如有限单元法、有效差分法等)，在求解微分控制方程时计算量庞大、耗时长。因此，边界积分算法在求解此类问题时有着显著优势，因为三维无限域的微分方程可以转化为二维有限域的积分方程。换句话说，只用求解气泡和结构表面上的物理量即可。固定结构周围气泡运动的控制方程和边界条件如下：

$$
\begin{cases}
\nabla^2\phi^* = 0, & \text{整个流体域内} \quad (9.1)\\
\dfrac{\mathrm{D}\phi^*}{\mathrm{D}t^*} = 1 + \dfrac{1}{2}\left|\nabla\phi^*\right|^2 - \delta^2 z^* - \varepsilon\left(\dfrac{V_0^*}{V^*}\right), & \text{气泡上} \quad (9.2)\\
\dfrac{\mathrm{D}\boldsymbol{r}^*}{\mathrm{D}t^*} = \nabla\phi^*, & \text{气泡和结构上} \quad (9.3)\\
|\phi^*| \to 0, |\boldsymbol{r}^*| \to 0, & \text{无穷远处} \quad (9.4)\\
\nabla\phi^* \cdot \boldsymbol{n} = 0, & \text{结构上} \quad (9.5)
\end{cases}
$$

上述符号的定义与第 8 章相同，星号代表该参数为无量纲变量。如前所述，速度势 $\phi$ 和法向速度 $\partial\phi/\partial n$ 满足格林第二定理，控制方程的积分形式如下：

$$
c(\boldsymbol{P})\phi(\boldsymbol{P}) = \int_S \left(\frac{\partial\phi(\boldsymbol{Q})}{\partial n}G(\boldsymbol{P},\boldsymbol{Q}) - \phi(\boldsymbol{Q})\frac{\partial G(\boldsymbol{P},\boldsymbol{Q})}{\partial n}\right)\mathrm{d}S \tag{9.6}
$$

其中，$S$ 代表气泡和结构表面构成的所有边界。$G(\boldsymbol{P},\boldsymbol{Q})$ 为基本解，即

$$
G(\boldsymbol{P},\boldsymbol{Q}) = \frac{1}{\left|\overrightarrow{\boldsymbol{PQ}}\right|} = \frac{1}{r_{PQ}} \tag{9.7}
$$

对 $P \in S$，如果已知速度势 $\phi$ 求解 $\partial\phi/\partial n$，那么方程 (9.6) 为第一类 Fredholm 积分方程；如果已知速度势 $\partial\phi/\partial n$ 求解 $\phi$，则方程 (9.6) 为第二类 Fredholm 积分方

程。由于气泡上节点速度随时间迅速变化，直接求解法向速度 $\partial\phi/\partial n$ 可以比求解速度势 $\phi$ 得到更为准确的结果；同时在流固交界面上，结构上的动态载荷与 $\partial\phi/\partial t$ 呈比例关系，因此应直接求解速度势 $\phi$。对于气泡和结构同时存在时，流体域中存在两个封闭的边界。这里令 $S_{\mathrm{b}}$ 代表气泡边界，令 $S_{\mathrm{r}}$ 代表结构边界。对于这两个边界上的任意点，边界积分方程 (9.6) 可以拆分为以下形式：

$$c(\boldsymbol{P})\phi_{\mathrm{b}}=\int_{S_{\mathrm{b}}}\left(\frac{\partial\phi_{\mathrm{b}}(\boldsymbol{Q})}{\partial n}G(\boldsymbol{P},\boldsymbol{Q})-\phi_{\mathrm{b}}(\boldsymbol{Q})\frac{\partial G(\boldsymbol{P},\boldsymbol{Q})}{\partial n}\right)\mathrm{d}S+\int_{S_{\mathrm{r}}}\left(\frac{\partial\phi_{\mathrm{r}}(\boldsymbol{Q})}{\partial n}G(\boldsymbol{P},\boldsymbol{Q})-\phi_{\mathrm{r}}(\boldsymbol{Q})\frac{\partial G(\boldsymbol{P},\boldsymbol{Q})}{\partial n}\right)\mathrm{d}S,\quad \boldsymbol{P}\in S_{\mathrm{b}} \tag{9.8}$$

$$c(\boldsymbol{P})\phi_{\mathrm{r}}=\int_{S_{\mathrm{b}}}\left(\frac{\partial\phi_{\mathrm{b}}(\boldsymbol{Q})}{\partial n}G(\boldsymbol{P},\boldsymbol{Q})-\phi_{\mathrm{b}}(\boldsymbol{Q})\frac{\partial G(\boldsymbol{P},\boldsymbol{Q})}{\partial n}\right)\mathrm{d}S+\int_{S_{\mathrm{r}}}\left(\frac{\partial\phi_{\mathrm{r}}(\boldsymbol{Q})}{\partial n}G(\boldsymbol{P},\boldsymbol{Q})-\phi_{\mathrm{r}}(\boldsymbol{Q})\frac{\partial G(\boldsymbol{P},\boldsymbol{Q})}{\partial n}\right)\mathrm{d}S,\quad \boldsymbol{P}\in S_{\mathrm{r}} \tag{9.9}$$

其中，$\phi_{\mathrm{b}}$ 代表气泡表面上的速度势，$\phi_{\mathrm{r}}$ 代表结构表面的速度势。以上分析可以进一步推广到多个物体表面。气泡和结构表面仍然划分成三角形面元，边界上任意点物理变量仍采用线性插值格式，如图 9.1 所示。为便于讨论，我们仍然定义以下计算参量 (与第 7 章相同)：

$$K_1(\boldsymbol{P},\boldsymbol{Q})=\frac{\partial}{\partial n}\left(\frac{1}{r_{PQ}}\right)=-\frac{1}{r_{PQ}^3}\left[(X_Q-X_P)n_X+(Y_Q-Y_P)n_Y+(Z_Q-Z_P)n_Z\right] \tag{9.10}$$

$$K_2(\boldsymbol{P},\boldsymbol{Q})=\frac{1}{r_{PQ}} \tag{9.11}$$

$$N_1(\xi,\eta)=\xi \tag{9.12}$$

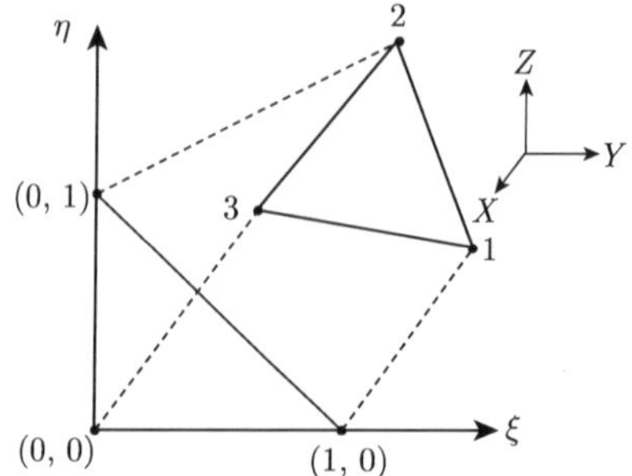


图 9.1　边界表面的单元映射

$$N_2(\xi,\eta)=\eta \tag{9.13}$$

$$N_3(\xi,\eta)=1-\xi-\eta \tag{9.14}$$

$$\int_S \mathrm{d}S=\int_0^1\int_0^{1-\eta} J\mathrm{d}\xi\mathrm{d}\eta \tag{9.15}$$

$$J=|(\boldsymbol{r}_1-\boldsymbol{r}_2)\times(\boldsymbol{r}_1-\boldsymbol{r}_3)| \tag{9.16}$$

利用 $K_1$，$K_2$，控制方程可改写成

$$\begin{aligned}c(\boldsymbol{P})\phi_{\mathrm{b}}(\boldsymbol{P})=&\int_{S_{\mathrm{b}}}\left(\frac{\partial\phi_{\mathrm{b}}(\boldsymbol{Q})}{\partial n}K_2-\phi_{\mathrm{b}}(\boldsymbol{Q})K_1\right)\mathrm{d}S\\&+\int_{S_{\mathrm{r}}}\left(\frac{\partial\phi_{\mathrm{r}}(\boldsymbol{Q})}{\partial n}K_2-\phi_{\mathrm{r}}(\boldsymbol{Q})K_1\right)\mathrm{d}S,\quad \boldsymbol{P}\in S_{\mathrm{b}}\end{aligned} \tag{9.17}$$

$$\begin{aligned}c(\boldsymbol{P})\phi_{\mathrm{r}}(\boldsymbol{P})=&\int_{S_{\mathrm{b}}}\left(\frac{\partial\phi_{\mathrm{b}}(\boldsymbol{Q})}{\partial n}K_2-\phi_{\mathrm{b}}(\boldsymbol{Q})K_1\right)\mathrm{d}S\\&+\int_{S_{\mathrm{r}}}\left(\frac{\partial\phi_{\mathrm{r}}(\boldsymbol{Q})}{\partial n}K_2-\phi_{\mathrm{r}}(\boldsymbol{Q})K_1\right)\mathrm{d}S,\quad \boldsymbol{P}\in S_{\mathrm{r}}\end{aligned} \tag{9.18}$$

将上述方程的未知变量移到等式左边，整理可得

$$\begin{aligned}&\int_{S_{\mathrm{b}}}K_2\frac{\partial\phi_{\mathrm{b}}(\boldsymbol{Q})}{\partial n}\mathrm{d}S-\int_{S_{\mathrm{r}}}K_1\phi_{\mathrm{r}}(\boldsymbol{Q})\mathrm{d}S\\&=c(\boldsymbol{P})\phi_{\mathrm{b}}(\boldsymbol{P})+\int_{S_{\mathrm{b}}}K_1\phi_{\mathrm{b}}(\boldsymbol{Q})\mathrm{d}S-\int_{S_{\mathrm{r}}}K_2\frac{\partial\phi_{\mathrm{r}}(\boldsymbol{Q})}{\partial n}\mathrm{d}S\end{aligned} \tag{9.19}$$

$$\begin{aligned}&\int_{S_{\mathrm{b}}}K_2\frac{\partial\phi_{\mathrm{b}}(\boldsymbol{Q})}{\partial n}\mathrm{d}S-\int_{S_{\mathrm{r}}}K_1\phi_{\mathrm{r}}(\boldsymbol{Q})\mathrm{d}S-c(\boldsymbol{P})\phi_{\mathrm{r}}(\boldsymbol{P})\\&=\int_{S_{\mathrm{b}}}K_1\phi_{\mathrm{b}}(\boldsymbol{Q})\mathrm{d}S-\int_{S_{\mathrm{r}}}K_2\frac{\partial\phi_{\mathrm{r}}(\boldsymbol{Q})}{\partial n}\mathrm{d}S\end{aligned} \tag{9.20}$$

将式 (9.19) 和式 (9.20) 进行离散，对式 (9.19) 有

$$\begin{aligned}&\int_{S_{\mathrm{b}}}K_2\frac{\partial\phi_{\mathrm{b}}(\boldsymbol{Q})}{\partial n}\mathrm{d}S-\int_{S_{\mathrm{r}}}K_1\phi_{\mathrm{r}}(\boldsymbol{Q})\mathrm{d}S\\&=\sum_{i=1}^{M1}\int_0^1\int_0^{1-\eta}K_2\left[\xi\frac{\partial\phi_{i,1}(\boldsymbol{Q})}{\partial n}+\eta\frac{\partial\phi_{i,2}(\boldsymbol{Q})}{\partial n}+(1-\xi-\eta)\frac{\partial\phi_{i,3}(\boldsymbol{Q})}{\partial n}\right]J_i\mathrm{d}\xi\mathrm{d}\eta\\&\quad-\sum_{j=1}^{M2}\int_0^1\int_0^{1-\eta}K_1\left[\xi\phi_{j,1}(\boldsymbol{Q})+\eta\phi_{j,2}(\boldsymbol{Q})+(1-\xi-\eta)\phi_{j,3}(\boldsymbol{Q})\right]J_j\mathrm{d}\xi\mathrm{d}\eta\\&=\sum_{i=1}^{M1}\sum_{c=1}^{3}\frac{\partial\phi_{i,c}(\boldsymbol{Q})}{\partial n}\int_0^1\int_0^{1-\eta}K_2N_c(\xi,\eta)J_i\mathrm{d}\xi\mathrm{d}\eta\end{aligned}$$

$$
-\sum_{j=1}^{M2}\sum_{c=1}^{3}\phi_{j,c}(\boldsymbol{Q})\int_0^1\int_0^{1-\eta}K_1N_c(\xi,\eta)J_j\mathrm{d}\xi\mathrm{d}\eta
$$

$$
=\sum_{i=1}^{M1}\sum_{c=1}^{3}\frac{\partial\phi_{i,c}(\boldsymbol{Q})}{\partial n}G_{ic}^{\mathrm{bb}}-\sum_{j=1}^{M2}\sum_{c=1}^{3}\phi_{j,c}(\boldsymbol{Q})H_{jc}^{\mathrm{br}} \tag{9.21}
$$

$$
c(\boldsymbol{P})\phi_{\mathrm{b}}(\boldsymbol{P})+\int_{S_{\mathrm{b}}}K_1\phi_b(\boldsymbol{Q})\mathrm{d}S-\int_{S_{\mathrm{r}}}K_2\frac{\partial\phi_r(\boldsymbol{Q})}{\partial n}\mathrm{d}S
$$

$$
=c(\boldsymbol{P})\phi_{\mathrm{b}}(\boldsymbol{P})+\sum_{i=1}^{M1}\int_0^1\int_0^{1-\eta}K_1[\xi\phi_{i,1}(\boldsymbol{Q})+\eta\phi_{i,2}(\boldsymbol{Q})+(1-\xi-\eta)\phi_{i,3}(\boldsymbol{Q})]J_i\mathrm{d}\xi\mathrm{d}\eta
$$

$$
-\sum_{j=1}^{M2}\int_0^1\int_0^{1-\eta}K_2\left[\xi\frac{\partial\phi_{j,1}(\boldsymbol{Q})}{\partial n}+\eta\frac{\partial\phi_{j,2}(\boldsymbol{Q})}{\partial n}+(1-\xi-\eta)\frac{\partial\phi_{j,3}(\boldsymbol{Q})}{\partial n}\right]J_j\mathrm{d}\xi\mathrm{d}\eta
$$

$$
=c(\boldsymbol{P})\phi_{\mathrm{b}}(\boldsymbol{P})+\sum_{i=1}^{M1}\sum_{c=1}^{3}\phi_{i,c}(\boldsymbol{Q})\int_0^1\int_0^{1-\eta}K_1N_c(\xi,\eta)J_i\mathrm{d}\xi\mathrm{d}\eta
$$

$$
-\sum_{j=1}^{M2}\sum_{c=1}^{3}\frac{\partial\phi_{j,c}(\boldsymbol{Q})}{\partial n}\int_0^1\int_0^{1-\eta}K_2N_c(\xi,\eta)J_j\mathrm{d}\xi\mathrm{d}\eta
$$

$$
=c(\boldsymbol{P})\phi_{\mathrm{b}}(\boldsymbol{P})+\sum_{i=1}^{M1}\sum_{c=1}^{3}\phi_{i,c}(\boldsymbol{Q})H_{ic}^{\mathrm{bb}}-\sum_{j=1}^{M2}\sum_{c=1}^{3}\frac{\partial\phi_{j,c}(\boldsymbol{Q})}{\partial n}G_{jc}^{\mathrm{br}} \tag{9.22}
$$

其中，$M1$ 代表气泡表面上的单元个数，$M2$ 代表结构表面上的单元个数，$J_i$ 代表气泡表面上某个单元 $i$ 的雅可比值，$J_j$ 代表结构表面上某个单元 $j$ 的雅可比值，bb 代表气泡网格上节点对气泡自身节点的影响，br 代表结构网格上节点对气泡节点的影响，其余符号如下所示：

$$
G_{ic}^{\mathrm{bb}}=\int_0^1\int_0^{1-\eta}K_2N_c(\xi,\eta)J_i\mathrm{d}\xi\mathrm{d}\eta \tag{9.23}
$$

$$
H_{jc}^{\mathrm{br}}=\int_0^1\int_0^{1-\eta}K_1N_c(\xi,\eta)J_j\mathrm{d}\xi\mathrm{d}\eta \tag{9.24}
$$

$$
G_{jc}^{\mathrm{br}}=\int_0^1\int_0^{1-\eta}K_2N_c(\xi,\eta)J_j\mathrm{d}\xi\mathrm{d}\eta \tag{9.25}
$$

$$
H_{ic}^{\mathrm{bb}}=\int_0^1\int_0^{1-\eta}K_1N_c(\xi,\eta)J_i\mathrm{d}\xi\mathrm{d}\eta \tag{9.26}
$$

结合式 (9.21) 和式 (9.22)，式 (9.19) 可以表示为

$$
\sum_{i=1}^{M1}\sum_{c=1}^{3}\frac{\partial\phi_{i,c}(\boldsymbol{Q})}{\partial n}G_{ic}^{\mathrm{bb}}-\sum_{j=1}^{M2}\sum_{c=1}^{3}\phi_{j,c}(\boldsymbol{Q})H_{jc}^{\mathrm{br}}
$$

$$= c(\boldsymbol{P})\phi_{\mathrm{b}}(\boldsymbol{P}) + \sum_{i=1}^{M1}\sum_{c=1}^{3}\phi_{i,c}(\boldsymbol{Q})H_{ic}^{\mathrm{bb}} - \sum_{j=1}^{M2}\sum_{c=1}^{3}\frac{\partial\phi_{j,c}(\boldsymbol{Q})}{\partial n}G_{jc}^{\mathrm{br}} \tag{9.27}$$

式 (9.27) 为场点固定在气泡单元上某节点后，逐一处理每个单元的情况。它可以进一步表示关于节点的表达式：

$$G_{\mathrm{bb}}\boldsymbol{\psi}_{\mathrm{b}} - H_{\mathrm{br}}\boldsymbol{\phi}_{\mathrm{r}} = H_{\mathrm{bb}}\boldsymbol{\phi}_{\mathrm{b}} - G_{\mathrm{br}}\boldsymbol{\psi}_{\mathrm{r}} \tag{9.28}$$

其中，$\boldsymbol{\phi}_{\mathrm{b}}$ 为气泡网格上速度势 $\phi_{\mathrm{b}}$ 节点值的矢量形式，$\boldsymbol{\psi}_{\mathrm{b}}$ 为气泡网格上法向速度 $\psi_{\mathrm{b}}$ 节点值的矢量形式，$\boldsymbol{\phi}_{\mathrm{r}}$ 和 $\boldsymbol{\psi}_{\mathrm{r}}$ 的定义类似。

同理式 (9.20) 可以表示成

$$G_{\mathrm{rb}}\boldsymbol{\psi}_{\mathrm{b}} - H_{\mathrm{rr}}\boldsymbol{\phi}_{\mathrm{r}} = H_{\mathrm{rb}}\boldsymbol{\phi}_{\mathrm{b}} - G_{\mathrm{rr}}\boldsymbol{\psi}_{\mathrm{r}} \tag{9.29}$$

那么式 (9.19) 和式 (9.20) 可以表示成矩阵的表达式

$$\begin{pmatrix} G_{\mathrm{bb}} & -H_{\mathrm{br}} \\ G_{\mathrm{rb}} & -H_{\mathrm{rr}} \end{pmatrix}\begin{pmatrix} \psi_{\mathrm{b}} \\ \phi_{\mathrm{r}} \end{pmatrix} = \begin{pmatrix} H_{\mathrm{bb}} & -G_{\mathrm{br}} \\ H_{\mathrm{rb}} & -G_{\mathrm{rr}} \end{pmatrix}\begin{pmatrix} \phi_{\mathrm{b}} \\ \psi_{\mathrm{r}} \end{pmatrix} \tag{9.30}$$

其中，$\boldsymbol{H}$ 和 $\boldsymbol{G}$ 仍为影响系数矩阵 (不依赖速度势和法向速度)，$H_{\mathrm{bb}}$ 代表气泡上节点对其自身的影响，$H_{\mathrm{br}}$ 代表结构上节点对气泡的影响，$G_{\mathrm{rb}}$ 代表气泡上节点对结构的影响，$G_{\mathrm{bb}}$ 代表结构上节点对其自身的影响。求解以上线性方程组可得到气泡上节点的法向速度 $\psi_{\mathrm{b}}$ 和结构上节点的速度势 $\phi_{\mathrm{r}}$。

## 9.2 弱奇异积分的改进

如前所述，对 $\boldsymbol{G}$ 矩阵对角元素 $G_{ii}$ 的弱奇异性问题，通常是采用坐标转换来消除。针对复杂结构物网格中节点激增、弱奇异性处理量增大的现象，本章采用去奇异算法进行消除。假定一速度势存在于表面为 $S$ 的封闭体周围，如图 9.2 所示，速度势可写成如下边界积分格式：

$$c(\boldsymbol{P})\phi(\boldsymbol{P}) + \int_S \frac{\partial G(\boldsymbol{P},\boldsymbol{Q})}{\partial n}\phi(\boldsymbol{Q})\mathrm{d}S = \int_S G(\boldsymbol{P},\boldsymbol{Q})v_n(\boldsymbol{Q})\mathrm{d}S(\boldsymbol{Q}) \tag{9.31}$$

其中，$\partial/\partial n = \boldsymbol{n}\cdot\nabla$，$v_n = \partial\phi/\partial n = \boldsymbol{n}\cdot\nabla\phi$。对于任意三维问题，格林函数 $G(\boldsymbol{P},\boldsymbol{Q}) = 1/|\boldsymbol{Q}-\boldsymbol{P}|$，$\boldsymbol{P}$ 是所考察点的位置矢量，即场点；$\boldsymbol{Q}$ 为表面 $S$ 上指向积分点的矢量，即源点。当 $\boldsymbol{P}$ 位于边界面 $S$ 上时，$c(\boldsymbol{P})$ 代表 $\boldsymbol{P}$ 点的立体角。

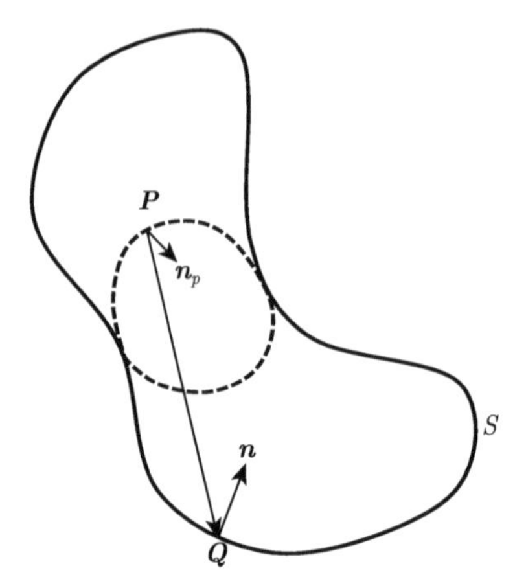


图 9.2　应用边界积分法解决封闭三维表面的外域问题

为便于以下推导，我们采用下述符号：$(\partial G/\partial n)=(\partial G(\boldsymbol{P},\boldsymbol{Q})/\partial n)$，$G=G(\boldsymbol{P},\boldsymbol{Q})$，$S=S(\boldsymbol{Q})$，$\phi_p=\phi(\boldsymbol{P})$，$\phi=\phi(\boldsymbol{Q})$，$\boldsymbol{n}_p=\boldsymbol{n}(\boldsymbol{P})$，$\boldsymbol{n}=\boldsymbol{n}(\boldsymbol{Q})$，$c=c(\boldsymbol{P})$，$v_{np}=v_n(\boldsymbol{P})$，$v_n=v_n(\boldsymbol{Q})$。上述边界积分方程可以简写为

$$c\phi_p+\int\frac{\partial G}{\partial n}\phi\mathrm{d}S=\int Gv_n\mathrm{d}S \tag{9.32}$$

在外域问题中，为消除上式左端 $\partial G/\partial n$ 项的奇异性，设与式 (9.32) 对应的内域上存在一速度势 $\phi=$ 常数，那么 $v_n=0$，则式 (9.32) 右端积分为零。对于内域问题，法向矢量与外域问题反向，式 (9.32) 左边第二项的正号就变成负号。同时，内域问题的立体角为 $4\pi-c$(内域问题和外域问题的立体角之和为 $4\pi$)。那么此内域问题的控制方程变为

$$4\pi-c=\int\frac{\partial G}{\partial n}\mathrm{d}S \tag{9.33}$$

方程 (9.33) 只取决于所求问题的几何分布关系，将方程 (9.33) 乘上一任意常速度势 $\phi_p$，结合式 (9.32) 有

$$4\pi\phi_p+\int\frac{\partial G}{\partial n}(\phi-\phi_p)\mathrm{d}S=\int Gv_n\mathrm{d}S \tag{9.34}$$

将边界表面离散成节点形式，那么式 (9.34) 可以对边界面上的每个节点求解，得到与所求节点速度势和法向速度相关的两个矩阵 $\boldsymbol{H}$ 和 $\boldsymbol{G}$：

$$\boldsymbol{H}\phi=\boldsymbol{G}\boldsymbol{v}_n \tag{9.35}$$

式中，$\boldsymbol{H}$ 和 $\boldsymbol{G}$ 是与第 6 章中相同，为节点的系数阵，其中 $H_{ij}$ 和 $G_{ij}$ 反映了节点 $j$ 对节点 $i$ 的影响。

任意线性速度势也是内域 Laplace 方程的解，假定线性速度势有以下形式：

$$\phi = ax + by + cz = \begin{bmatrix} a \\ b \\ c \end{bmatrix} \cdot \begin{bmatrix} x \\ y \\ z \end{bmatrix} = \boldsymbol{c}_2 \cdot \boldsymbol{p} \tag{9.36}$$

其中

$$\boldsymbol{c}_2 = \begin{bmatrix} a \\ b \\ c \end{bmatrix}, \quad \boldsymbol{p} = \begin{bmatrix} x \\ y \\ z \end{bmatrix} \tag{9.37}$$

$a$、$b$、$c$ 为常数，那么边界上的法向速度可以表示为

$$v_n = \nabla\phi \cdot \boldsymbol{n} = \boldsymbol{c}_2 \cdot \boldsymbol{n} = an_x + bn_y + cn_z \tag{9.38}$$

$n_x$、$n_y$、$n_z$ 为法向矢量在各个方向上的分量，同理我们记 $\phi_p = \boldsymbol{c}_2 \cdot \boldsymbol{p}_p$。对于线性速度势为 $\boldsymbol{c}_2 \cdot \boldsymbol{p}$ 的内域 Laplace 问题，我们可以采用与推导式 (9.33) 类似的方式得到如下方程：

$$(4\pi - c)\boldsymbol{c}_2 \cdot \boldsymbol{p}_p - \int \frac{\partial G}{\partial n}\boldsymbol{c}_2 \cdot \boldsymbol{p}\mathrm{d}S = -\int G\boldsymbol{c}_2 \cdot \boldsymbol{n}\mathrm{d}S \tag{9.39}$$

将式 (9.33) 代入式 (9.39) 可消除 $c$，有

$$-\int \frac{\partial G}{\partial n}\boldsymbol{c}_2 \cdot (\boldsymbol{p} - \boldsymbol{p}_p)\mathrm{d}S = -\int G\boldsymbol{c}_2 \cdot \boldsymbol{n}\mathrm{d}S \tag{9.40}$$

$\boldsymbol{c}_2$ 为任意常数，可以自由选择，这里我们令 $\boldsymbol{c}_2 = \boldsymbol{v}_{np} \cdot \boldsymbol{n}_p$，代入式 (9.40) 中有

$$-\int \frac{\partial G}{\partial n}v_{np} \cdot \boldsymbol{n}_p \cdot (\boldsymbol{p} - \boldsymbol{p}_p)\mathrm{d}S = -\int Gv_{np} \cdot \boldsymbol{n}_p \cdot \boldsymbol{n}\mathrm{d}S \tag{9.41}$$

将式 (9.41) 与式 (9.34) 相加有

$$4\pi\phi_p + \int \frac{\partial G}{\partial n}[\phi - \phi_p - v_{np} \cdot \boldsymbol{n}_p(\boldsymbol{p} - \boldsymbol{p}_p)]\mathrm{d}S = \int G(v_n - v_{np}\boldsymbol{n}_p \cdot \boldsymbol{n})\mathrm{d}S \tag{9.42}$$

对于离散后的表面某一节点 $i$，可将式 (9.42) 展开成矩阵的形式，有

$$4\pi\phi_i + [H_{i1} \cdots H_{ii} \cdots H_{iN}] \begin{bmatrix} \phi_1 - \phi_i \\ \vdots \\ \phi_i - \phi_i \\ \vdots \\ \phi_N - \phi_i \end{bmatrix}$$

$$
=[H_{i1}\cdots H_{ii}\cdots H_{iN}]\begin{bmatrix} v_{ni}\boldsymbol{n}_i(\boldsymbol{p}_1-\boldsymbol{p}_i)\\ \vdots \\ v_{ni}\boldsymbol{n}_i(\boldsymbol{p}_i-\boldsymbol{p}_i)\\ \vdots \\ v_{ni}\boldsymbol{n}_i(\boldsymbol{p}_N-\boldsymbol{p}_i)\end{bmatrix}+[G_{i1}\cdots G_{ii}\cdots G_{iN}]\begin{bmatrix} v_{n1}-v_{ni}\boldsymbol{n}_i\cdot\boldsymbol{n}_1\\ \vdots \\ v_{ni}-v_{ni}\boldsymbol{n}_i\cdot\boldsymbol{n}_i\\ \vdots \\ v_{nN}-v_{ni}\boldsymbol{n}_i\cdot\boldsymbol{n}_N\end{bmatrix} \tag{9.43}
$$

式 (9.43) 左边可以改写成

$$
\left(4\pi-\sum_{j=1}^{N}H_{ij}\right)\phi_i+[H_{i1}\cdots H_{ii}\cdots H_{iN}]\begin{bmatrix}\phi_1\\ \vdots \\ \phi_i\\ \vdots \\ \phi_N\end{bmatrix}
$$

$$
=\left[H_{i1}\cdots\left(4\pi-\sum_{\substack{j=1\\ j\neq i}}^{N}H_{ij}\right)\cdots H_{iN}\right]\begin{bmatrix}\phi_1\\ \vdots \\ \phi_i\\ \vdots \\ \phi_N\end{bmatrix} \tag{9.44}
$$

从式 (9.44) 可以看到

$$
H_{ii}=4\pi-\sum_{\substack{j=1\\ j\neq i}}^{N}H_{ij} \tag{9.45}
$$

上式为我们第 6 章中提到的 4π 法则，将式 (9.45) 应用于式 (9.43) 右边有

$$
\left[H_{i1}\cdots\left(4\pi-\sum_{\substack{j=1\\ j\neq i}}^{N}H_{ij}\right)\cdots H_{iN}\right]\begin{bmatrix} v_{ni}\boldsymbol{n}_i(\boldsymbol{p}_1-\boldsymbol{p}_i)\\ \vdots \\ v_{ni}\boldsymbol{n}_i(\boldsymbol{p}_i-\boldsymbol{p}_i)\\ \vdots \\ v_{ni}\boldsymbol{n}_i(\boldsymbol{p}_N-\boldsymbol{p}_i)\end{bmatrix}
$$

$$
+\left[G_{i1}\cdots G_{ii}\cdots G_{iN}\right]\begin{bmatrix} v_{n1}-v_{ni}\boldsymbol{n}_i\cdot\boldsymbol{n}_1 \\ \vdots \\ v_{ni}-v_{ni}\boldsymbol{n}_i\cdot\boldsymbol{n}_i \\ \vdots \\ v_{nN}-v_{ni}\boldsymbol{n}_i\cdot\boldsymbol{n}_N \end{bmatrix} \tag{9.46}
$$

式 (9.46) 可以进一步改写为

$$
\begin{aligned}
&\left[H_{i1}\cdots\left(4\pi-\sum_{\substack{j=1\\j\neq i}}^{N}H_{ij}\right)\cdots H_{iN}\right]\begin{bmatrix} v_{ni}\boldsymbol{n}_i(\boldsymbol{p}_1-\boldsymbol{p}_i) \\ \vdots \\ v_{ni}\boldsymbol{n}_i(\boldsymbol{p}_i-\boldsymbol{p}_i) \\ \vdots \\ v_{ni}\boldsymbol{n}_i(\boldsymbol{p}_N-\boldsymbol{p}_i) \end{bmatrix} \\
&+\left[G_{i1}\cdots G_{ii}\cdots G_{iN}\right]\begin{bmatrix} v_{n1} \\ \vdots \\ v_{ni} \\ \vdots \\ v_{nN} \end{bmatrix}-\left(\sum_{j=1}^{N}G_{ij}\boldsymbol{n}_i\cdot\boldsymbol{n}_j\right)v_{ni}
\end{aligned} \tag{9.47}
$$

合并对应 $v_{ni}$ 的 $\boldsymbol{G}$ 中的相关项，上式可得

$$
\begin{aligned}
&\left[H_{i1}\cdots\left(4\pi-\sum_{\substack{j=1\\j\neq i}}^{N}H_{ij}\right)\cdots H_{iN}\right]\begin{bmatrix} v_{ni}\boldsymbol{n}_i(\boldsymbol{p}_1-\boldsymbol{p}_i) \\ \vdots \\ v_{ni}\boldsymbol{n}_i(\boldsymbol{p}_i-\boldsymbol{p}_i) \\ \vdots \\ v_{ni}\boldsymbol{n}_i(\boldsymbol{p}_N-\boldsymbol{p}_i) \end{bmatrix} \\
&+\left[G_{i1}\cdots-\sum_{\substack{j=1\\j\neq i}}^{N}G_{ij}\boldsymbol{n}_i\cdot\boldsymbol{n}_j\cdots G_{iN}\right]\begin{bmatrix} v_{n1} \\ \vdots \\ v_{ni} \\ \vdots \\ v_{nN} \end{bmatrix}
\end{aligned} \tag{9.48}
$$

抽取式 (9.48) 中对应 $v_{ni}$ 项的系数，可得到 $\boldsymbol{G}$ 矩阵对角元项：

$$G_{ii}=\sum_{\substack{j=1\\j\neq i}}^{N}\left\{H_{ij}\boldsymbol{n}_i(\boldsymbol{p}_j-\boldsymbol{p}_i)-G_{ij}\boldsymbol{n}_i\cdot\boldsymbol{n}_j\right\} \tag{9.49}$$

从式 (9.49) 看出 $G_{ii}$ 可以通过 $\boldsymbol{H}$ 和 $\boldsymbol{G}$ 矩阵中的非对角元素及其法向矢量求解得到，这样就避免了利用坐标转换求解 $\boldsymbol{G}$ 对角元的繁杂。这种计算方法称为去奇异积分法。

以下我们采用一最简单的 Dirichlet 问题来验证，即已知速度势来求解法向速度。设在原点有一单位球体，球体表面节点上均为常速度势，设 $\phi=1$，节点上的法向速度为 $v_n=1$(精确解)。整个球面上网格分布取为气泡表面的初始网格形式，节点总数为 362，两种方法中表面分布函数采用线性插值形式。三角形表面上的数值积分采用七点高斯积分。消除 $\boldsymbol{G}$ 矩阵弱奇异的传统方法为极坐标变换法 [50]，$\boldsymbol{H}$ 矩阵奇异性通过式 (9.45) 求得。图 9.3(a) 和 (b) 分别为采用极坐标变换法和去奇异积分法得到的法向速度数值解与精确解的误差。从图中可以看到采用传统方法，即极坐标变换法所得到的误差最大值约为 0.02，而采用去奇异方法得到的误差基本集中在 0.005 附近。因此，采用去奇异算法对求解精度稳定性有较大的提高，同时计算思路简单、数值实施容易。

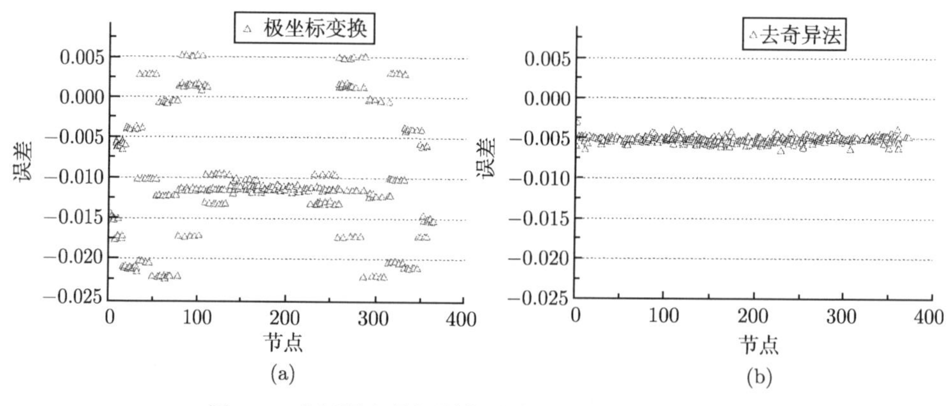


图 9.3　求解弱奇异问题的两种不同方法得到的误差

(a) 极坐标变换，(b) 去奇异法

## 9.3　非球形气泡在平板结构周围的演化

### 9.3.1　无重力作用下单个气泡在平板上方的演化

首先我们讨论气泡在最简单的方形平板上方的演变过程。虽然此问题较为简单，但可以对气泡在结构周围的变化特征有基本认识，从而为后续讨论奠定基础。计算参数如下：参考压力取为 $1.01\times10^5$Pa，气泡距离方形平板的初始无量纲距离为 $\gamma_{\rm d}$=0.95，即气泡距方板的距离略微小于最大半径，以便更好地观测气泡与方板的近距离作用。气泡初始无量纲半径为 0.1284，气泡内部气体初始压强为外界静水压的 150 倍，此例中不考虑重力影响，其影响将在以后算例中作进一步讨论。方板尺寸为 $3\times3\times0.08$。为更好地计算气泡在距平板很近时的运动情况，对方板做了进一步的网格细化，每个单元边长为 0.2。气泡和方板分别由 642 个和 2078 个节点构成。气泡在方板上方的运动如图 9.4 所示。图 9.4(a1)~(a3) 中分别为气泡在初始时刻、中间生长过程和最大体积时刻的形态。由于内部高压气体推动，气泡在初始时刻急速地向外扩张 (与无限流场中和远离水面的情况类似)。

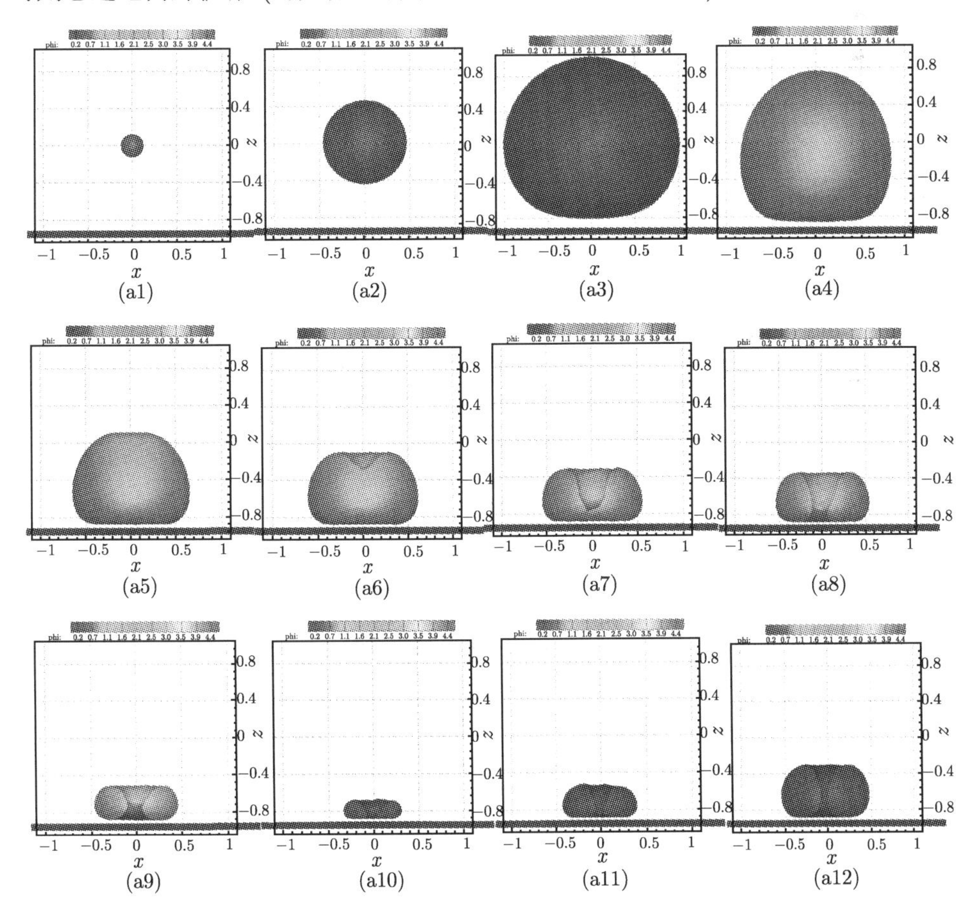


图 9.4 非球形气泡在方板上方的演化 (彩图请扫封底二维码)

(a1) $t$=0.0, (a2) $t$=0.10214, (a3) $t$=1.02010, (a4) $t$= 1.69597, (a5) $t$=2.02484, (a6) $t$=2.08088, (a7) $t$=2.15815, (a8) $t$=2.16582, (a9) $t$=2.21825, (a10) $t$=2.31778, (a11) $t$=2.36856, (a12) $t$=2.44296

如图 9.4(a3) 所示，当气泡生长到最大体积时，气泡下方毗邻近方板的部位由于平板的排斥作用出现扁平特征。图 9.4(a4)~(a7) 为气泡溃灭中射流撞击前的形态图。在方板的 Bjerknes 力驱动下，气泡质心和射流的运动方向均朝向方板。溃灭过程中气泡底部受到进一步挤压，顶部开始迅速收缩，如图 9.4(a5) 所示。在 $t$=2.08088 时刻，气泡内部产生一显著射流。这时气泡顶部流体涌向气泡内部，并越过气泡中心，在 $t$=2.16582 时刻，撞击气泡下部表面。流体穿透气泡后撞击到底部结构表面，并继续朝着气泡底部外侧区域运动。这部分流体可能与溃灭中涌向气泡的流体发生碰撞，从而形成 “飞溅” 现象 [46]。但此时气泡内部压力并没有达到最小值，环形气泡继续溃灭收缩。在收缩过程中气泡质心不断向下迁移，在 $t$=2.31778 时刻，气泡体积达到最小值，此时其内部压力值再次到达一个峰值点。随后气泡又再次反弹，从图 9.4(a10)~(a12) 中可以看到，由于数值计算的不稳定性，气泡顶部出现轻微的皱折和扭曲，但在随后的反弹过程中逐步减轻。

气泡周围流场压力变化如图 9.5 所示。气泡中心的初始压力很大，推动气泡表面迅速向外扩张。如图 9.5(a2) 所示，在气泡底部与方板上方之间的流场中，由于流体运动受到阻碍形成一个高压区，其峰值约为 1.8 倍参考压力。但随着气泡继续扩张，此压力峰值逐渐减小直至消失。在图 9.5(a3) 中可以看到，由于气泡过度扩张，

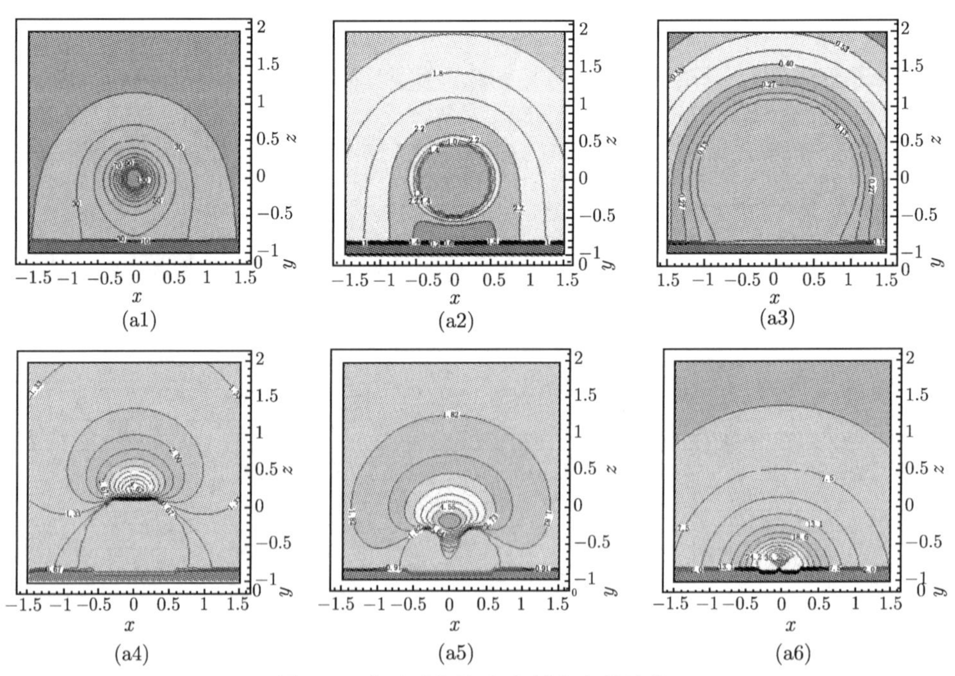


图 9.5　非球形气泡在方板上方的演化

(a1) $t$=0.0, (a2) $t$=0.10132, (a3) $t$=1.01281, (a4) $t$= 2.02886, (a5) $t$=2.16096, (a6) $t$=2.31823

所以其内部压力急剧下降，当压力下降到 0.13 倍参考压力后气泡急剧地收缩溃灭。如图 9.5(a4) 所示，气泡溃灭时顶部再次出现一个高压区，峰值约为 4.67 倍参考压力。此压力峰值随气泡溃灭不断升高，并朝下移动，推动着射流的发展。当射流撞击气泡底部表面后，气泡顶部压力峰值仍然存在，并上升到 35.2 倍参考压力，如图 9.5(a6) 所示。

图 9.6 为气泡体积和质心随时间的变化曲线图。气泡在生长中质心有轻微的向上迁移，但溃灭过程中迅速地向下运动，这是平板产生的 Bjerknes 力的强烈吸引所致。图 9.7 为其气泡动能、势能和总能量的变化特征。整个生长和溃灭过程中气泡的势能和动能相互转化，但总能量维持守恒。图 9.8 为气泡的 Kelvin 冲量随时间的变化特征。整个过程中 Kelvin 冲量始终为负值，这表明气泡在平板上方运动时，一直受到竖直向下流体动量的作用。初始时刻和溃灭末期 Kelvin 冲量变化

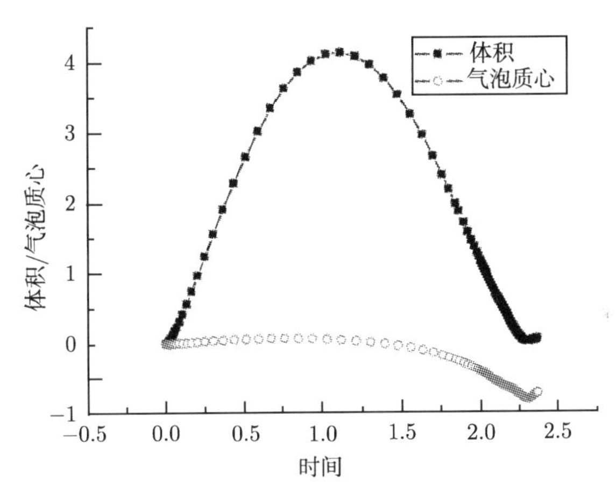


图 9.6　气泡体积和质心随时间的变化

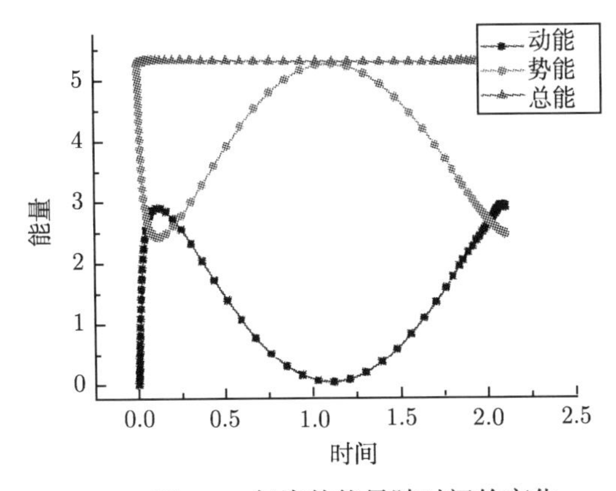


图 9.7　气泡的能量随时间的变化

速率都较大，这说明气泡在这两个阶段周围流体动量变化十分剧烈。图 9.9 为气泡北极点垂向速度的变化，在生长初期和溃灭末期气泡北极点运动的速率都很大，表明这两个时刻气泡运动变化非常显著。

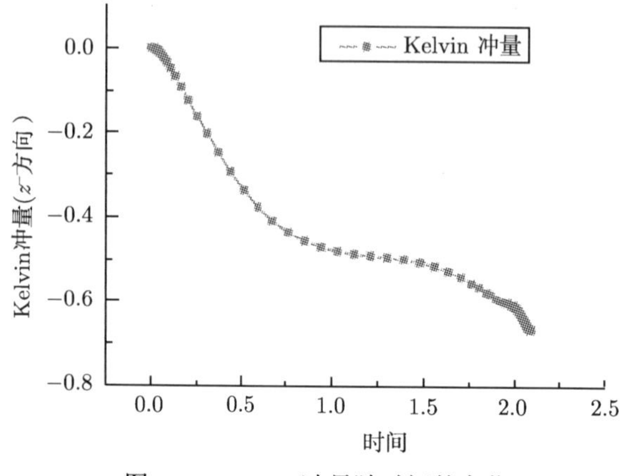


图 9.8　Kelvin 冲量随时间的变化

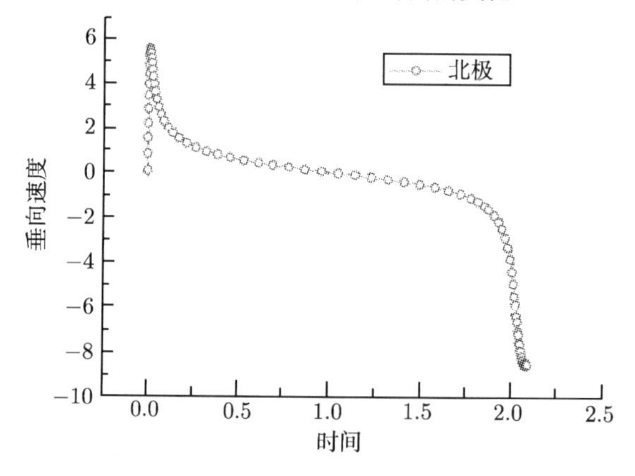


图 9.9　气泡北极点垂向速度分量

### 9.3.2　无重力作用下不同初始位置对气泡演变的影响

在压力参量 $\varepsilon = 150$，初始半径为 0.1284 的条件下，我们设置了一系列距离参量来进一步考察平板位置对气泡运动的影响。图 9.10(a1)~(a10) 和 (b1)~(b10) 分别是在不同距离参量下气泡生长到最大体积时和射流撞击前的形态图。对于 $\gamma_d$ 等于或小于 1.0 的情况下，气泡在生长到最大体积时其底部表面都出现明显的扁平特征。气泡距平板越近，其扁平特征越明显，溃灭时所产生的射流宽度也越大。如图 9.10(a5)~(a10) 所示，随着气泡和壁面间距的增大 ($\gamma_d > 1.0$)，壁面效应不断削弱，气泡在最大体积时几乎完全呈现球形特征，溃灭时其内部射流也更加细长。值得注意的是，当 $\gamma_{\mathrm{d}}$ ⩽3.0 时，在射流撞击前瞬间气泡体积随距离参量的增大逐渐减小。

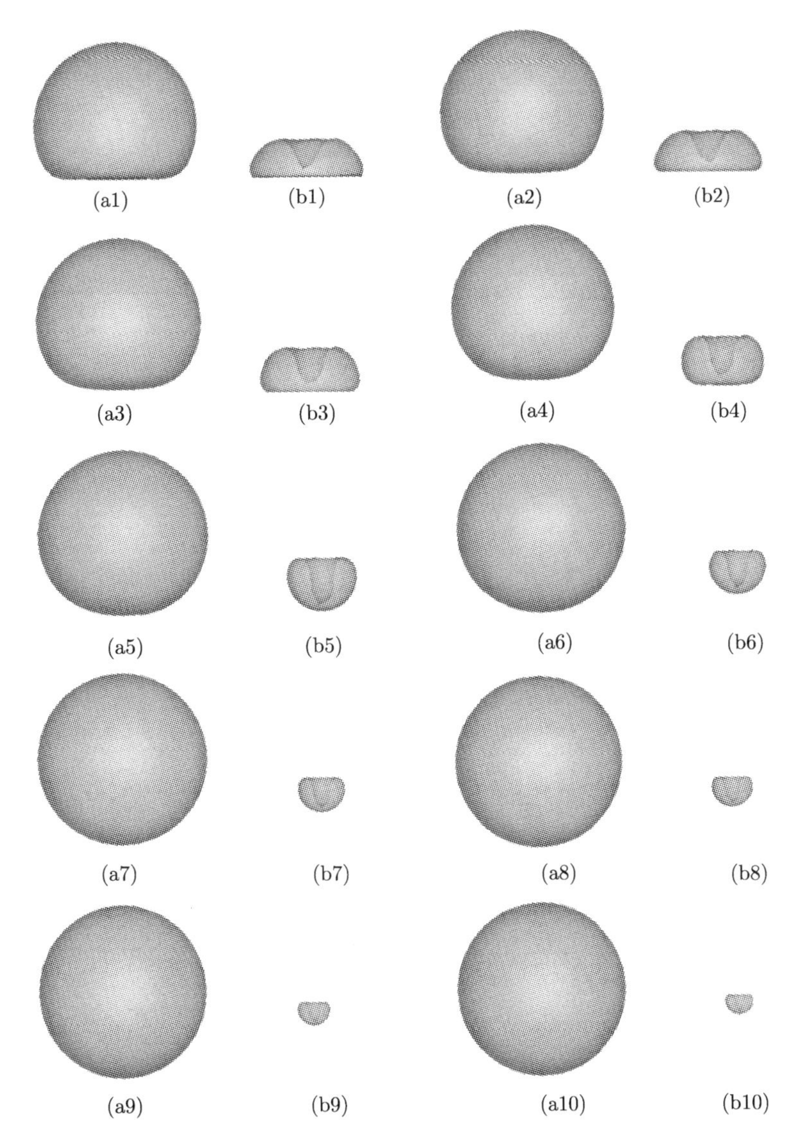


图 9.10 无重力作用、不同初始位置下气泡的演变

(a1) $\gamma_{\mathrm{d}}=0.75$, (a2) $\gamma_{\mathrm{d}}=0.80$, (a3)$\gamma_{\mathrm{d}}=0.9$, (a4)$\gamma_{\mathrm{d}}=1.0$, (a5) $\gamma_{\mathrm{d}}=1.2$, (a6)$\gamma_{\mathrm{d}}=1.5$, (a7) $\gamma_{\mathrm{d}}=1.8$, (a8)$\gamma_{\mathrm{d}}=2.0$, (a9) $\gamma_{\mathrm{d}}=2.5$, (a10) $\gamma_{\mathrm{d}}=3.0$, 射流撞击之前, (b1) $\gamma_{\mathrm{d}}=0.75$, (b2) $\gamma_{\mathrm{d}}=0.80$, (b3)$\gamma_{\mathrm{d}}=0.9$, (b4)$\gamma_{\mathrm{d}}=1.0$, (b5) $\gamma_{\mathrm{d}}=1.2$, (b6)$\gamma_{\mathrm{d}}=1.5$, (b7) $\gamma_{\mathrm{d}}=1.8$,

(b8)$\gamma_{\mathrm{d}}=2.0$, (b9) $\gamma_{\mathrm{d}}=2.5$, (b10) $\gamma_{\mathrm{d}}=3.0$

在无重力作用、不同初始位置条件下，气泡体积随时间演变如图 9.11 所示。气泡在溃灭过程中体积随距离减小不断增大。相反的是，气泡在生长过程中同一时刻的体积随着距离增大而不断增大，这表明边界的存在抑制了气泡的生长过程，使之达到最大体积的时刻有所推迟。同时，边界也很大程度上抑制了气泡的收缩溃灭，溃灭速度不断减缓。

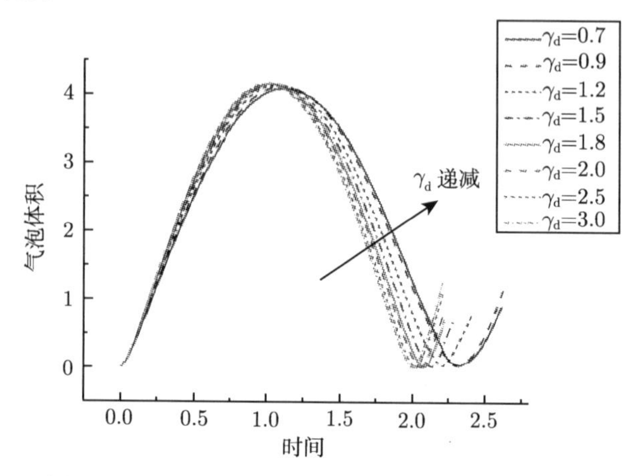


图 9.11 无重力作用、不同初始位置下气泡的体积

在无重力作用、不同初始位置条件下，气泡质心随着时间的演变如图 9.12 所示。在生长过程中气泡越靠近方板上表面，其质心越向上运动。但气泡越远离方板，其生长也越对称，几乎是关于初始位置均匀地朝外运动。由于方板强烈的 Bjerknes 效应，气泡在溃灭中迅速地朝向方板运动，同时体积急剧减小。在气泡距离 $\gamma_d$ >2.5 条件下，气泡质心在大部分时间内都保持不变。只有在射流撞击壁面瞬间，气泡才迅速朝向方板运动，质心急剧地向下运动。

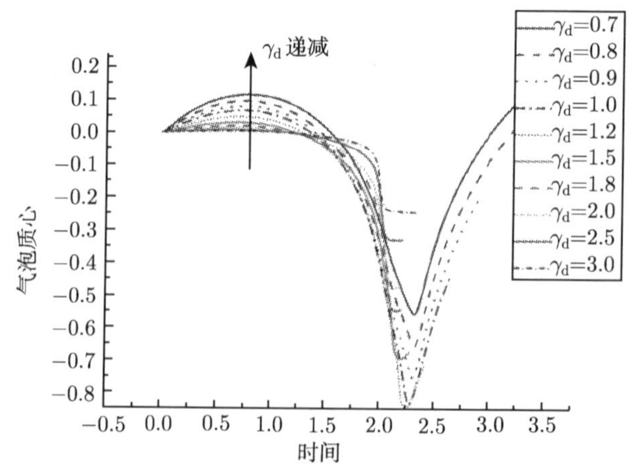


图 9.12 无重力作用、不同初始位置下气泡质心的变化

Kelvin 冲量的垂直分量随时间演变如图 9.13 所示。虽然初始距离不同，Kelvin 冲量数值却始终为负值。这表明气泡周围流体动量始终朝下，数值大小随距离减小不断增大。同样在生长初期和溃灭末期曲线斜率都较大，说明在这两个时刻流体动量变化十分剧烈。

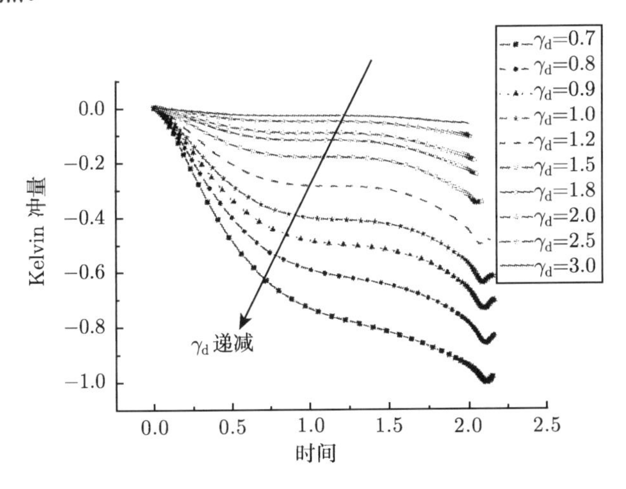


图 9.13 无重力作用、不同初始位置下气泡垂直方向 Kelvin 冲量的变化

### 9.3.3 重力作用下气泡演变

在重力作用下气泡在生长期间的浮力参量对演化的影响不大，因此本算例中只给出了不同浮力参量下 ($\delta$=0.0, 0.3, 0.6) 气泡溃灭阶段的典型形态图。气泡的初始距离参量为 1.1，除浮力参量和初始位置不同外，其余与 9.3.2 节中相同。从图 9.14 中可以看到，随着浮力参量的不断增大，气泡在生长期间质心不断上移，在溃灭时上浮速度就更加明显。当气泡生长到最大半径时，在浮力参量小于等于 0.3 的条件下气泡上浮运动并不明显。当浮力参量增大到 $\delta$=0.6 时，气泡质心向上迁移速度明显加快。从图 9.14(c2) 中可以看到，气泡质心上浮的距离约为 0.2 倍最大半径。当气泡处在溃灭中期时，如图 9.14(a2) 所示，在无重力条件下 ($\delta$=0.0) 气泡底部仍然受到方板的吸引，顶部出现一定拉伸。但溃灭末期出现垂直向下的射流，射流宽度比较细长。当浮力参量 $\delta$=0.3 时，气泡在浮力和方板吸引的共同作用下，气泡整体被拉伸成长条形。从图 9.14(b3) 可以看到，溃灭末期气泡中部出现凹陷，逐渐分裂成两个大小不等的气泡。气泡分裂处上部分的体积较小，说明气泡所受浮力略微小于方板的吸引力。当浮力参量增大到 $\delta$=0.6 时，气泡在溃灭中期形成“热气球”状，如图 9.14(c2) 所示。虽然气泡底部仍受到方板的吸引，但最终脱离结构表面并产生垂直向上的射流。

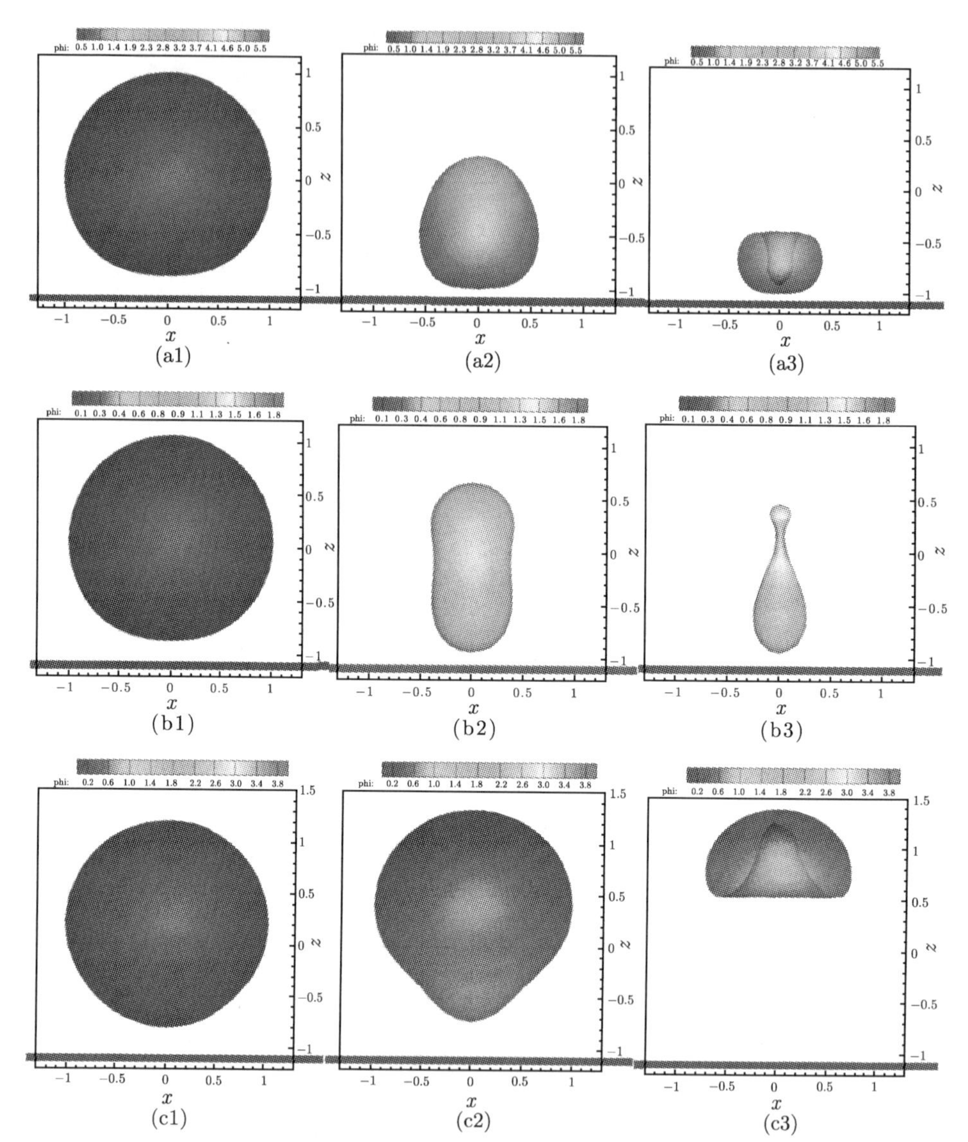


图 9.14　重力作用、不同浮力参量下气泡溃灭示意图 (彩图请扫封底二维码)

(a1) $\delta$=0.0, $t$=1.0812; (a2) $\delta$=0.0, $t$=1.94419; (a3) $\delta$=0.0, $t$=2.08501; (b1) $\delta$=0.3, $t$=1.09180; (b2) $\delta$=0.3, $t$=1.98644; (b3) $\delta$=0.3, $t$= 2.08072; (c1) $\delta$=0.6, $t$= 1.06642; (c2) $\delta$=0.6, $t$= 1.51513; (c3) $\delta$=0.6, $t$=2.18651

不同浮力参量下气泡周围流场变化如图 9.15 所示。在无重力作用下气泡增长到最大体积时周围流场较为均匀，内部压力约为 0.1 倍参考压力。在溃灭过程中由于下部方板的强烈吸引，气泡上方形成一个高压区，如图 9.15(a2) 所示。该高压区的峰值约为 3.4 倍参考压力。随着气泡溃灭和射流迅速发展，压力峰值继续朝下移动，在 $t$=2.0850 时刻增大 10 倍参考压力。在不考虑重力作用下，气泡周围流场的压力峰值始终出现在气泡上方远离结构一侧。为此，我们可以作如下解释：在溃灭开始时可以认为最大压力出现在流场中的无限远处，它推动着气泡的迅速溃灭。由于刚性边界的集中效应，流体更容易从垂直轴附近的方向吸引过来。然而，流体的质量守恒定律却要求距边界一定距离的那部分流体必须减速。这样在溃灭时气

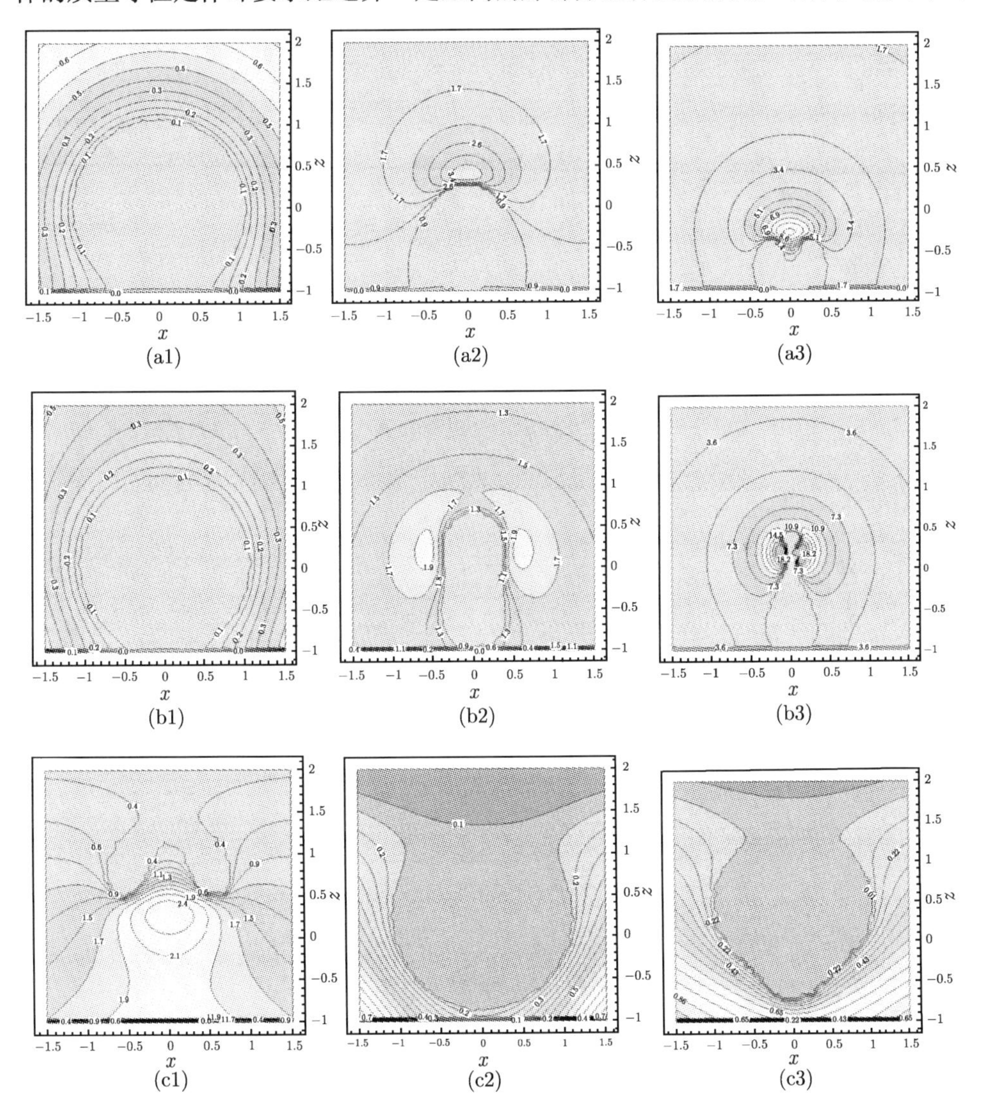


图 9.15　重力作用、不同浮力参量下气泡周围流场示意图

(a1) $\delta$=0.0, $t$=1.10812; (a2) $\delta$=0.0, $t$=1.94419; (a3) $\delta$=0.0, $t$=2.08501; (b1) $\delta$=0.3, $t$=1.09180; (b2) $\delta$=0.3, $t$=1.98644; (b3) $\delta$=0.3, $t$= 2.08072; (c1) $\delta$=0.6, $t$= 1.06642; (c2) $\delta$=0.6, $t$= 1.51513; (c3) $\delta$=0.6, $t$=2.18651

泡上方出现一个高压区，同时在高压区和射流前端点的那部分流体却加速运动，产生了速度很高的射流。随着浮力参量的增加 ($\delta$=0.3)，气泡周围的压力峰值却逐渐发生了转移，如图 9.15(b2)。由于重力和结构吸引力的大小相当 (但本算例中结构吸引力略大于重力)，气泡两侧出现高压区。随着气泡溃灭，此高压区域产生的环形射流有将气泡撕裂成两个小气泡的趋势。在 $t$=2.08072 时刻，气泡周围的高压峰值增大到 18.2 倍参考压力。当浮力参量达到 0.6 时，气泡基本上都被浮力作用主导，高压区逐渐转移到气泡下方与结构相邻的区域，但此刻压力峰值却远远小于前面两种情况。

## 9.4　非球形气泡在半限制性空间的演化

### 9.4.1　无重力作用下两平行平板之间气泡演变

为进一步研究空间结构对气泡演化的影响，设气泡位于两平行方板之间。方板的尺寸是 3×3×0.08，气泡内部初始压强为同深度静水压的 200 倍，气泡初始无量纲半径为 0.1159，参考压力取为 $1.01\times10^5$Pa。两平行方板的垂直距离为 2.6，这里不考虑重力影响。

图 9.16 是无重力作用下，气泡在平行方板间的演变。在 $t$=0.94776 时刻，气泡在初始生长期间仍然呈现球形，气泡上下两端受到方板的限制作用被轻微压扁。但溃灭初期方板对气泡产生了显著的吸引作用，气泡在垂直方向上被逐渐拉长，并在宽度上不断收缩。如图 9.16(a5) 所示，气泡中部区域逐渐凹陷，形成环形射流。随后，环形射流逐渐将气泡分割成两个几乎等大的小泡 (图 9.16(a6))。图 9.17 给出的是气泡演变过程中流场的压力分布。在溃灭过程中气泡中部周围的流场压力逐渐上升。左右两侧对称地出现两个压力区，压力峰值约为 1.2 倍参考压力，如图 9.17(a5) 所示。随着环形射流的发展，在溃灭末期压力峰值不断上升，达到 5 倍参考压力以上，将气泡对称地分割成两个更小的气泡。

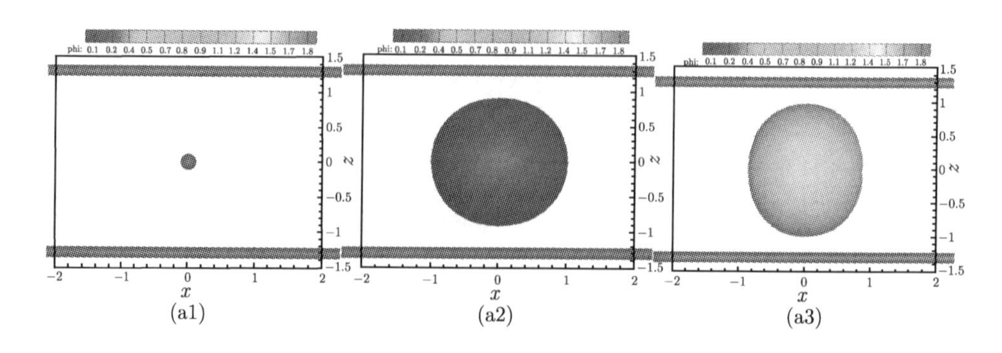

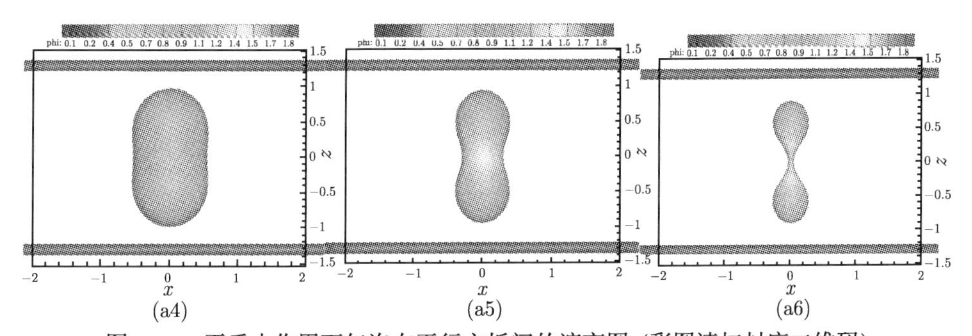


图 9.16 无重力作用下气泡在平行方板间的演变图 (彩图请扫封底二维码)

(a1) $t$=0.0, (a2) $t$= 0.94776, (a3) $t$= 1.67346, (a4) $t$=2.07646, (a5) $t$=2.22957, (a6) $t$=2.31761

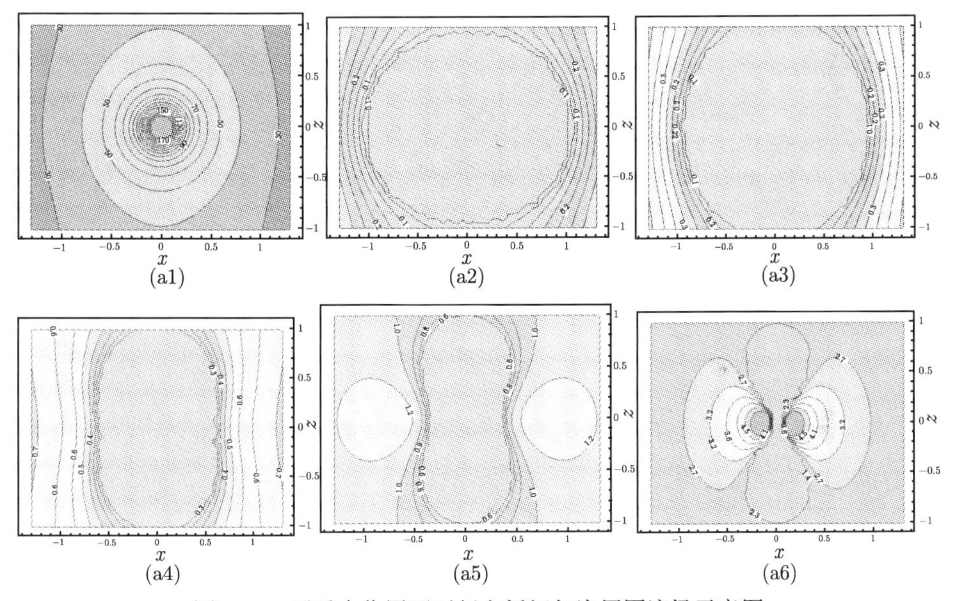


图 9.17 无重力作用下平行方板间气泡周围流场示意图

(a1) $t$=0.0, (a2) $t$= 0.94776, (a3) $t$= 1.67346, (a4) $t$=2.07646, (a5) $t$=2.22957, (a6) $t$=2.31761

### 9.4.2 重力作用下两平行平板之间气泡演变

以下算例考虑重力影响，气泡在不同浮力参量作用下的演变如图 9.18 所示。由于生长过程中气泡形态差异并不明显，因此只给出了溃灭阶段的气泡形态图。如图 9.18(a1)~(a4) 所示，在浮力参量 $\delta$=0.2 时，方板的 Bjerknes 力导致气泡在垂直方向伸长。同时，由于受到浮力和上面方板的 Bjerknes 力作用，气泡逐渐失去了无重力作用下的对称溃灭特征，气泡中下部表面收缩速率最快。随之形成的环形射流逐渐将气泡分割成上大下小的两个小泡，如图 9.18(a4) 所示。进一步加大浮力参量 ($\delta$=0.4)，气泡在溃灭阶段上升速度更快。在 $t$=1.99248 时刻底部迅速收缩，气泡演化成了 “钻石” 状。由于重力作用远远超过了底部方板的 Bjerknes 力，导致气泡在溃灭末期产生了垂直向上的射流。射流在上部方板的吸引和重力的作用下，最终演变成环形气泡。

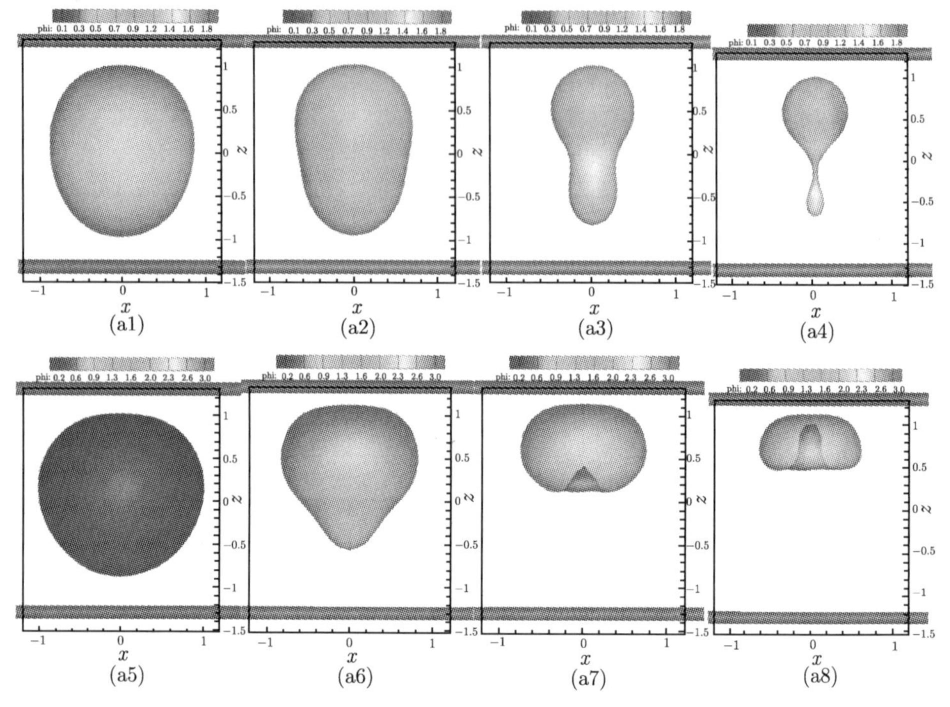


图 9.18　重力作用下气泡在平行方板间演变图 (彩图请扫封底二维码)

(a1) $\delta$=0.2, $t$=1.67855; (a2) $\delta$=0.2, $t$=1.96611; (a3) $\delta$=0.2, $t$=2.22542; (a4) $\delta$=0.2, $t$=2.30234; (a5) $\delta$=0.4, $t$=1.315307; (a6) $\delta$=0.4, $t$=1.99248; (a7) $\delta$=0.4, $t$=2.16101; (a8) $\delta$=0.4, $t$=2.32481

平行方板间气泡在不同浮力参量下的体积变化如图 9.19 所示，气泡在生长过

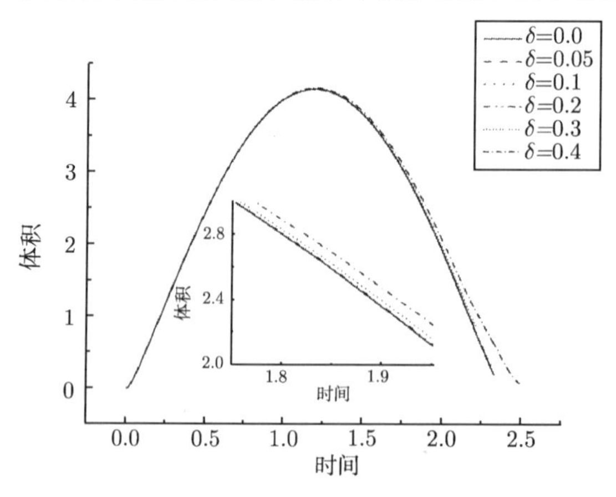


图 9.19　重力作用下气泡在平行方板间体积变化

程体积变化差异并不显著，但在溃灭阶段气泡体积收缩速率随着浮力增大而不断降低。尤其是在溃灭末期这一趋势越来越显著。图 9.20 是 Kelvin 冲量随时间的变化情况。在重力作用下，Kelvin 冲量数值皆为正值，说明整个气泡周围流体动量垂直向上。随着浮力参量的不断增大，Kelvin 冲量在数值上不断增大。然而，在气泡溃灭末期 Kelvin 冲量增长速率有所降低。

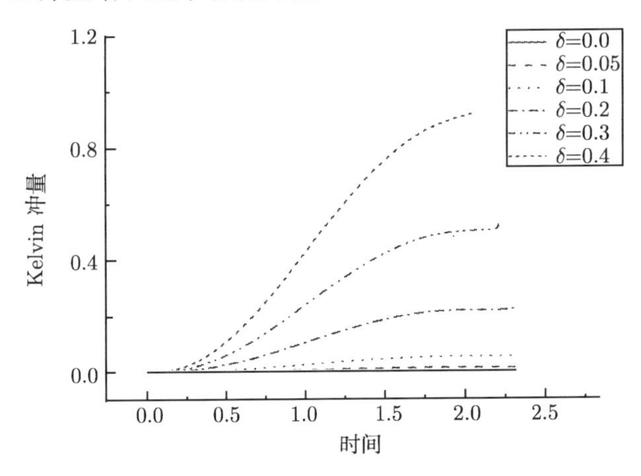


图 9.20 重力作用下不同浮力参量下气泡垂直方向 Kelvin 冲量的变化

### 9.4.3 两平行板之间多个气泡演变 [50]

与单个气泡的演变相比，多个气泡的演变更为复杂，以下我们进一步研究多个气泡在两平行平板之间的演变特征。两气泡的初始参数为：初始半径为 0.1485，气泡内部初始压力为同深度静水压的 100 倍。为更好地考察气泡之间、气泡与结构间的作用，以下均不考虑重力。两方板间的垂直距离为 4.4。两气泡间的初始距离为 2.0。也就是说，两气泡间初始距离略小于气泡与方板间的距离，因此气泡间的相互作用应大于气泡与平板间的作用。如图 9.21 所示，在生长阶段两气泡相邻部位比气泡与结构间的部位更为扁平。气泡在溃灭过程中腰部再次出现环形射流，两个气泡均被拦腰截断，最终会分割成四个单独的小气泡。

然而，两个等大的垂向气泡在平板间的运动却不一定完全分割成四个单独的气泡。如图 9.22 所示，气泡运动的初始参数设置与上一算例相同，平板间的距离增加到 6.0。但此刻气泡的演化形态却完全发生了变化。随着平板间距离的增加，气泡之间的 Bjerknes 效应成为主导。在达到最大体积时，气泡靠近平板部分生长比较均匀，气泡相邻部位仍然出现排斥作用。然而，在溃灭过程中气泡靠近平板部分收缩速率减慢，使得气泡在垂直方向上有所伸长。如图 9.22(a3) 所示，气泡再次演变成“钻石”状。但是气泡并没有从腰部区域收缩溃灭，由于气泡间的 Bjerknes 效应主导了结构对气泡的吸引，气泡仍然在垂直方向上形成对向射流。此情形同不考

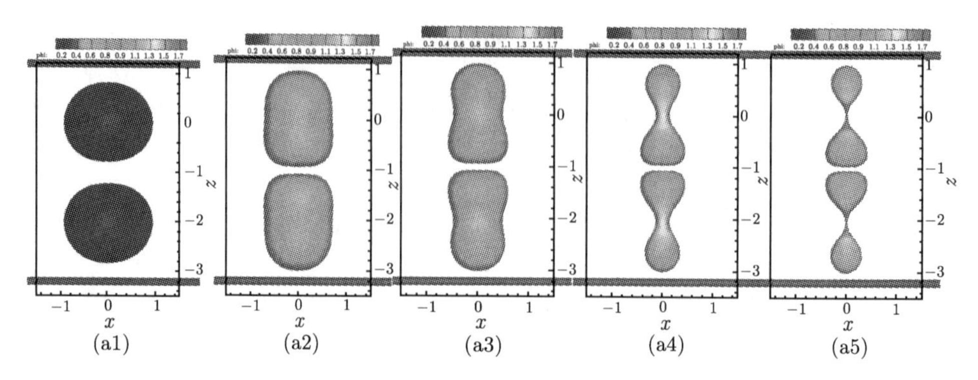


图 9.21　两等大的气泡在平行方板间演变图 (平板垂直距离 4.4)(彩图请扫封底二维码)
(a1) $t$=0.71084, (a2) $t$=2.08895, (a3) $t$=2.32452, (a4) $t$=2.5282, (a5) $t$=2.56209

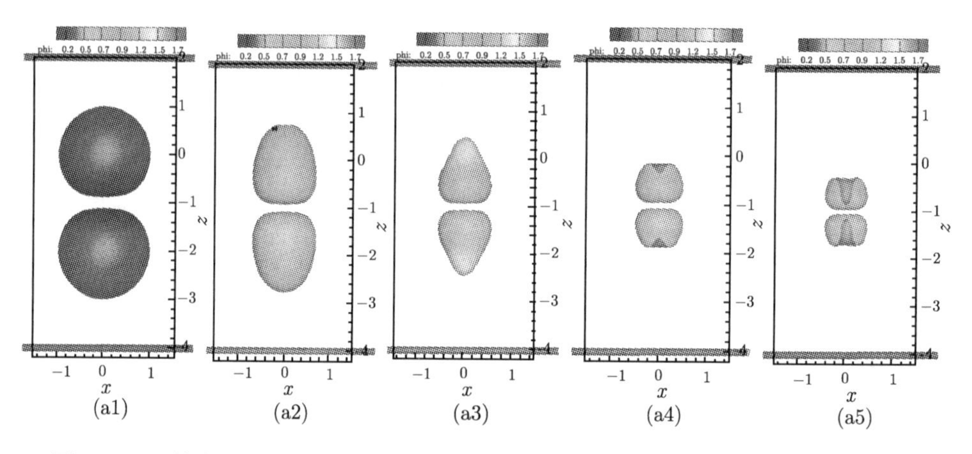


图 9.22　两等大气泡在平行方板间演变图 (平板垂直距离 6.0)(彩图请扫封底二维码)
(a1) $t$=1.44645, (a2) $t$=2.07192, (a3) $t$=2.29184, (a4) $t$=2.3667, (a5) $t$=2.40897

虑边界和重力作用的情形类似。但不同的是，方板的存在使得气泡溃灭过程减缓，气泡表面靠近平板的部位受到拉伸，运动速度有所降低。

图 9.23 是两初始大小不相等的气泡在无重力条件下的演变，两方板间的垂直距离仍为 4.4。大小气泡的初始半径分别为 0.1485 和 0.1188。两气泡内部气体初始压力均为同深度静水压的 100 倍。从图 9.23(a1) 可以看到，两个气泡在初始时刻向外径向生长。但由于小气泡生命周期较短，因此率先达到最大体积。随后大气泡仍继续生长，此刻小气泡已进入溃灭阶段。在 $t$=1.30151 时刻，大气泡生长到最大体积，小气泡顶部受到大气泡排斥被轻微压扁，其底部表面由于方板的吸引逐渐伸长。随后大气泡也进入溃灭期，如图 9.23(a3) 所示。这时大小气泡均被拉伸，小气泡中部出现凹陷，形成环形射流。由于距离底部边界较远，小气泡仍然出现大小不等的分裂特征。在 $t$=2.04980 时刻，小气泡被环形射流分割成上大下小的两个气

泡。同时大气泡在竖直方向上继续伸长，并没有观察到任何的射流迹象。从以上的讨论可以看到，大气泡的存在类似于结构的作用，使得小气泡产生了环形射流。

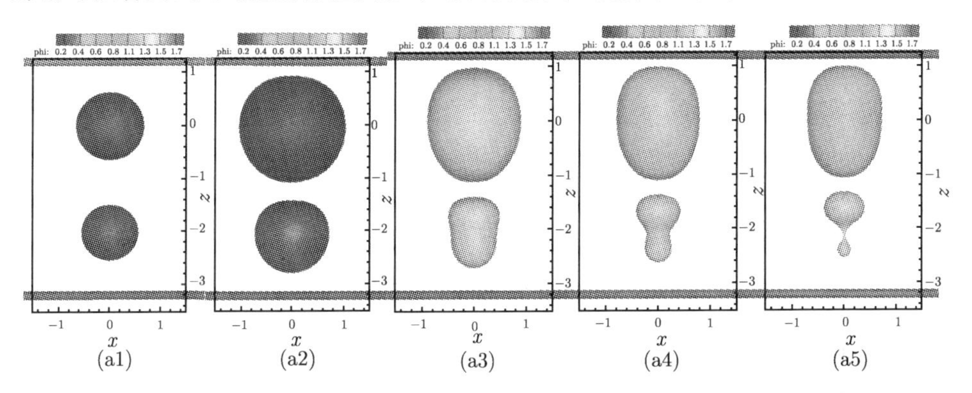


图 9.23 两不等大的气泡在平行方板间演变图 (平板垂直距离 4.4)(彩图请扫封底二维码)

(a1) $t$=0.26474, (a2) $t$=1.30151, (a3) $t$=1.78824, (a4) $t$=1.96461, (a5) $t$=2.04980

### 9.4.4 曲壁面周围非球形气泡演变

以上所讨论的问题均为简单的平板结构，为进一步研究真实条件下的气泡变化特征，以下我们考察曲壁结构与气泡的相互作用。与二维数值计算相比，三维程序更加适合计算这种复杂状况下的气泡变化特征。计算模型为两端半球形的圆柱结构，柱体直径为 2.0，两端球面的半径为 1.0，整个圆柱体长度为 4.4。气泡初始时刻半径为 0.1203，距左端球面的距离为 0.9，以便观察气泡与结构表面接触时的演变特征。气泡内部初始压力为同深度静水压的 180 倍，浮力参量为 0.3。如图 9.24 所示，云图代表气泡内部和圆柱体上的压力分布。在初始时刻，气泡向外球形生长。在 $t$=0.32102 时刻，曲形壁面对气泡的阻碍作用开始显现，气泡右端表面被轻微压扁。当气泡增大到最大体积时，由于球形壁面作用，气泡右端出现较为明显的凹陷 (图 9.24(a3))。初始时刻在气泡作用下圆柱体左端首先出现较大的压力峰值，约为 20~30 倍参考压力。随着气泡的生长，左端压力逐渐降低，即越靠近气泡的柱体表面压力越低。右端壁面底部压力明显高于顶部压力。但随着气泡的溃灭，在重力和圆柱体吸引力的共同作用下气泡出现严重的扭曲变形，底部溃灭速率较顶部快。如图 9.24(a4) 所示，气泡水平方向的收缩速率明显小于垂直方向。在 $t$=1.88318 时刻，远离柱体的气泡底部表面首先出现凹陷特征。如图 9.24(a6) 所示，射流出现在气泡底部偏左部位。射流方向基本竖直向上，说明主要是重力作用诱导产生，但射流规模较小。在 $t$=1.97396 时刻，射流撞击到气泡顶部表面并将其刺穿，从而形成一扭曲的圆环面。由于内部压力较低，环形气泡继续收缩，在 $t$=1.99768 时刻达到最小体积。在气泡溃灭中，圆柱体左端下部区域首先出现一高压区 (图 9.24(a5))。

随后，高压区移动到圆柱体的最左端表面。在气泡溃灭的过程中，柱体表面压力不断上升，压力峰值最终达 8 倍参考压力以上，如图 9.24(a8) 所示。

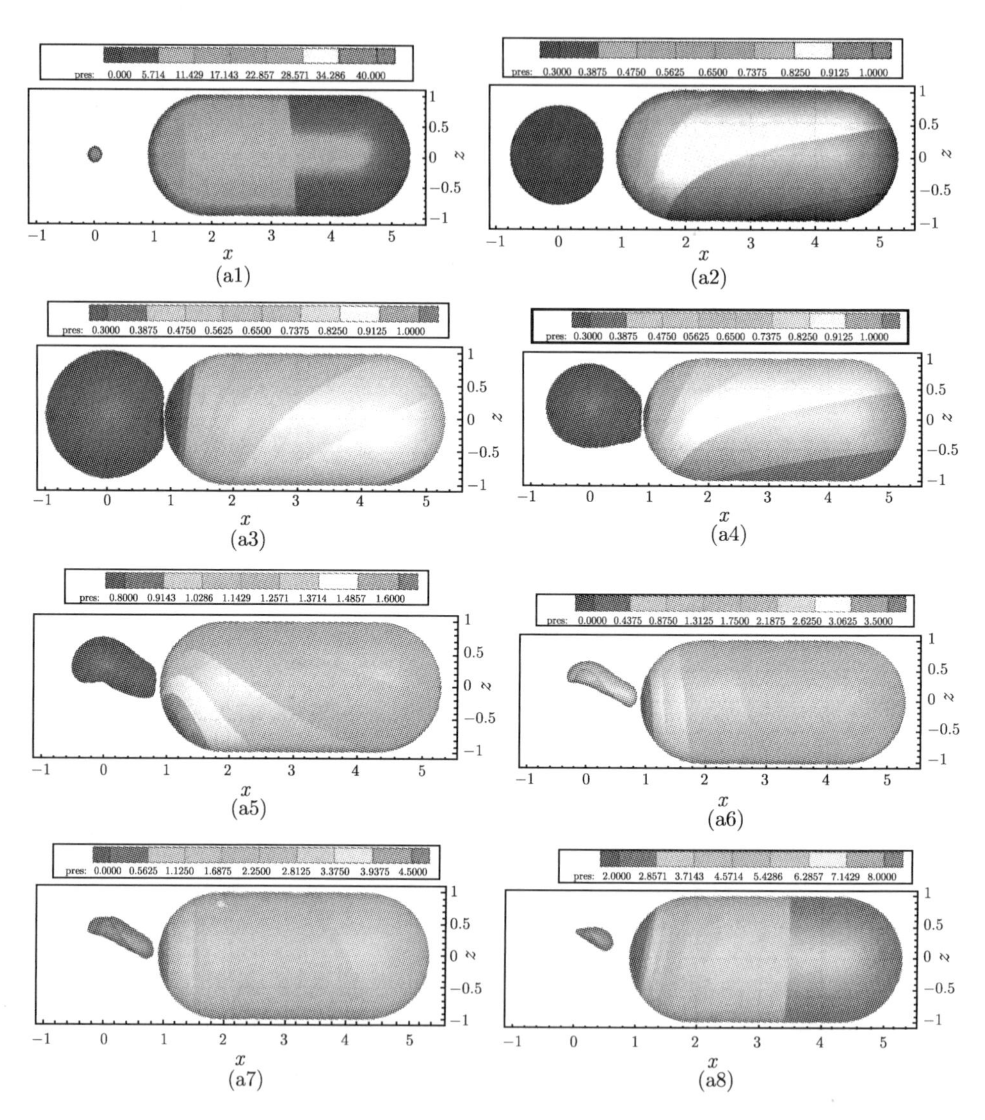


图 9.24　气泡在两端为球形的圆柱体结构周围演变图 (彩图请扫封底二维码)

(a1) $t$=0.00419, (a2) $t$=0.32102, (a3) $t$=1.18839, (a4) $t$=1.68893, (a5) $t$=1.88318, (a6) $t$=1.96364, (a7) $t$=1.97396, (a8) $t$=1.99768

在下一算例中除浮力参量增大到 0.5，其余计算参数与上一算例相同。气泡在生长过程中的形态与前一算例类似，如图 9.25 所示。当达到最大体积时，整个气泡出现明显的向上迁移。在 $t$=1.68007 时刻，气泡出现大面积的底部凹陷，并形成一宽度很大的片状射流，气泡产生严重的扭曲变形。气泡在溃灭中向上迁移的速度较快，在 $t$=1.88417 时刻，圆柱体左侧底部仍观察到一压力峰值的出现。然而，由于气泡上浮的作用较为明显，整个气泡溃灭过程中的二次压力峰值较上一算例明

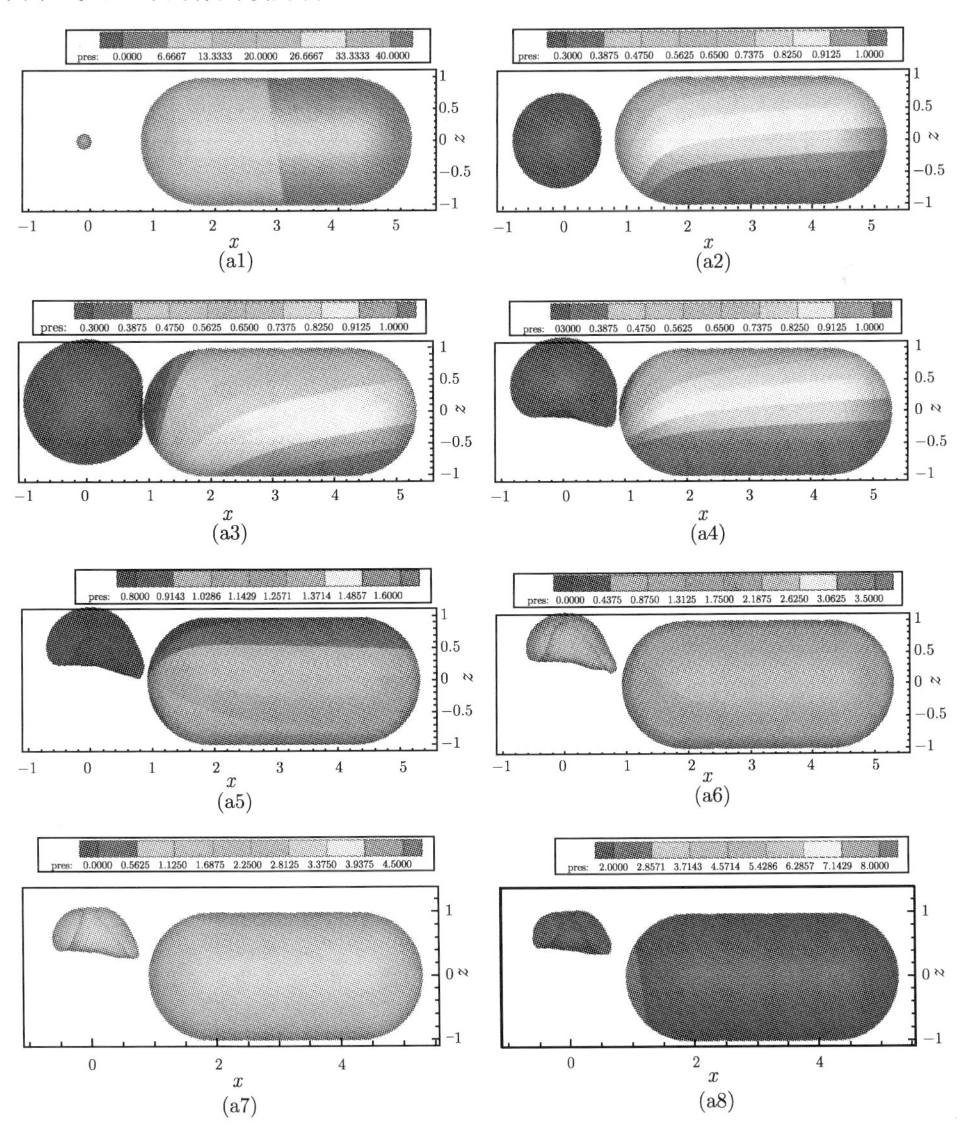


图 9.25 气泡在两端为球形的圆柱体结构周围演变图 (彩图请扫封底二维码)

(a1) $t$=0.00226, (a2) $t$=0.30201, (a3) $t$=1.1083, (a4) $t$=1.68007, (a5) $t$=1.88417, (a6) $t$=1.96682, (a7) $t$=1.97702, (a8) $t$=1.9957

显降低。在 $t$=1.97702 时刻，射流撞击到气泡顶部，从而形成一扭曲的圆环面。与上一算例相比，环形气泡体积明显增大，这说明气泡溃灭速度有所减缓。

由于单个气泡在柱体上方演变与平板类似，以下我们讨论多个气泡在圆柱体上方的演变。气泡中心距圆柱体顶部的垂直距离为 0.9，初始半径均为 0.1203，气泡内部气体初始压力为静水压的 180 倍，浮力参量为 0.1。在初始时刻仍旧可以看到柱体表面也出现了较大的压力，约为参考压力的 35 倍。但随着气泡体积增大，柱体顶部压力也不断降低。越靠近气泡底部，压力下降越明显，如图 9.26(a2) 所示。这时两气泡中间相邻部位出现了扁平特征，底部表面受到柱体的阻碍发生显著凹陷。在气泡溃灭中，两气泡外侧区域收缩速率明显高于内侧，这是气泡间 Bjerknes 力和重力共同作用的结果。在随后运动中气泡间 Bjerknes 力成为主导作用，重力作用逐渐减弱，因此形成了指向中部对称面的一对射流。由于底部柱体的阻碍作用，气泡外侧上部表面的溃灭速度明显高于下部。在整个射流发展中，重力作用不够明显，射流发展基本沿水平方向演变，如图 9.26(a5) 和 (a6) 所示。圆柱表面压力

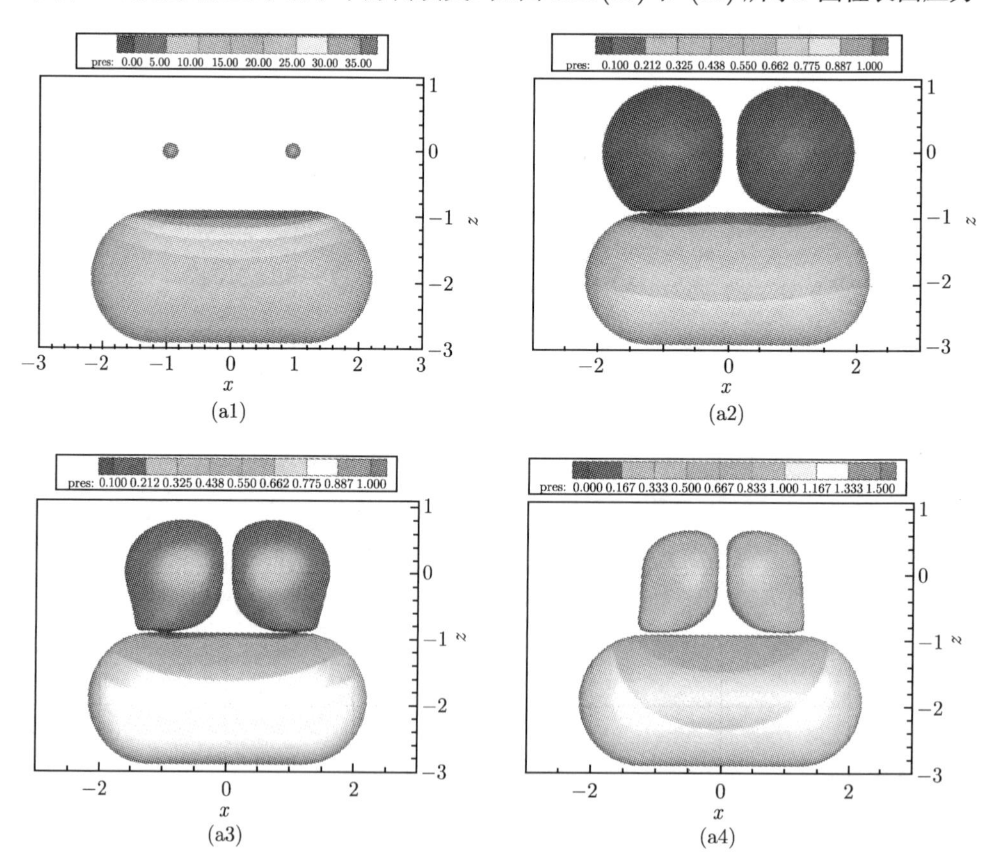

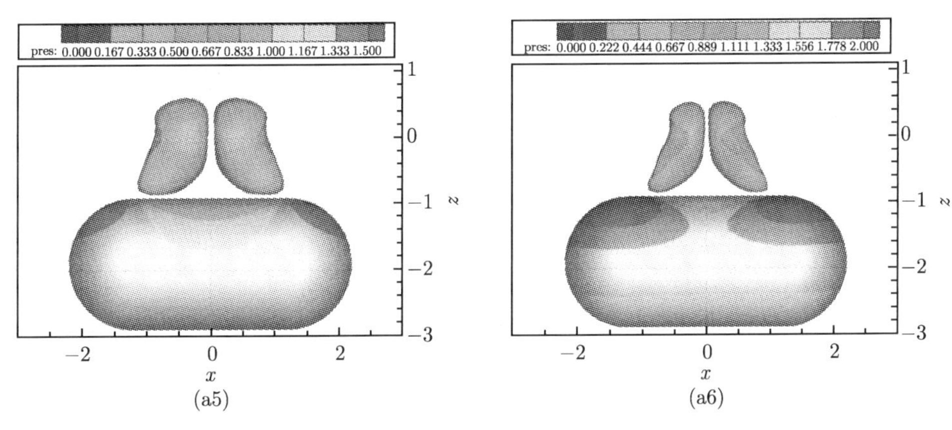


图 9.26 两气泡在两端为球形的圆柱体结构周围演变图 (彩图请扫封底二维码)
(a1) $t$=0.00055, (a2) $t$=1.35058, (a3) $t$=1.87971, (a4) $t$=2.07736,
(a5) $t$=2.18219, (a6) $t$=2.29411

随气泡溃灭不断上升。值得注意的是，在气泡溃灭末期，圆柱体两侧顶端出现了明显的压力冲击，但在靠近气泡底部的柱体表面压力仍旧维持在一个较低的数值。

在最后一个算例中，气泡所受到的重力作用进一步增大，浮力参量增大到 0.4。气泡的变化过程如图 9.27 所示。气泡在生长过程中出现了明显的向上迁移。从图 9.27(a3) 可以看到，气泡溃灭中呈现十分奇特的外形，最底部突出部分是由于柱体的 Bjerknes 作用阻碍了气泡的收缩所引起。两气泡外侧下部表面收缩速度明显高于其余部位，这是气泡间 Bjerknes 效应和重力共同作用的结果。但随着溃灭的推进，气泡不断向上迁移。气泡底部最终挣脱了柱体表面束缚，形成两股斜向上的片状射流。但射流的宽度和范围较前一算例更为显著，如图 9.27(a6) 所示。与上一算例不同的是气泡溃灭中柱体表面的压力分布。在靠近气泡底部的圆柱体上方出现两个不断上升的高压区，对柱体顶部表面造成大面积的加载。

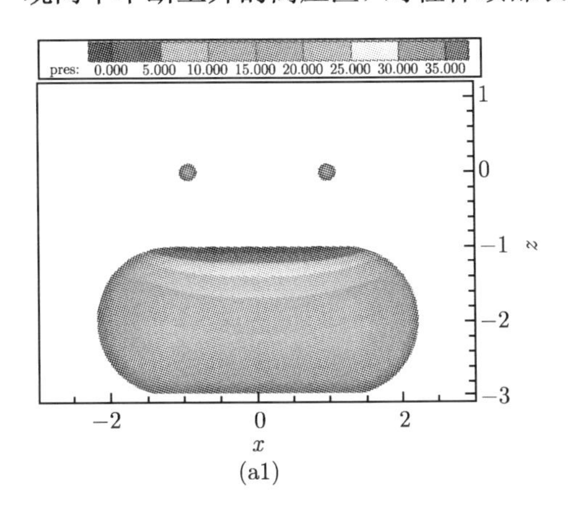


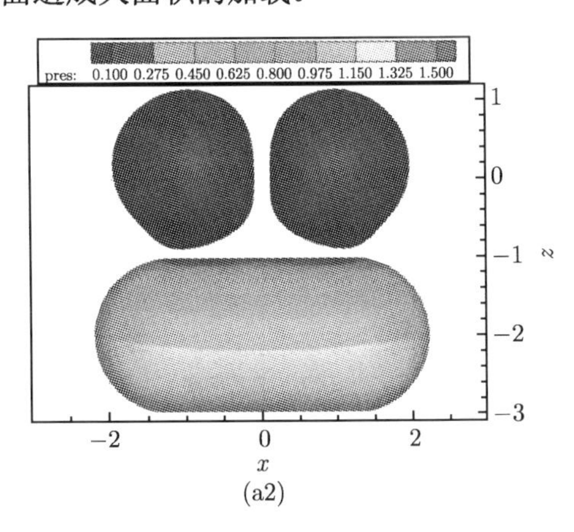

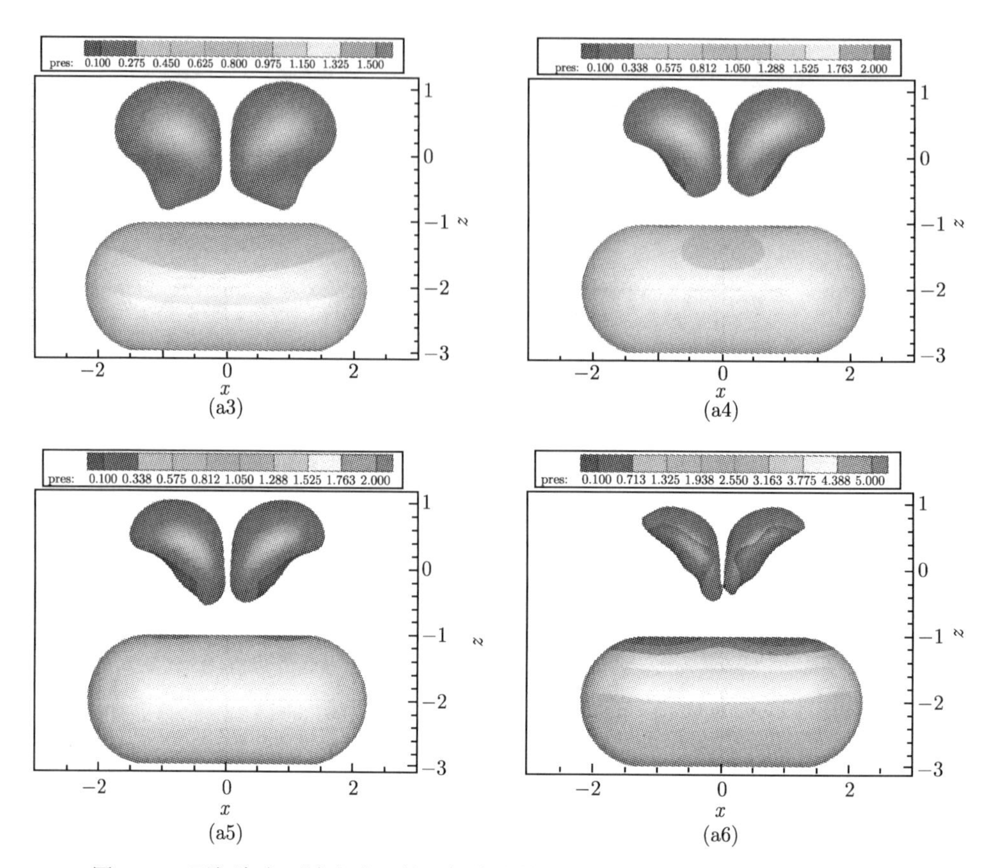


图 9.27　两气泡在两端为球形的圆柱体结构周围演变图 (彩图请扫封底二维码)

(a1) $t$=0.00055, (a2) $t$=1.37197, (a3) $t$=1.86949, (a4) $t$=2.07454, (a5) $t$=2.10959, (a6) $t$=2.22937

## 9.5　本章小结

本章详细推导了气泡与固定结构之间的流固耦合算法，通过联立求解两类 Fredholm 积分方程，分别得到了气泡的节点速度和结构上节点的速度势分布。基于三维位势问题基本解的积分恒等式，推导出一种求解系数矩阵对角线元素更为简便、精度更高的计算方法。

首先，计算了气泡在方板上方演化过程，对气泡的生长、溃灭和环形气泡的形成、溃灭以及回弹作了细致讨论，并进一步分析了气泡周围流场的压力变化。同时还研究了不同初始位置和重力下气泡形态和射流特点。

其次，对气泡在两狭长平板间的运动特征作了详细的研究，分析了单个、多个非球形气泡在这类狭长区域的演化特性。数值试验发现，气泡大多会形成环形射流，逐渐分裂成两个单独的小气泡。但当平板间距离不断增大时，气泡仍可能形成对向射流。大气泡对小气泡有明显的抑制作用，大气泡的存在类似于结构的影响，使得小气泡产生环形射流。

最后，讨论了气泡在两端为半球形的圆柱体周围的变化特征。当气泡位于曲形壁面两侧时，溃灭中会形成十分扭曲的形状，并率先在柱体远端产生射流。射流宽度随浮力参量增大而增大，甚至会形成规模较大的片状射流。对于柱体上方的两气泡运动，在重力作用较小时，会形成对向的水平射流；当重力作用增大时，水平射流转变成对称的斜向上射流，同时对柱体顶部产生大面积冲击。

# 第10章　气泡-结构耦合动力学

气泡和结构靠近时，结构响应会影响气泡的动态特征；同时气泡动态变化也反过来影响着结构上的载荷特征和应力分布，即气泡–结构耦合动力问题。只有准确计算出结构和气泡间的耦合运动才能可靠地预测出作用在结构体上的载荷特性。

由于问题的复杂性，目前只有一些特定的数值方法才能较为准确地预测出气泡和结构体的耦合运动特征。例如，边界积分法和有限元法相结合是求解这类自由边界问题的一种快速有效的方法。本章对此进行详细的介绍。

## 10.1　非球形气泡和三维刚体耦合动力学

自由液面下方气泡在运动或变形结构附近运动的控制方程和边界条件如下：

$$
\begin{cases}
\nabla^2\phi^* = 0, & \text{整个流体域内} \quad (10.1)\\
\dfrac{\mathrm{D}\phi^*}{\mathrm{D}t^*} = 1 + \dfrac{1}{2}\left|\nabla\phi^*\right|^2 - \delta^2 z^* - \varepsilon\left(\dfrac{V_0^*}{V^*}\right), & \text{气泡上} \quad (10.2)\\
\dfrac{\mathrm{D}\phi^*}{\mathrm{D}t^*} = \dfrac{1}{2}\left|\nabla\phi^*\right|^2 - \delta^2(z^* - \gamma_{\mathrm{f}}), & \text{液面上} \quad (10.3)\\
\dfrac{\mathrm{D}\boldsymbol{r}^*}{\mathrm{D}t^*} = \nabla\phi^*, & \text{气泡、液面和结构上} \quad (10.4)\\
|\phi^*| \to 0, \quad |\boldsymbol{r}^*| \to 0, & \text{无穷远处} \quad (10.5)\\
\nabla\phi^*\cdot\boldsymbol{n} = \boldsymbol{u}_{\mathrm{s}}^*\cdot\boldsymbol{n}, & \text{结构上} \quad (10.6)
\end{cases}
$$

上述符号的定义与第 6 章中相同，星号代表该参数为无量纲变量。假定刚体在三维空间任意运动，因此需要对六个自由度刚体运动方程进行求解。平动问题较为简单，而转动问题相对复杂。如果将三维刚体运动分解为三个方向的平动和三个方向的转动，问题可以进一步简化。以下我们首先讨论气泡和刚体相互作用问题，随后再讨论气泡和弹性体的流固耦合问题。

## 10.2　六自由度运动方程求解

首先考虑流体载荷作用下一自由平动和转动的刚体运动。为了研究气泡演变对运动刚体的作用，这里采用一种可以计及刚体六个自由度运动的算法。通过联立求解线性动量和角动量方程组，并利用空间固定坐标系和物固坐标系组成的两套坐标系统来计算。浸没体的瞬时位置可通过追踪物体质心和其相对于空间固定坐标系的转动角度来确定。空间固定坐标系和物固坐标系之间的变量通过变换矩阵来联系。在每个时间步里，气泡动力子程序计算出浸没体上压力分布，同时结构响应程序提供节点的瞬时位置和速度作为气泡动力子程序的边界条件。

对于以速度 $V$ 运动的浸没体，必须考虑六个自由度的运动，即在 $X$、$Y$ 和 $Z$ 轴方向的诱导运动 (即纵荡、横荡和垂荡) 和沿坐标轴的转动 (横摇、纵摇和首摇)。纵荡、横荡和垂荡可以用速度矢量 $\dot{\boldsymbol{r}}_G$ 来表示，即刚体质心 $G$ 的速度。横摇、纵摇和首摇可以用物固坐标系的角速度 $\dot{\boldsymbol{\Theta}}$ 来表示。

首先定义两套笛卡儿坐标系。如图 10.1 所示，$OXYZ$ 为空间固定坐标系，它的原点选在气泡质心的初始位置，$Z$ 轴竖直朝上，$XY$ 平面与初始静水面平行。第二套坐标系为物固坐标系 $o'x'y'z'$，它的原点选为物体质心，坐标系固定在物体上并与物体以相同的角速度转动。为了更好地计算物体六个自由度的运动 (即三个方向的平动和三个方向的转动)。作用在物体上的力和力矩分别用 $\boldsymbol{F}_{\mathrm{e}}=[F_{x'},F_{y'},F_{z'}]^{\mathrm{T}}$ 和 $\boldsymbol{M}_{\mathrm{e}}=[M_{x'},M_{y'},M_{z'}]^{\mathrm{T}}$ 表示 (在本章中所有带一撇 ($'$) 的变量均为定义在物固坐标系中的变量)。广义流体力可以表示成 $\boldsymbol{f}=[\boldsymbol{F}_{\mathrm{e}},\boldsymbol{M}_{\mathrm{e}}]$。物固坐标系下的刚体运动方程为 [40]

$$[\boldsymbol{m}]\cdot[\dot{\boldsymbol{u}}]+[\boldsymbol{m}]\cdot[\boldsymbol{\Omega}\times\boldsymbol{u}]=\boldsymbol{F}_{\mathrm{e}} \tag{10.7}$$

$$[\boldsymbol{I}]\cdot[\dot{\boldsymbol{\Omega}}]+[\boldsymbol{\Omega}]\times[\boldsymbol{I}\cdot\boldsymbol{\Omega}]=\boldsymbol{M}_{\mathrm{e}} \tag{10.8}$$

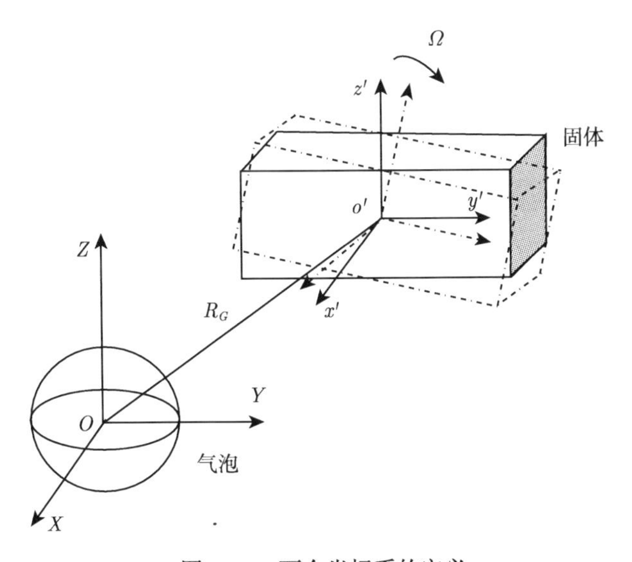


图 10.1　两个坐标系的定义

这里只考虑轴对称物体，$[\boldsymbol{m}] = \mathrm{diag}(m, m, m)$ 和 $[\boldsymbol{I}] = \mathrm{diag}(I_{xx}, I_{yy}, I_{zz})$ 分别代表刚体的质量和转动惯量，$[\boldsymbol{u}] = [u_x, u_y, u_z]^{\mathrm{T}}$ 和 $[\boldsymbol{\Omega}] = [\omega_x, \omega_y, \omega_z]^{\mathrm{T}}$ 分别为刚体在物固坐标系中的平动和转动速度。以上表达式可以展开成如下形式：

$$m\left(\frac{\partial u_x}{\partial t} + u_z\omega_y - u_y\omega_z\right) = F_{x'} \tag{10.9}$$

$$m\left(\frac{\partial u_y}{\partial t} + u_x\omega_z - u_z\omega_x\right) = F_{y'} \tag{10.10}$$

$$m\left(\frac{\partial u_z}{\partial t} + u_y\omega_x - u_x\omega_y\right) = F_{z'} \tag{10.11}$$

$$I_{xx}\frac{\partial \omega_x}{\partial t} + (I_{zz} - I_{yy})\,\omega_z\omega_y = M_{x'} \tag{10.12}$$

$$I_{yy}\frac{\partial \omega_y}{\partial t} + (I_{xx} - I_{zz})\,\omega_x\omega_z = M_{y'} \tag{10.13}$$

$$I_{zz}\frac{\partial \omega_z}{\partial t} + (I_{yy} - I_{xx})\,\omega_x\omega_y = M_{z'} \tag{10.14}$$

上述微分方程组可以采用四阶 Runge-Kutta 方法联立求解。对于三维刚体的任意运动，刚体的瞬时位置可以通过确定物固坐标系的原点和其相对于固定坐标系的转动角度来确定。定义 $\boldsymbol{r}_G = (x_G, y_G, z_G)$ 为任意瞬时刚体质心在固定坐标系下的坐标 (与物固坐标系的原点重合)。定义 $\boldsymbol{\Theta} = (\alpha_x, \alpha_y, \alpha_z)$ 为坐标系 $o'x'y'z'$ 相对于固定坐标系 $OXYZ$ 下的转动角度。角度 $(\alpha_x, \alpha_y, \alpha_z)$ 分别代表刚体在空间固定坐标系中测得的横摇角、纵摇角和首摇角。刚体在空间固定坐标系中的平动速度 $\dot{\boldsymbol{r}}_G$ 和转动速度 $\dot{\boldsymbol{\Theta}}$ 与物固坐标系中的广义速度 $\boldsymbol{V}_{\mathrm{gen}} = [\boldsymbol{u}, \boldsymbol{\Omega}]^{\mathrm{T}}$ 有如下关系：

$$\dot{\boldsymbol{r}}_G = [\boldsymbol{T}_R]\boldsymbol{u}, \quad \dot{\boldsymbol{\Theta}} = [\boldsymbol{T}_\theta]\boldsymbol{\Omega} \tag{10.15}$$

$[\boldsymbol{T}_R]$ 和 $[\boldsymbol{T}_\theta]$ 为两坐标系下的转换矩阵，形式如下：

$$\boldsymbol{T}_R = \begin{bmatrix} \cos\alpha_y\cos\alpha_z & -\cos\alpha_x\sin\alpha_z + \sin\alpha_x\sin\alpha_y\cos\alpha_z & \sin\alpha_x\sin\alpha_z + \cos\alpha_x\sin\alpha_y\cos\alpha_z \\ \cos\alpha_y\sin\alpha_z & \cos\alpha_x\cos\alpha_z + \sin\alpha_x\sin\alpha_y\sin\alpha_z & -\sin\alpha_x\cos\alpha_z + \cos\alpha_x\sin\alpha_y\sin\alpha_z \\ -\sin(\alpha_y) & \sin\alpha_x\cos\alpha_y & \cos\alpha_x\cos\alpha_y \end{bmatrix} \tag{10.16}$$

$$[\boldsymbol{T}_\theta] = \begin{bmatrix} 1 & \sin\alpha_x\tan\alpha_y & \cos\alpha_x\tan\alpha_y \\ 0 & \cos\alpha_x & -\sin\alpha_x \\ 0 & \sin\alpha_x/\cos\alpha_y & \cos\alpha_x/\cos\alpha_y \end{bmatrix} \tag{10.17}$$

上述方程的具体推导可参见附录 C。为了简化起见，方程 (10.7) 和 (10.8) 可简化为

$$\boldsymbol{M}_{\text{gen}}\dot{\boldsymbol{V}}_{\text{gen}} = \boldsymbol{f} + \bar{\boldsymbol{f}} \tag{10.18}$$

其中，$[\boldsymbol{M}_{\text{gen}}] = [\boldsymbol{m}, \boldsymbol{I}]$ 代表广义质量矩阵，包含质量阵 $[\boldsymbol{m}]$ 和转动惯量阵 $[\boldsymbol{I}]$，$\bar{\boldsymbol{f}}$ 代表将方程 (10.7) 和 (10.8) 中左端速度相关项移到方程右端得到的一个矢量项，$\boldsymbol{f}$ 是上述所定义的广义力项，$[\boldsymbol{V}_{\text{gen}}] = [\boldsymbol{u}, \boldsymbol{\Omega}]$ 是由平动速度 $[\boldsymbol{u}] = [u_x, u_y, u_z]^{\text{T}}$ 和转动速度 $[\boldsymbol{\Omega}] = [\omega_x, \omega_y, \omega_z]^{\text{T}}$ 构成的广义速度项，因此

$$\boldsymbol{V}_{\text{gen}} = \int_t [\boldsymbol{M}_{\text{gen}}]^{-1}(\boldsymbol{f} + \bar{\boldsymbol{f}})\text{d}t \tag{10.19}$$

任意瞬时刚体质心坐标 $\boldsymbol{r}_G = (x_G, y_G, z_G)$ 和物固坐标系 $o'x'y'z'$ 的旋转角度 $\boldsymbol{\Theta} = (\alpha_x, \alpha_y, \alpha_z)$ 可以通过如下积分得到

$$\boldsymbol{r}_G = \int_t [\boldsymbol{T}_R]\boldsymbol{u}\text{d}t, \quad \boldsymbol{\Theta} = \int_t [\boldsymbol{T}_\theta]\boldsymbol{\Omega}\text{d}t \tag{10.20}$$

广义流体力，即流体力 $\boldsymbol{F}_{\text{e}} = [F_{x'}, F_{y'}, F_{z'}]^{\text{T}}$ 和力矩 $\boldsymbol{M}_{\text{e}} = [M_{x'}, M_{y'}, M_{z'}]^{\text{T}}$，可以通过下述公式计算得到

$$\boldsymbol{F}_{\text{e}} = \int_A p(\boldsymbol{r}', t) \cdot \boldsymbol{n}'\text{d}A \tag{10.21}$$

$$\boldsymbol{M}_{\text{e}} = \int_A p(\boldsymbol{r}', t)(\boldsymbol{r}' \times \boldsymbol{n}')\text{d}A \tag{10.22}$$

$\boldsymbol{r}'$ 和 $\boldsymbol{n}'$ 分别为物固坐标系下节点的半径矢量和法向速度矢量。

在空间固定坐标系中刚体上任意节点的位置矢量 $\boldsymbol{r}$，速度矢量 $\boldsymbol{u}$ 和法向速度矢量 $\boldsymbol{n}$ 可以通过以下公式求得

$$\boldsymbol{r} = \boldsymbol{T}_R\boldsymbol{r}' + \boldsymbol{r}_G, \quad \boldsymbol{u} = \boldsymbol{u}_G + \boldsymbol{\Omega} \times (\boldsymbol{r} - \boldsymbol{r}_G), \quad \boldsymbol{n} = \boldsymbol{T}_R\boldsymbol{n}' \tag{10.23}$$

其中，$\boldsymbol{u}_G$ 是质心速度，其余变量如上所述。

为实现流固耦合计算，流固交界面上法向速度和压力应满足连续性条件，即

$$\frac{\partial \phi_{\text{f}}}{\partial n} = \boldsymbol{u}_{\text{s}} \cdot \boldsymbol{n} \tag{10.24}$$

$$p_{\text{s}} = p_{\text{f}} = p_\infty - \rho\frac{\partial \phi_{\text{s}}}{\partial t} - \frac{1}{2}\rho\left|\nabla\phi_{\text{s}}\right|^2 - \rho g z \tag{10.25}$$

其中，$\phi_{\text{f}}$ 和 $\phi_{\text{s}}$ 分别为流体速度势和结构速度势，$p_\infty$ 为无穷远处流体压力，$p_{\text{f}}$ 为交界面上的流体压力，$p_{\text{s}}$ 为交界面上物体压力，$\boldsymbol{u}_{\text{s}}$ 是交界面上物体的速度矢量，$\boldsymbol{n}$ 为节点法向矢量。

为了进一步阐明整个流固耦合的计算过程，图 10.2 给出了数值实施的流程图。当程序完成初始化后，未知变量 $\partial\phi/\partial n$ 和 $\phi$ 可以通过求解流体控制方程得到，物体上任意一点的压力可以通过求解非定常 Bernoulli 方程得到。当节点压力已知后，对节点上压力积分可以得到作用在物体上的合力。再求解六个自由度的刚体运动方程，得到物体质心的加速度。对加速度进行一次和两次积分可以得到速度和位移矢量。利用式 (10.23) 计算出某一瞬时结构上任意节点的位移、速度以及法向矢量。这些新的节点位移和速度再传递到气泡动力子程序，作为下一步计算中新的边界条件。这样计算过程一直重复进行，直到计算时间终止。

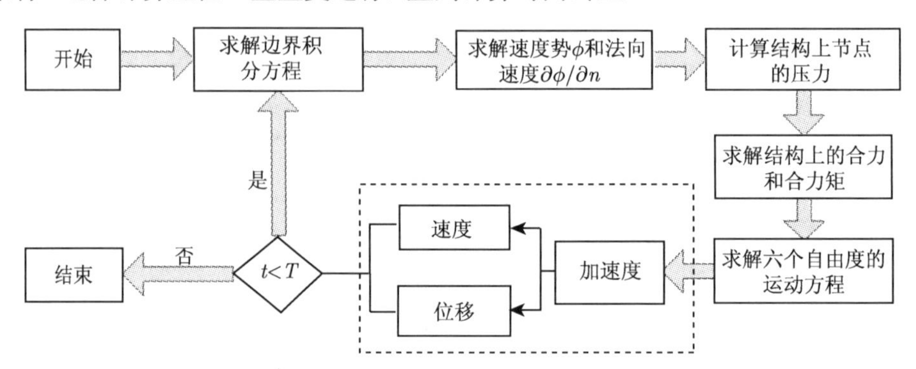


图 10.2 六个自由度运动的流固耦合计算流程图

## 10.3 非球形气泡和三维结构的耦合动力学

### 10.3.1 三维结构动力学方程

根据式 (5.78)，三维弹性体的结构动力学方程可以表示成

$$\boldsymbol{M}_{\mathrm{s}}\ddot{\boldsymbol{D}}(t)+\boldsymbol{C}_{\mathrm{s}}\dot{\boldsymbol{D}}(t)+\boldsymbol{K}_{\mathrm{s}}\boldsymbol{D}(t)=\boldsymbol{F}_{\mathrm{e}}(t) \tag{10.26}$$

括号中 $t$ 代表位移、荷载均为时间的函数。能量的耗散采用 Rayleigh 阻尼模型

$$\boldsymbol{C}_{\mathrm{s}}=\alpha\boldsymbol{M}_{\mathrm{s}}+\beta\boldsymbol{K}_{\mathrm{s}} \tag{10.27}$$

其中 $\alpha$ 和 $\beta$ 为常数，依实际情况确定。

据此可以形成三维计算模型中的刚度矩阵和质量矩阵。

### 10.3.2 Wilson-$\theta$ 法

在求解动力学方程时，时间积分法则的选取十分重要。通常有两种广泛使用的隐式法则，即 Wilson-$\theta$ 法和 Newmark-$\beta$ 法。这两种方法十分类似，以下对 Wilson-$\theta$ 法作简要介绍。

Wilson-$\theta$ 法的基本思想是把 $t+\theta\Delta t$ 时刻的数值作为预测值，再重新找到 $t+\Delta t$ 时刻的数值，这里 $\theta$ 一般大于 1。当 $\theta$ 大于 1.37 时，Wilson-$\theta$ 法是无条件稳定的。在实际计算中，$\theta$ 一般取 1.4 作为计算值。

令 $\tau$ 为满足 $0 \leqslant \tau \leqslant \theta\Delta t$ 条件下的某一时刻，假定加速度 $\ddot{U}$ 和 $\tau$ 之间有一线性关系如下

$$\ddot{\boldsymbol{U}}^{t+\tau} = \ddot{\boldsymbol{U}}^{t} + \frac{\tau}{\theta\Delta t}\left(\ddot{\boldsymbol{U}}^{t+\theta\Delta t} - \ddot{\boldsymbol{U}}^{t}\right) \tag{10.28}$$

对式 (10.28) 关于 $\tau$ 积分并把 $t$ 时刻条件作为初始条件，有

$$\dot{\boldsymbol{U}}^{t+\tau} = \dot{\boldsymbol{U}}^{t} + \tau\ddot{\boldsymbol{U}}^{t} + \frac{\tau^2}{2\theta\Delta t}\left(\ddot{\boldsymbol{U}}^{t+\theta\Delta t} - \ddot{\boldsymbol{U}}^{t}\right) \tag{10.29}$$

$$\boldsymbol{U}^{t+\tau} = \boldsymbol{U}^{t} + \tau\dot{\boldsymbol{U}}^{t} + \frac{\tau^2}{2}\ddot{\boldsymbol{U}}^{t} + \frac{\tau^3}{6\theta\Delta t}\left(\ddot{\boldsymbol{U}}^{t+\theta\Delta t} - \ddot{\boldsymbol{U}}^{t}\right) \tag{10.30}$$

利用式 (10.29) 和式 (10.30) 可以得到 $\ddot{\boldsymbol{U}}^{t+\theta\Delta t}$ 和 $\dot{\boldsymbol{U}}^{t+\theta\Delta t}$，即

$$\ddot{\boldsymbol{U}}^{t+\theta\Delta t} = \frac{6}{\theta^2\Delta t^2}\left(\boldsymbol{U}^{t+\theta\Delta t} - \boldsymbol{U}^{t}\right) - \frac{6}{\theta\Delta t}\dot{\boldsymbol{U}}^{t} - 2\ddot{\boldsymbol{U}}^{t} \tag{10.31}$$

$$\dot{\boldsymbol{U}}^{t+\theta\Delta t} = \frac{3}{\theta\Delta t}\left(\boldsymbol{U}^{t+\theta\Delta t} - \boldsymbol{U}^{t}\right) - 2\dot{\boldsymbol{U}}^{t} - \frac{\theta\Delta t}{2}\ddot{\boldsymbol{U}}^{t} \tag{10.32}$$

时间步的推进方式如下:

(1) 形成初始的刚度矩阵 $\boldsymbol{K}$，质量矩阵 $\boldsymbol{M}$ 和阻尼矩阵 $\boldsymbol{C}$；

(2) 设置 $\boldsymbol{U}$、$\dot{\boldsymbol{U}}$ 和 $\ddot{\boldsymbol{U}}$ 的初始值；

(3) 对于每个时间步长 $\Delta t$ 计算 ($\theta$ 取 1.4)；

$$a_0 = \frac{6}{(\theta\Delta t)^2};\quad a_1 = \frac{3}{\theta\Delta t};\quad a_2 = 2a_1;\quad a_3 = \frac{\theta\Delta t}{2};\quad a_4 = \frac{a_0}{\theta}$$

$$a_5 = \frac{-a_2}{\theta};\quad a_6 = 1 - \frac{3}{\theta};\quad a_7 = \frac{\Delta t}{2};\quad a_8 = \frac{\Delta t^2}{6}$$

(4) 形成等效的刚度矩阵 $\tilde{\boldsymbol{K}} = \boldsymbol{K} + a_0\boldsymbol{M} + a_1\boldsymbol{C}$；

(5) 计算 $t+\theta\Delta t$ 时刻的等效载荷；

$$\begin{aligned}\boldsymbol{F}_{\mathrm{e}}^{t+\theta\Delta t} = {} & \boldsymbol{F}_{\mathrm{e}}^{t} + \theta(\boldsymbol{F}_{\mathrm{e}}^{t+\Delta t} - \boldsymbol{F}_{\mathrm{e}}^{t}) + \boldsymbol{M}(a_0\boldsymbol{U}^{t} + a_2\dot{\boldsymbol{U}}^{t} + 2\ddot{\boldsymbol{U}}^{t}) \\ & + \boldsymbol{C}(a_1\boldsymbol{U}^{t} + 2\dot{\boldsymbol{U}}^{t} + a_3\ddot{\boldsymbol{U}}^{t})\end{aligned}$$

(6) 计算 $t+\theta\Delta t$ 时刻的位移；

$$\tilde{\boldsymbol{K}}\boldsymbol{U}^{t+\theta\Delta t} = \boldsymbol{F}_{\mathrm{e}}^{t+\theta\Delta t}$$

(7) 计算 $t+\theta\Delta t$ 时刻的加速度、速度和位移；

$$\ddot{\boldsymbol{U}}^{t+\Delta t}=a_4(\boldsymbol{U}^{t+\theta\Delta t}-\boldsymbol{U}^t)+a_5\dot{\boldsymbol{U}}^t+a_6\ddot{\boldsymbol{U}}^t$$

$$\dot{\boldsymbol{U}}^{t+\Delta t}=\dot{\boldsymbol{U}}^t+a_7(\ddot{\boldsymbol{U}}^{t+\Delta t}+\ddot{\boldsymbol{U}}^t)$$

$$\boldsymbol{U}^{t+\Delta t}=\boldsymbol{U}^t+\Delta t\dot{\boldsymbol{U}}^t+a_8(\ddot{\boldsymbol{U}}^{t+\Delta t}+2\ddot{\boldsymbol{U}}^t)$$

由于气泡的运动速度远远高于结构体的运动速度，因此在 Wilson-$\theta$ 法实施过程中，$\Delta t$ 取为气泡网格更新时的时间步长，由式 (6.126) 求得。与求解气泡和运动刚体相互作用类似，变形体和气泡间耦合计算中需满足交界面上法向速度和压力的连续性条件，即

$$\frac{\partial\phi_{\mathrm{f}}}{\partial n}=\boldsymbol{u}_{\mathrm{d}}\cdot\boldsymbol{n}\tag{10.33}$$

$$p_{\mathrm{d}}=p_{\mathrm{f}}=p_{\infty}-\rho\frac{\partial\phi_{\mathrm{d}}}{\partial t}-\frac{1}{2}\rho\left|\nabla\phi_{\mathrm{d}}\right|^2-\rho gz\tag{10.34}$$

其中，$\phi_{\mathrm{f}}$ 和 $\phi_{\mathrm{d}}$ 分别为流体的速度势和变形体的速度势，$p_{\infty}$ 为无穷远处流体压力，$p_{\mathrm{f}}$ 为交界面处的流体压力，$p_{\mathrm{d}}$ 为交界面上变形体的压力，$\boldsymbol{u}_{\mathrm{d}}$ 为交界面上结构的速度，$\boldsymbol{n}$ 为节点法向矢量。将式 (10.33) 和式 (10.34) 代入流固耦合方程式中，有

$$\begin{aligned}&\int_{S_{\mathrm{b}}}K_2\frac{\partial\phi_{\mathrm{b}}(\boldsymbol{Q})}{\partial n}\mathrm{d}S-\int_{S_{\mathrm{r}}}K_1\phi_{\mathrm{r}}(\boldsymbol{Q})\mathrm{d}S\\&=c(\boldsymbol{P})\phi_{\mathrm{b}}(\boldsymbol{P})+\int_{S_{\mathrm{b}}}K_1\phi_{\mathrm{b}}(\boldsymbol{Q})\mathrm{d}S-\int_{S_{\mathrm{r}}}K_2(\boldsymbol{u}_{\mathrm{d}}\cdot\boldsymbol{n})\mathrm{d}S\end{aligned}\tag{10.35}$$

$$\begin{aligned}&\int_{S_{\mathrm{b}}}K_2\frac{\partial\phi_{\mathrm{b}}(\boldsymbol{Q})}{\partial n}\mathrm{d}S-\int_{S_{\mathrm{r}}}K_1\phi_{\mathrm{r}}(\boldsymbol{Q})\mathrm{d}S-c(\boldsymbol{P})\phi_{\mathrm{r}}(\boldsymbol{P})\\&=\int_{S_{\mathrm{b}}}K_1\phi_{\mathrm{b}}(\boldsymbol{Q})\mathrm{d}S-\int_{S_{\mathrm{r}}}K_2(\boldsymbol{u}_{\mathrm{d}}\cdot\boldsymbol{n})\mathrm{d}S\end{aligned}\tag{10.36}$$

$$\begin{aligned}&\boldsymbol{M}\ddot{\boldsymbol{D}}+\boldsymbol{C}\dot{\boldsymbol{D}}+\boldsymbol{K}\boldsymbol{D}\\&=\int_V\rho\mathbf{N}^{\mathrm{T}}F_V\mathrm{d}V+\int_{S_{\mathrm{r}}}\rho\left(\frac{p_{\infty}}{\rho}-\frac{\partial\phi_{\mathrm{d}}}{\partial t}-\frac{1}{2}\left|\nabla\phi_{\mathrm{d}}\right|^2-gz\right)\boldsymbol{N}^{\mathrm{T}}\cdot\boldsymbol{n}\mathrm{d}S\end{aligned}\tag{10.37}$$

为了实现气泡和结构的耦合运动，计算过程如下所示：

(1) 读入输入文件并实现程序初始化；

(2) 计算自适应时间步长；

(3) 在第一个时间步内采用 Rayleigh-Plesset 方程计算气泡的初始半径和相应的物理参量，在随后的时间步中利用边界条件更新气泡的位置和表面速度势 $\phi_{\mathrm{b}}$；

(4) 求解边界积分方程得到流体边界上的 $\partial\phi_{\mathrm{b}}/\partial n$ 和 $\phi_{\mathrm{d}}$；

(5) 采用加权平均的方法求出气泡节点的实际速度 $\nabla\phi_{\mathrm{b}}$ 和变形结构的实际速度 $\boldsymbol{u}_{\mathrm{d}}$；

(6) 根据节点速度势和法向速度，利用非定常 Bernoulli 方程计算变形体上的实际压力，并将其传递给结构计算程序；

(7) 计算变形体上的等效载荷、等效刚度阵和质量阵，利用 Wilson-$\theta$ 法求解下一时刻节点的实际位移、速度和加速度；

(8) 将新得到的变形体的位移、速度传递给边界积分代码，作为下一时刻新的边界条件；

(9) 回到步骤 (2)，重复以上步骤，直到程序结束。

## 10.4 数值例子

### 10.4.1 气泡–球形结构耦合

考虑气泡在固定和可移动 (运动) 两种球形结构附近的演化。球形结构是半径为 1 的实心球体，悬浮在初始半径为 0.14986 的气泡上方。

球体表面离散成 1280 个单元。气泡中心和球心的垂直距离为 2.2。气泡内部初始压力为同深度静水压的 97.526 倍，浮力参量为 0.0856。气泡在固定和运动球体周围的演化分别如图 10.3 (a) 和 (b) 所示。与固定球体相比，气泡在生长阶段的形状并没有因球体运动受到较大影响。对于固定和运动球体这两种情况，气泡在运动初期均为球形生长。当气泡增大到最大半径时，气泡顶部被微微压扁，如图 10.3(a3) 和 (b3) 所示。与固定球体相比，运动球体下气泡顶部的球形特征更为显著。在生长阶段，球体在气泡载荷的作用下远离气泡运动；在溃灭阶段，球体又逐渐朝向气泡运动，如图 10.3 所示。在 $t$=1.764256 时刻，球体的 Bjerknes 力作用使气泡沿竖直方向不断伸长，并演变成“鸭梨”状。运动球体下方气泡顶部的溃灭速度明显高于固定球体下方的溃灭速度，因此气泡半径更小。对于运动球体来说，由于气泡溃灭速度更快，气泡南北极点间的距离较固定球体更近，如图 10.3(b6) 所示。随后，气泡底部开始出现凹陷，并形成一股自下而上的射流。在 $t$=2.020605 时刻，射流穿过气泡内部区域并撞击到顶部表面。但此刻固定球体下方气泡内部射流才刚刚形成。对于运动球体来说，射流撞击后气泡演变成环形。由于内部压力较低，环形气泡继续溃灭，直至最小。随后环形气泡开始反弹，如图 10.3(a8) 和 (b8) 所示。与同一时刻固定球体相比，运动球体下环形气泡的体积更大，这是更快的溃灭速度和更早射流撞击所引起的。

在固定和运动球体周围气泡半径的变化如图 10.4 所示。与固定球体相比，在生长过程中球体运动对气泡半径变化的影响并不显著。然而，在溃灭阶段球体运动却加快了气泡的溃灭速度。气泡质心随时间变化如图 10.5 所示。在生长期间气泡朝着远离球体的方向运动，在溃灭期间气泡又朝向球体运动。在固定球体下，气泡在生长中所受排斥和溃灭中所受吸引都要比运动球体强一些。气泡和球体在垂直方向上共线，因此球体所受到的作用力主要是气泡产生的垂向作用力，垂向运动的幅值远远大于其他两个方向。

固定和运动球体上最顶部节点的位移随时间变化如图 10.6 所示。顶部节点的运动轨迹再次反映了球体运动的规律：在气泡生长的过程中，球体逐渐朝着远离气泡的方向运动；在溃灭过程中球体又逐渐朝向气泡运动；在气泡反弹过程中，球体又再次远离气泡运动。图 10.7 是气泡南北极点随时间的运动轨迹。对运动球体来说，气泡北极点的溃灭速度大大超过南极点，因此向下迁移更早，且迁移幅值较大。但两种条件下气泡南极点迁移速率无太大差别。这是因为南极点距离球体较远，球

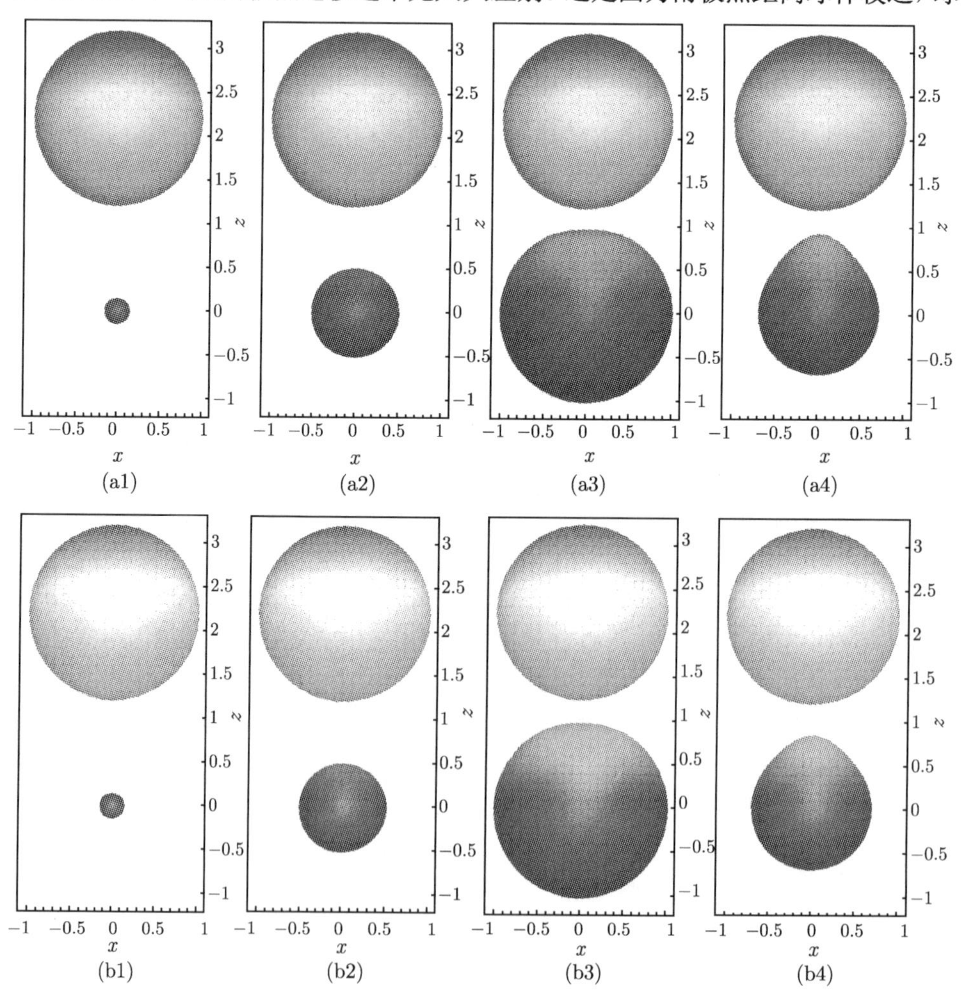

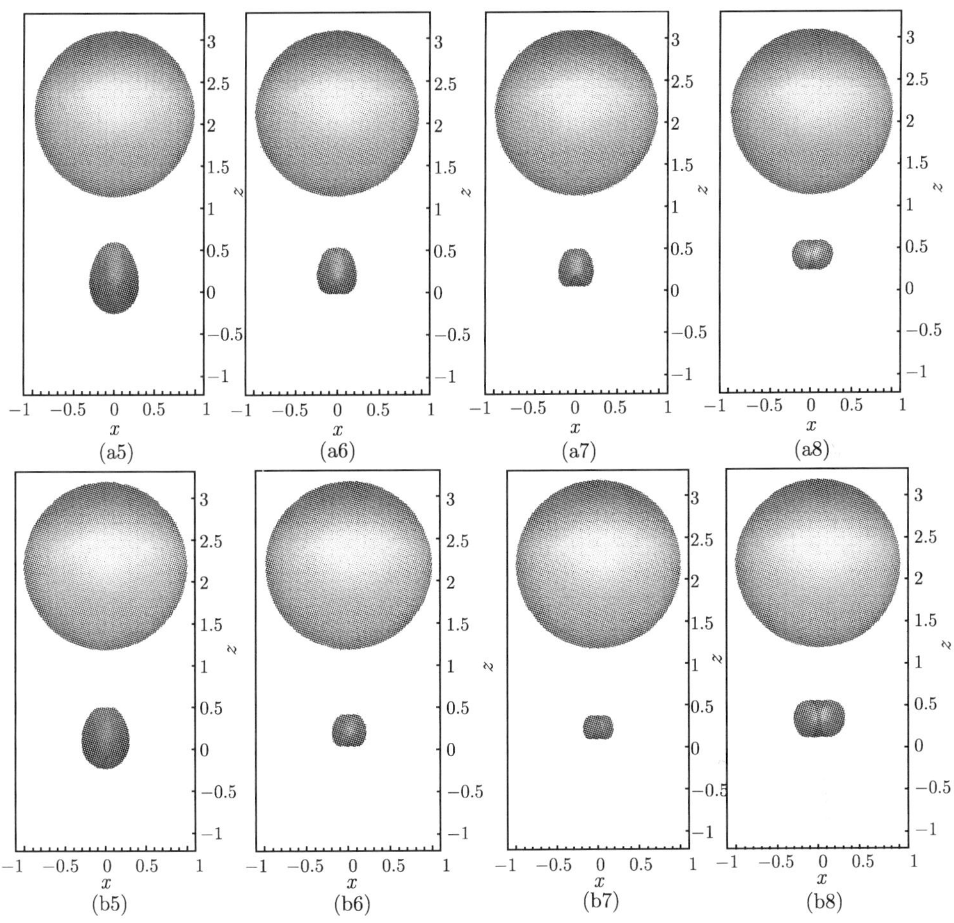


图 10.3 气泡在固定和运动球体周围演进的对比

(a1)$t$=0.0012220, (a2)$t$=0.122638, (a3)$t$=0.91954, (a4) $t$=1.76346, (a5) $t$=1.98715, (a6) $t$=2.011856, (a7) $t$=2.02096, (a8) $t$=2.06310; (b1) $t$=0.0012223, (b2)$t$=0.12303, (b3)$t$=0.9223306, (b4) $t$=1.764256, (b5) $t$=1.984343, (b6) $t$=2.01196, (b7) $t$=2.020605, (b8) $t$=2.06358

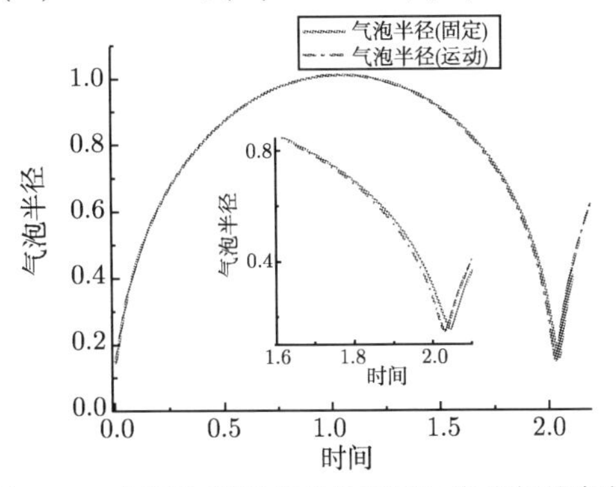


图 10.4 在固定和运动球体周围气泡半径的变化

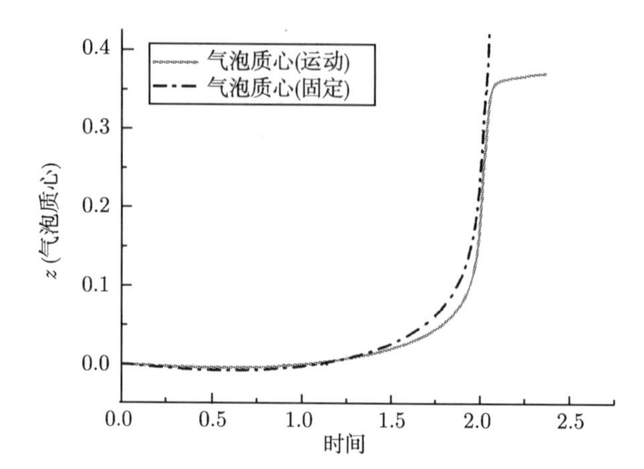


图 10.5　在固定和运动球体周围气泡质心的变化

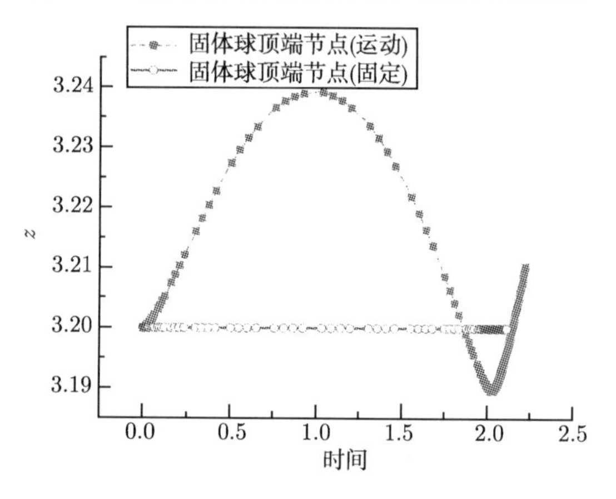


图 10.6　固定和运动球体上北极点的轨迹

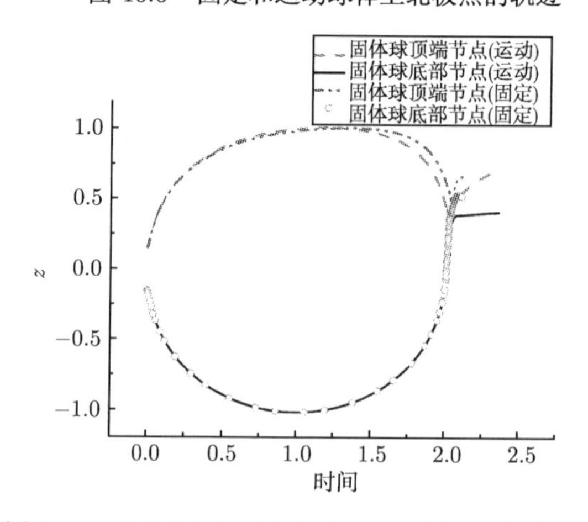


图 10.7　固定和运动球体周围气泡典型节点的位置变化

体运动对气泡南极点的影响大大削弱。图 10.8 是球体最低点压力随时间的变化曲线。在气泡溃灭末期，运动球体上节点的压力峰值较固定球体下降了约 30%，这可能是球体运动吸收了气泡产生的能量所致。图 10.9 是作用在运动球体上垂向力的变化曲线。随着内部压力的迅速降低，在生长初期气泡作用在球体上的压力急剧下降。这一压力在气泡生长和溃灭的大部分时间内一直维持在一个较低的水平。然而，在气泡溃灭末期这一压力数值再次急剧升高。因此，整个气泡生命周期内可以观察到两次压力峰值，一次是气泡生长的初期，另一次为气泡溃灭到最小体积时。

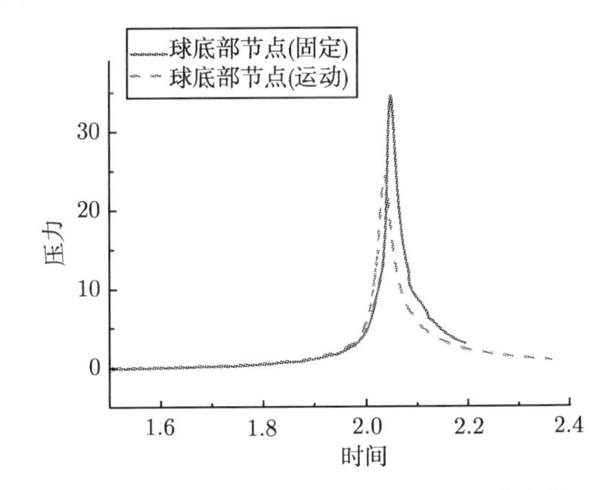


图 10.8　固定和运动球体上最低点压力变化

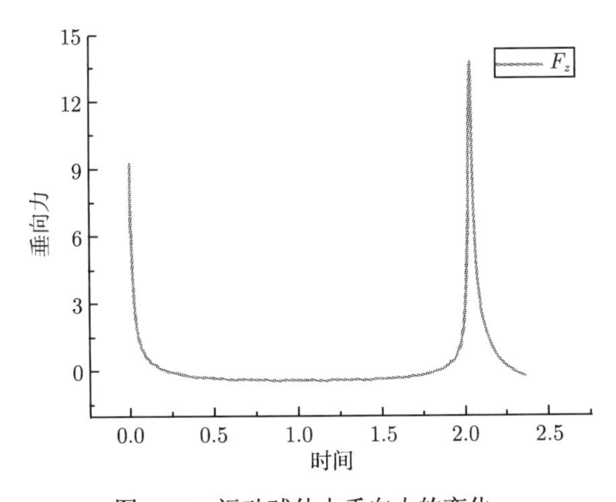


图 10.9　运动球体上垂向力的变化

### 10.4.2　两个气泡–圆柱结构的耦合

在本节第 2 个计算算例中，我们进一步研究两个气泡和运动圆柱体间的相互作用，以便观察气泡动态变化引起的圆柱体三维运动。初始时刻两气泡半径分别为

0.14851 和 0.08122，气泡内部初始压力为同深度静水压的 100 倍，浮力参量为 0.5。实心圆柱体的长度为 4.4，半径为 0.6，气泡和圆柱体表面分别划分为 1280 个和 1486 个单元。两气泡横向距离为 1.8，气泡位于圆柱体质心下方 1.5。如图 10.10(a) 所示，在初始阶段两气泡以很高的速度球形生长。此刻圆柱体仍旧保持静止。左气泡由于初始半径较大，因此率先达到较大体积，如图 10.10(b) 所示。由于顶部圆柱体的阻碍作用，气泡顶部被微微压扁。此时，右侧小气泡仍处在生长阶段。小气泡左侧部分受大气泡的挤压，其生长受到一定抑制，但左侧气泡形态并没有受到很大影响。在大气泡作用下，圆柱体左侧出现微微抬升，同时整个圆柱体出现显著的顺时针转动 (图 10.10(c))。由于两气泡作用在圆柱体表面的力不均衡，圆柱体左侧的抬升幅度大大超过右侧。在 $t$=0.96595 时刻，在浮力、顶部圆柱体和左侧气泡的 Bjerknes 力共同作用下，小气泡底部首先出现凹陷特征，并逐渐形成一股向上的射流。在 $t$=1.14753 时刻，射流充分发展并逐渐撞击到气泡上部表面。此时，左侧气

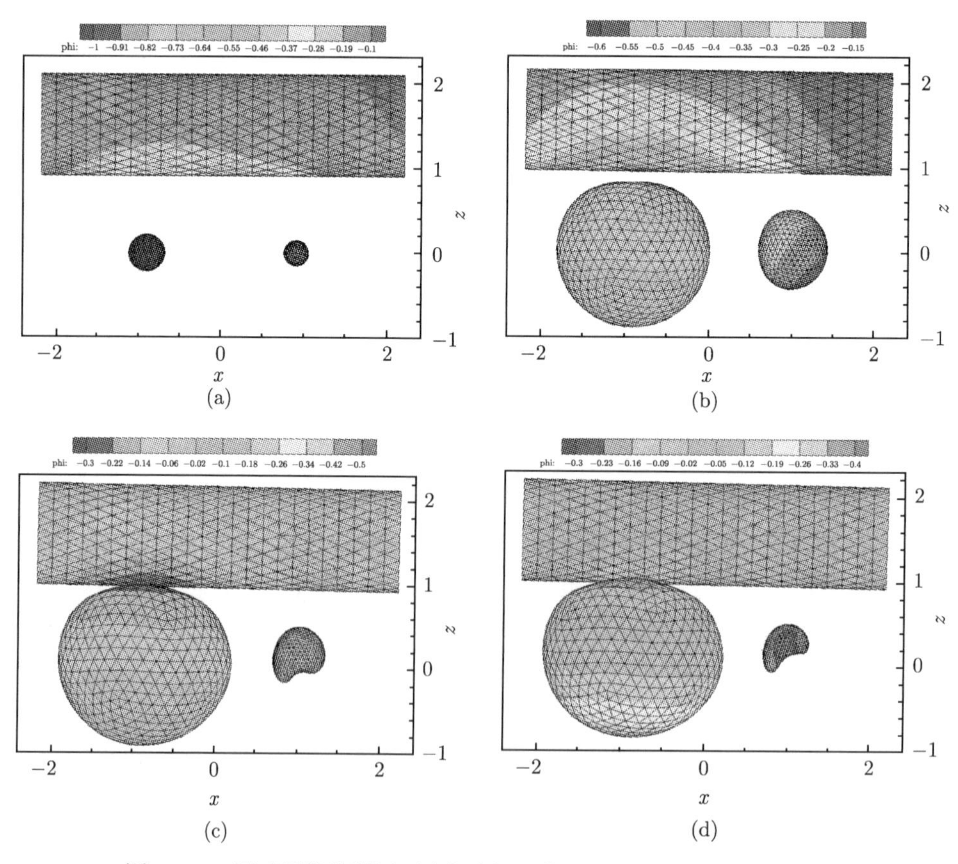


图 10.10　运动圆柱体附近两个气泡运动特征 (彩图请扫封底二维码)

(a) $t$=0.020661, (b) $t$=0.553318, (c) $t$=0.96595, (d) $t$=1.14753

泡仍继续生长，并不断包裹圆柱体底部表面，如图 10.11(b) 和 (c) 所示。小气泡内部射流方向几乎竖直朝上，这是由于浮力作用远远超过了大气泡对小气泡吸引力。

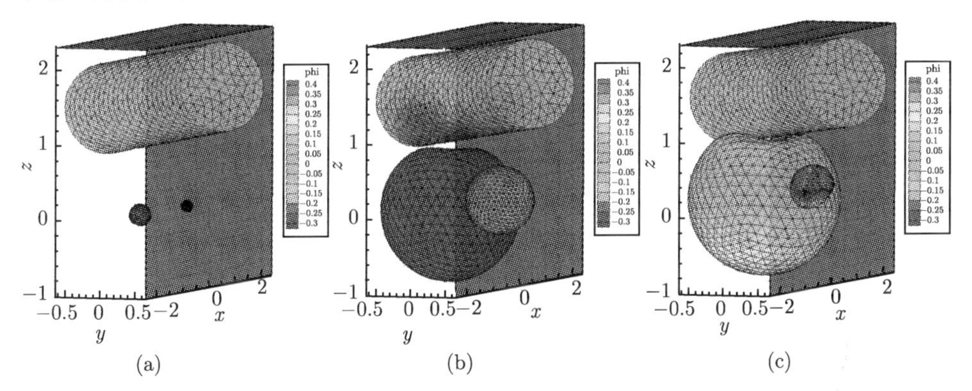

图 10.11 运动圆柱体附近两个气泡三维特征展示 (彩图请扫封底二维码)

图 10.12 是三个典型时刻下作用在圆柱体上的压力分布，其中图 10.12(a1)~(a3) 是侧视图，图 10.12(b1)~(b3) 是仰视图。在 $t$=0.067039 时刻，圆柱体左侧的底部出现一个较大的压力区，压力峰值约为同深度静水压的 4 倍。该压力峰值也在极短的时间内迅速下降，不断推动着圆柱体左端向上抬升。在 $t$=0.7639 时刻，整个圆

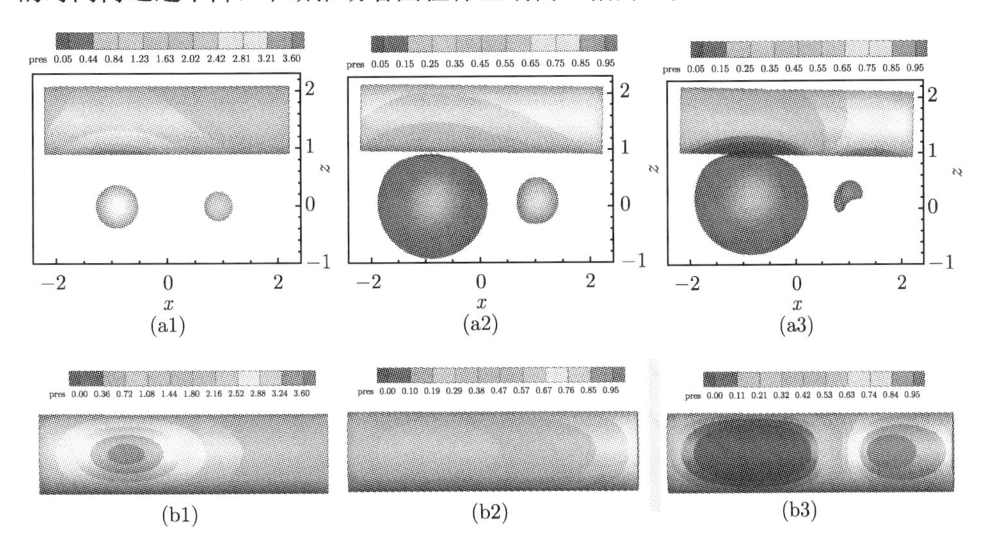

图 10.12 典型特征时刻运动圆柱体上的压力分布 (彩图请扫封底二维码)

(a1), (b1) $t$=0.067039, (a2), (b2) $t$=0.7639, (a3), (b3)$t$=1.16344;

(a1)~(a3) 侧视图, (b1)~(b3) 仰视图

柱体底部压力下降到一个较低的数值，尤其是在初始压力峰值较高的部位。由于小气泡不断溃灭，圆柱体右端部分并没有出现较低的压力。此时圆柱体在自身惯性和流体力的推动下继续向上抬升。由于右侧气泡溃灭和底部射流的急剧发展，圆柱体右端的底部表面再次出现了一个压力峰值，此时圆柱体左端底部的表面压力继续下降。从整个气泡运动过程可以看到，在大气泡生长初期和小气泡溃灭末期，气泡对圆柱体底部的冲击作用最为显著。

### 10.4.3 气泡–椭球结构耦合

在下述模型中，我们将进一步讨论气泡和变形体的运动特征，重点考察水面、气泡和椭球形壳体三者间的流固耦合问题。假定椭球形壳体为线弹性结构，杨氏弹性模量 $E=2.11\times10^{11}\mathrm{N/m^2}$，初始计算参数如表 10.1 和表 10.2 所示。在 $t=0.00685$ 时刻，在内部高压气体推动下气泡以极快的速度球形生长。然而气泡生长并未对水面产生较大的扰动，水面仍旧保持静止。从压力云图上可以看到，椭球形壳体顶部出现一个高压区。随着此高压区的迅速衰减，水面和气泡耦合作用逐渐显现。如图 10.13(b) 所示，水面出现了微量升高，同时气泡迅速地以球形生长。在 $t=0.73311$ 时刻，气泡达到最大体积，上部表面一小部分埋入水面下方，此刻椭球形壳体上部区域压力下降到最低值。当气泡进入溃灭阶段后，水面仍继续上升，并逐渐形成“水冢”。气泡在椭球壳体的吸引作用下，底部表面不断伸长，并逐渐演变成“桃形”，如图 10.13(d) 所示。同时，椭球形壳体顶部的低压区迅速缩小，壳体上整体压力逐渐反弹。在溃灭过程中，气泡顶部和底部同时产生一对向射流。气泡底部表面射流较强，顶部表面射流较弱。这一对射流从两个相反的方向同时发展，在 $t=1.53804$

表 10.1 初始的几何参数和单元划分

| | 节点数量 | 单元数量 |
|---|---|---|
| 气泡 | 642 | 1280 |
| 椭球形壳体 | 642 | 1280 |
| 水面 | 739 | 1372 |
| 椭球形壳体尺寸 | $3.316\times0.3316\ \times0.3316$ | 无量纲单位 |
| 边界条件 | $\partial\varphi/\partial n=\boldsymbol{u}\cdot\boldsymbol{n}$ | |

表 10.2 初始的计算参数

| | | | |
|---|---|---|---|
| 参考压力 | $1.7970\times10^5$ Pa | 椭球形壳体厚度 | 0.05m |
| 最大气泡半径 | 7.5397m | 杨氏弹性模量 | $2.11\times10^{11}\mathrm{N/m^2}$ |
| 初始气泡半径 | 0.68711m | 泊松比 | 0.3 |
| 变形特征 | 三维变形 | 壳体密度 | $7800\mathrm{kg/m^3}$ |
| 浮力参量 | 0.64123 | 爆距 | 1.3263 个无量纲单位 |
| 压力参量 | 395.7 | 阻尼系数 $\alpha$ | 0.0 |
| 时间尺度 | 0.562451326s | 阻尼系数 $\beta$ | 0.0 |

时刻穿透气泡。在溃灭过程中，椭球形壳体顶部压力再次上升。当环形气泡溃灭到最小体积时，壳体顶部压力达到最大。随后，气泡进入回弹过程，壳体顶部压力逐渐下降，如图 10.13(h) 所示。

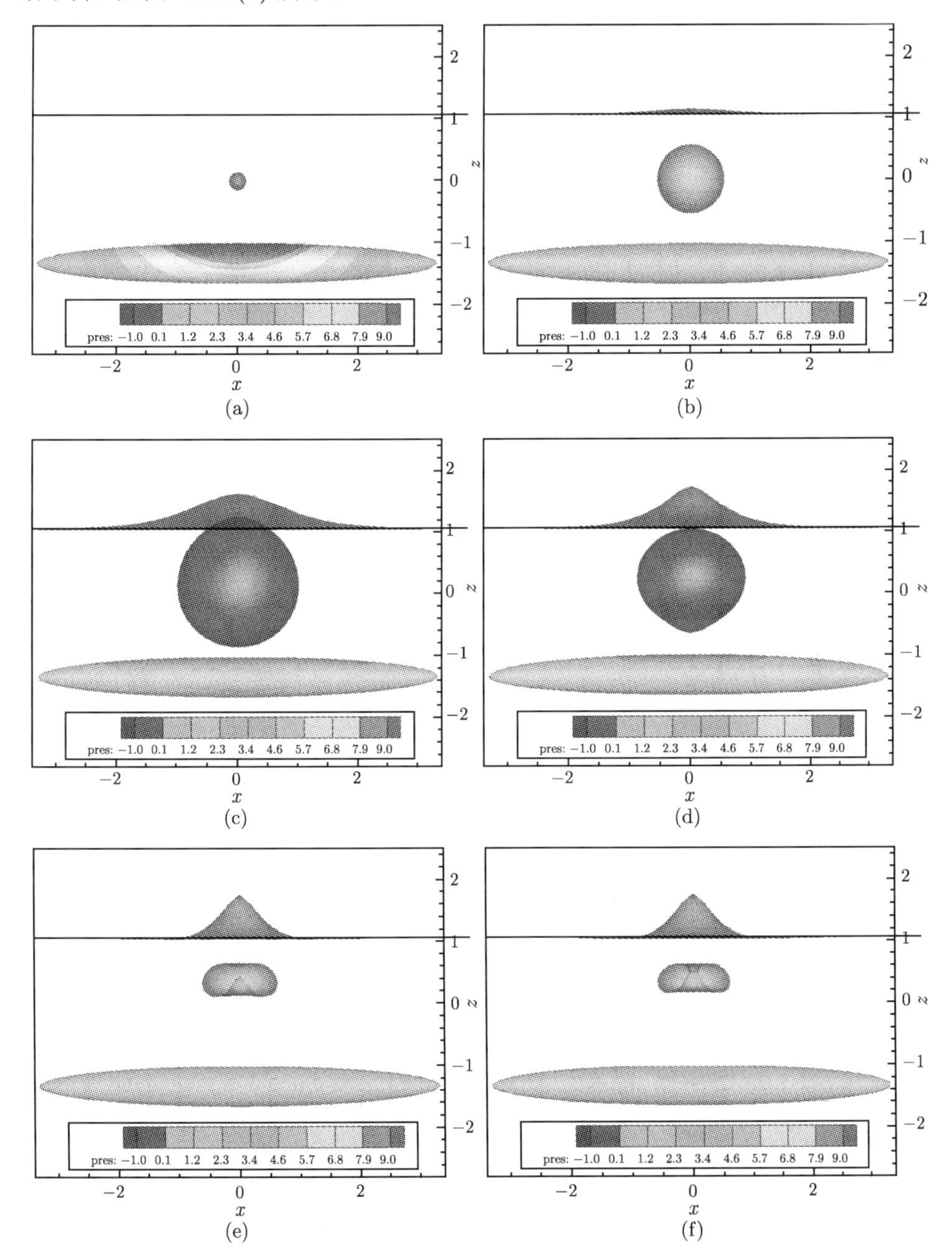

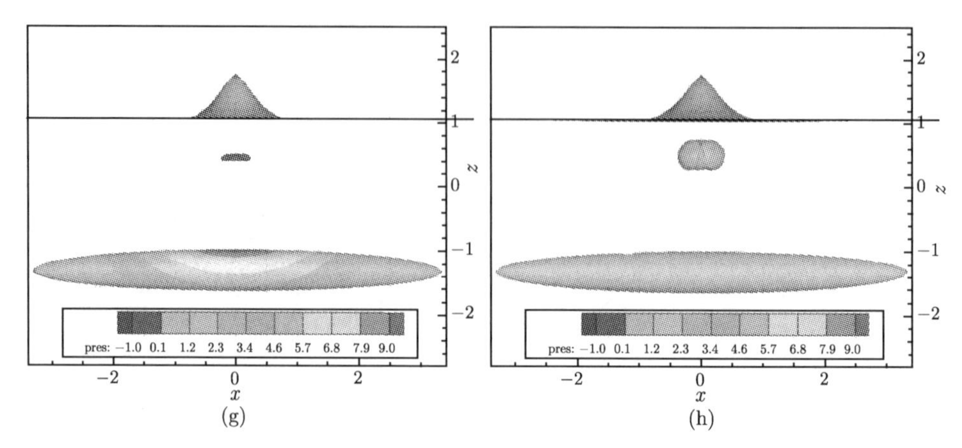


图 10.13　气泡、水面和壳体在典型时刻的形态 (彩图请扫封底二维码)
(a) $t$=0.00685, (b) $t$=0.12192, (c) $t$=0.73311, (d) $t$=1.24476,(e) $t$=1.52207, (f) $t$=1.53804, (g) $t$=1.61955, (h) $t$=1.6705

为了更好地展示椭球形壳体的变形情况，将壳体变形放大 30 倍，如图 10.14 所示。在周期性激振力作用下，椭球形壳体的运动与一根梁的运动类似，壳体的振动模态近似于梁的一阶振动模态。在气泡载荷作用下，初始时刻弹性壳体上节点首先远离气泡运动，经过一段距离后再朝向气泡运动，随后又再次远离气泡运动。也就是说，壳体上的节点在整个气泡脉动周期内一直在平衡位置附近振动。这与前面所提到的刚体运动完全不同，因为浸没球体在气泡生长中一直朝着远离气泡的方向运动，只有在溃灭过程中才朝向气泡运动。如图 10.14 所示，气泡生长和溃灭所引起的结构振动频率约为 5Hz，这与椭球形壳体的自然频率十分接近 (约为 5.28Hz)。由于气泡脉动产生的最大压力一直作用在椭球形壳体顶部中点，因此壳体顶部中点的位移幅值变化最大。气泡半径和质心随时间的变化如图 10.15 所示。由于重力作用比较明显，整个气泡向上迁移的幅值十分显著。在 $t$=1.6 时刻左右，气泡质心的迁移量约为气泡最大半径的 0.4 倍。

图 10.16 是椭球形壳体上五个测试点的分布。这五点上的压力和位移变化曲线分别如图 10.17 和图 10.18 所示。测点 $A$ 是最靠近气泡运动的点，因此在气泡生长初期压力数值远远超过了其他测试点，并在极短的时间内急剧下降。随后该点压力在气泡脉动的大部分时间内 (生长初期和溃灭末期之间) 一直维持在一个较低的水平，并始终低于其他测试点的数值 ($B$、$C$、$D$ 和 $E$ 点)。但在气泡溃灭末期，测试点 $A$ 的压力峰值最早开始上升，其上升速度比其他测试点 ($B$、$C$、$D$ 和 $E$ 点) 更为显著，最终的压力峰值约为 $E$ 点峰值的五倍，如图 10.17 所示。对于这五个点的位移变化，其振动趋势十分相似。同时，这五点的振动周期远远小于气泡的脉动周期。如图 10.18 所示，测试点 $A$ 的幅值约为 $E$ 点的五倍。图 10.19 是测试点 $A$ 的

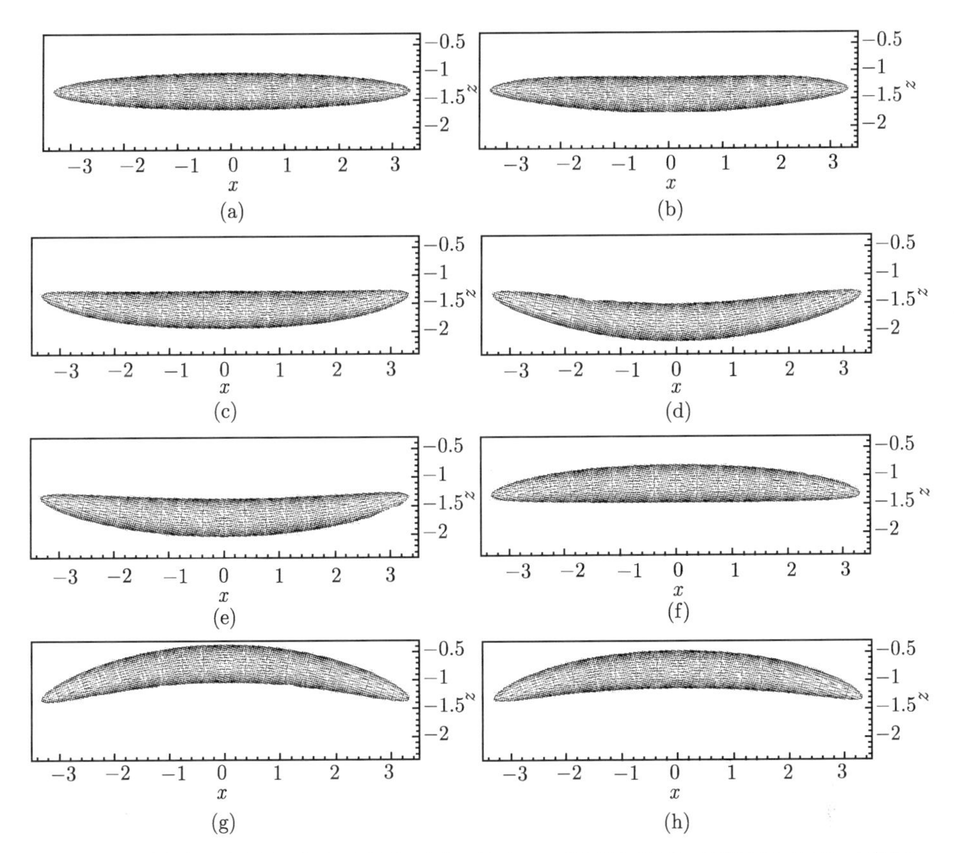


图 10.14 椭球形壳体在典型时刻的变形 (放大 30 倍后的效果)(彩图请扫封底二维码)

(a) $t$=0.0000202, (b) $t$=0.017805, (c) $t$=0.043800, (d) $t$=0.117448, (e) $t$=0.141114, (f) $t$=0.198070, (g) $t$=0.267346, (h) $t$=0.306398

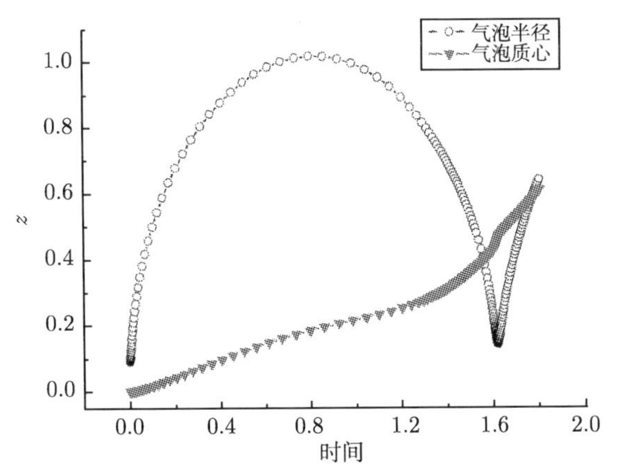


图 10.15 气泡半径和气泡质心随时间的变化

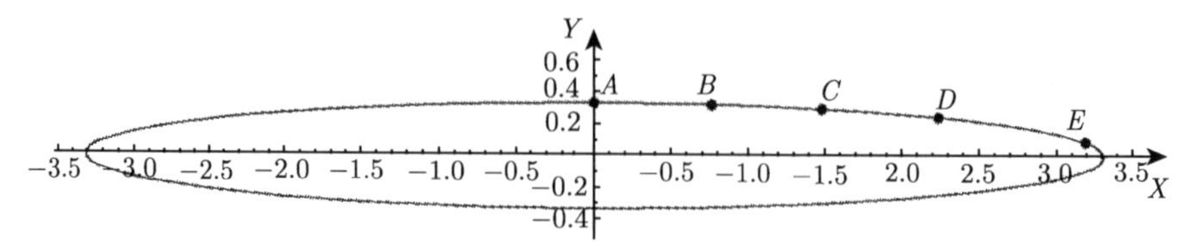


图 10.16　测点示意图

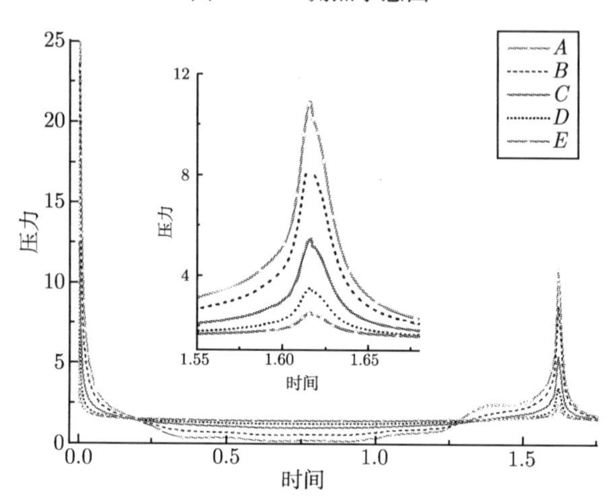


图 10.17　测试点压力随时间的变化

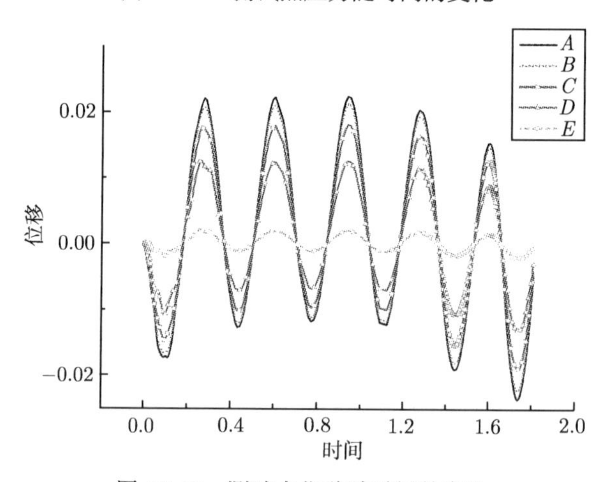


图 10.18　测试点位移随时间的变化

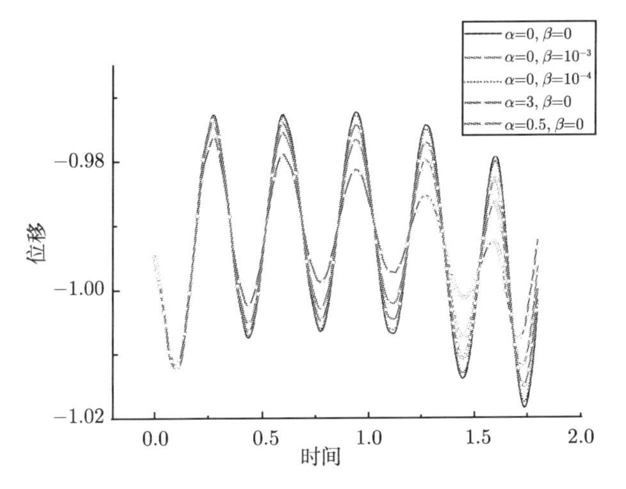


图 10.19 阻尼系数对测点 $A$ 的影响

振动幅值随阻尼系数的变化。计算结果表明，该点的振动周期受阻尼系数的影响很小。阻尼系数 $\beta$ 较 $\alpha$ 对振动幅值的影响更为显著。也就是说，与刚度阵相关的阻尼系数比质量阵的阻尼系数对结构振动的影响更为显著。

水面下方两气泡在椭球形壳体附近的演变如图 10.20 所示，所有参数设置与前一算例相同。为了更好地展示椭球形壳体的变形特征，壳体变形被放大了 20 倍。在此算例中壳体变形类似于在一对方向相反的激振力作用下梁的运动。整个壳体的运动特点与梁的二阶模态相似。由于靠近气泡的壳体上节点的作用力较大，故此处节点产生了较大的位移变形。随着气泡的生长，上气泡在水面 Bjerknes 效应作用下沿垂直方向伸长，下气泡由于远离水面仍继续球形生长。气泡的脉动周期与水深成反比，因此下气泡的生命周期远远小于上气泡。如图 10.20(c) 所示，下气泡首先进入溃灭阶段，此时上气泡仍继续生长。在壳体吸引力和重力的共同作用下，下

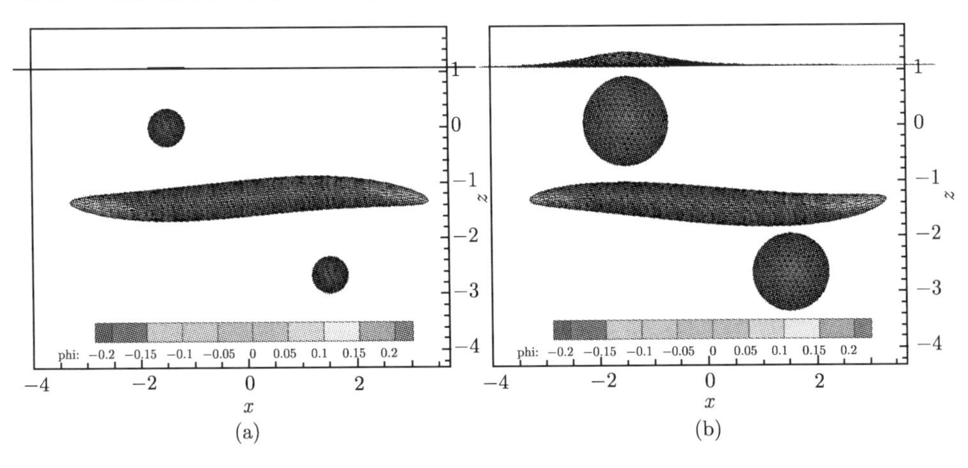

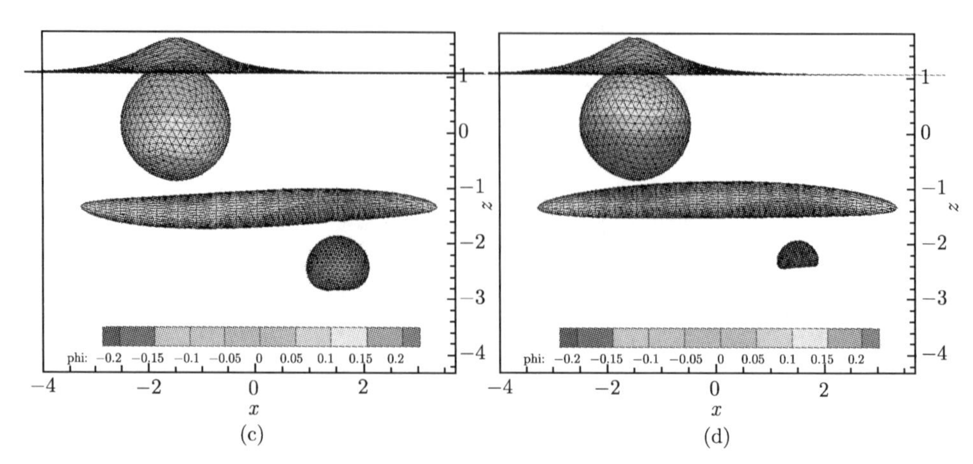


图 10.20　水面、气泡以及椭球形壳体的演变 (彩图请扫封底二维码)

(a) $t$=0.04219, (b)$t$=0.298777, (c)$t$=0.894, (d)$t$=1.02406

气泡底部表面的收缩速度远远高于其他部分，并逐渐形成几乎竖直朝上的射流。当下气泡产生射流撞击时，上气泡仍未出现任何射流迹象。

## 10.5　本 章 小 结

本章中，通过联立求解边界积分方程和六个自由度的刚体运动方程，计算了气泡作用下三维刚体的运动特征。将边界积分法和有限元法结合，考察了三维细长薄壳结构在气泡脉动下的变形情况。可得到以下结论。

(1) 气泡在生长过程中的形态变化受球体运动的影响不大，但在溃灭阶段球体运动会加快气泡的溃灭速率。因此，气泡的脉动周期明显缩短，射流形成和撞击时间提前。浸没球体在气泡生长中远离气泡，在溃灭过程朝向气泡运动，在气泡回弹中再次远离气泡。距离运动刚体越近，气泡的溃灭速度越快。运动球体底端的压力载荷较固定球体下降 20%~30%左右。

(2) 当初始大小不同的两个气泡在浸没圆柱体下方运动时，两气泡在生长过程中会共同推动着圆柱体向上运动。然而，大气泡所产生的载荷远远大于小气泡，从而使得圆柱体产生显著的三维转动。圆柱体底面出现两次较大的压力峰值：一次为大气泡生长初期，另一次为小气泡溃灭末期。

(3) 当水面、椭球形壳体和气泡三者共同存在时，气泡在生长过程中会使水面产生显著“水冢”。气泡产生的压力载荷会使壳体上节点产生周期性的振动。在重力、壳体吸引和水面排斥的共同作用下，重力引起的向上射流和水面诱导的向下射流会使气泡内部出现对向射流。这两股射流在溃灭末期会发生撞击并穿透气泡。在气泡溃灭过程中会产生较大区域的压力冲击，且沿壳体的长度方向逐渐减弱。同时，气泡脉动产生的压力载荷会激起薄壳结构的低阶固有频率和模态响应。

# 附录 C　旋转坐标系的变换

为了用拉格朗日构造法来描述刚体运动，首先必须找出三个描述刚体方位的独立变量。它们所构成的正交变化矩阵的行列式值为 1。只有准确地找出了这些广义坐标，才能准确写出系统的拉格朗日函数，并求出拉格朗日运动方程。在文献中有多种参数变量来描述这类运动，但是最常用的有 Euler 角和 Tait-Bryan 角 (以下简称 Bryan 角) 两种。这里采用 Bryan 角来描述物体的转动。

对于三个方向的连续转动，需要按一定的顺序进行，才能将一个直角坐标系转变到另外一个直角坐标系。这里采用 Bryan 角来表示这三次连续转动，变换的顺序是：首先将坐标系 $xyz$ 绕 $z$ 轴沿着逆时针方向转动 $\alpha_z$，其转动后的坐标系用 $\xi\eta\zeta$ 表示。接着将中间坐标系 $\xi\eta\zeta$ 绕着 $\eta$ 轴转动 $\alpha_y$ 得到另一个坐标系 $\xi'\eta'\zeta'$，最后再绕 $\xi'$ 转动 $\alpha_x$ 得到最终的坐标系，我们称之为 $x'y'z'$ 坐标系。因此，用 Bryan 角 $\alpha_z$，$\alpha_y$，$\alpha_x$ 来描述 $x'y'z'$ 坐标系相对于 $xyz$ 坐标系的方位角，这三个连续转动分别称为首摇 (Yaw)，纵摇 (Pitch)，横摇 (Roll)，如图 C.1 所示。

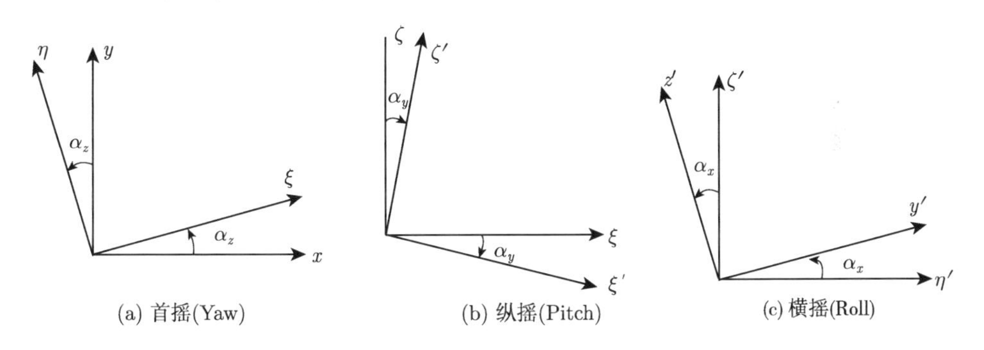


图 C.1　绕不同坐标轴的转动

整个三维转动对应的完全变换矩阵 $\boldsymbol{D}$ 可以采用如下方式得到：将矩阵分别写成三个分开转动的三重积，每一个转动都对应一个矩阵形式。第一个绕 $z$ 轴的转动可以用矩阵 $\boldsymbol{C}$ 来表示

$$\boldsymbol{\xi} = \boldsymbol{C} \cdot \boldsymbol{x} \tag{C.1}$$

其中，$\boldsymbol{\xi}$ 和 $\boldsymbol{x}$ 代表列向量，这里表示某点的坐标值在不同坐标系下的数值。同理，从 $\xi\eta\zeta$ 到 $\xi'\eta'\zeta'$ 的变化可以用矩阵 $\boldsymbol{B}$ 来描述

$$\boldsymbol{\xi}' = \boldsymbol{B} \cdot \boldsymbol{\xi} \tag{C.2}$$

最后转动至 $x'y'z'$ 坐标系可以用矩阵 $\boldsymbol{A}$ 来描述

$$\boldsymbol{x}' = \boldsymbol{A} \cdot \boldsymbol{\xi}' \tag{C.3}$$

因此，完全变换矩阵为

$$\boldsymbol{x}' = \boldsymbol{D} \cdot \boldsymbol{x} \tag{C.4}$$

其中 $\boldsymbol{D}$ 矩阵为以上三个矩阵的乘积

$$\boldsymbol{D} = \boldsymbol{ABC} \tag{C.5}$$

矩阵 $\boldsymbol{C}$ 是绕 $z$ 轴转动，因此有以下的矩阵形式

$$\boldsymbol{C} = \begin{bmatrix} \cos\alpha_z & \sin\alpha_z & 0 \\ -\sin\alpha_z & \cos\alpha_z & 0 \\ 0 & 0 & 1 \end{bmatrix} \tag{C.6}$$

矩阵 $\boldsymbol{B}$ 的变化对应与绕 $\eta$ 轴的转动，它的矩阵形式如下

$$\boldsymbol{B} = \begin{bmatrix} \cos\alpha_y & 0 & -\sin\alpha_y \\ 0 & 1 & 0 \\ \sin\alpha_y & 0 & \cos\alpha_y \end{bmatrix} \tag{C.7}$$

最后，矩阵 $\boldsymbol{A}$ 是绕 $\xi'$ 转动的转动，它的矩阵形式如下

$$\boldsymbol{A} = \begin{bmatrix} 1 & 0 & 0 \\ 0 & \cos\alpha_x & \sin\alpha_x \\ 0 & -\sin\alpha_x & \cos\alpha_x \end{bmatrix} \tag{C.8}$$

整个转动过程如图 C.2 所示，各个坐标变换矩阵的乘积即为矩阵 $\boldsymbol{D}$=$\boldsymbol{ABC}$ 的最终值，即

$$\boldsymbol{D} = \boldsymbol{ABC} = \begin{bmatrix} \cos\alpha_y\cos\alpha_z & \cos\alpha_y\sin\alpha_z & -\sin(\alpha_y) \\ \sin\alpha_x\sin\alpha_y\cos\alpha_z - \cos\alpha_x\sin\alpha_z & \sin\alpha_x\sin\alpha_y\sin\alpha_z + \cos\alpha_x\cos\alpha_z & \cos\alpha_y\sin\alpha_x \\ \cos\alpha_x\sin\alpha_y\cos\alpha_z + \sin\alpha_x\sin\alpha_z & \cos\alpha_x\sin\alpha_y\sin\alpha_z - \sin\alpha_x\cos\alpha_z & \cos\alpha_y\cos\alpha_x \end{bmatrix} \tag{C.9}$$

从物固坐标系 (原点固定在刚体重心，并随刚体一起运动的坐标系) 到空间固定坐标系 (空间固定不动的坐标系) 的逆变换阵为

$$\boldsymbol{x}=\boldsymbol{D}^{-1}\cdot\boldsymbol{x}'=\boldsymbol{D}^{\mathrm{T}}\cdot\boldsymbol{x}' \tag{C.10}$$

其中，$\boldsymbol{D}^{\mathrm{T}}$ 为 $\boldsymbol{D}$ 的转置矩阵，$\boldsymbol{D}^{-1}$ 为 $\boldsymbol{D}$ 的逆矩阵，由于 $\boldsymbol{D}$ 为正交矩阵，所以有

$$\boldsymbol{D}^{-1}=\begin{bmatrix}\cos\alpha_y\cos\alpha_z & \sin\alpha_x\sin\alpha_y\cos\alpha_z-\cos\alpha_x\sin\alpha_z & \cos\alpha_x\sin\alpha_y\cos\alpha_z+\sin\alpha_x\sin\alpha_z\\ \cos\alpha_y\sin\alpha_z & \sin\alpha_x\sin\alpha_y\sin\alpha_z+\cos\alpha_x\cos\alpha_z & \cos\alpha_x\sin\alpha_y\sin\alpha_z-\sin\alpha_x\cos\alpha_z\\ -\sin(\alpha_y) & \cos\alpha_y\sin\alpha_x & \cos\alpha_y\cos\alpha_x\end{bmatrix} \tag{C.11}$$

式 (C.11) 即为后面常用到的变化矩阵。

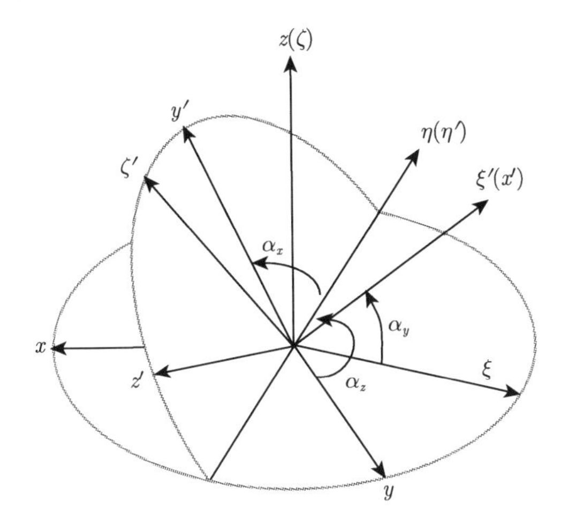


图 C.2　Bryan 角转动的定义

以上只是位移的变换矩阵，除此之外，还要作角速度在不同坐标系下的变换，$\omega_x$ 是沿着固定在刚体上 $x$ 轴的角速度，$\omega_z$ 沿着空间轴 $z$ 轴的角速度，$\omega_y$ 沿着中间坐标轴 $y$ 轴的角速度，因此它是在最后的 $yz$ 平面中。沿着固定在刚体上的坐标轴的最终分量为

$$\begin{aligned}\omega_x&=\dot{\alpha}_x-\dot{\alpha}_z\sin\alpha_y\\ \omega_y&=\dot{\alpha}_y\cos\alpha_x-\dot{\alpha}_z\cos\alpha_y\sin\alpha_x\\ \omega_z&=-\dot{\alpha}_y\sin\alpha_x-\dot{\alpha}_z\cos\alpha_y\cos\alpha_x\end{aligned} \tag{C.12}$$

上式子写成矩阵形式有

$$\boldsymbol{\omega}_{xyz}=\boldsymbol{E}\dot{\boldsymbol{\Theta}} \tag{C.13}$$

其中

$$\boldsymbol{E}=\begin{bmatrix}1 & 0 & -\sin\alpha_y \\ 0 & \cos\alpha_x & \cos\alpha_y\sin\alpha_x \\ 0 & -\sin\alpha_x & \cos\alpha_y\cos\alpha_x\end{bmatrix} \tag{C.14}$$

$\boldsymbol{\omega}_{xyz}=[\omega_x\ \omega_y\ \omega_z]^{\mathrm{T}}, \boldsymbol{\Theta}=[\alpha_x\ \alpha_y\ \alpha_z]^{\mathrm{T}}$，那么角度随时间的变化率与角速度的关系可以表示为

$$\dot{\boldsymbol{\Theta}}=\boldsymbol{E}^{-1}\boldsymbol{\omega}_{xyz} \tag{C.15}$$

这里

$$\boldsymbol{E}^{-1}=\begin{bmatrix}1 & \sin\alpha_x\tan\alpha_y & \cos\alpha_x\tan\alpha_y \\ 0 & \cos\alpha_x & -\sin\alpha_x \\ 0 & \sin\alpha_x/\cos\alpha_y & \cos\alpha_x/\cos\alpha_y\end{bmatrix} \tag{C.16}$$

# 参 考 文 献


[1] Cole R H. Underwater Explosion. Princeton: Princeton University Press, 1948.

[2] 宗智, 赵延杰, 邹丽. 水下爆炸结构毁伤的数值计算. 北京：科学出版社，2014.

[3] Civilian-Military Joint Investigation Group. On the Attack against ROK Ship Cheonan. September, 2010.

[4] 美国墨西哥湾原油泄漏事件.https://baike.baidu.com/item/美国墨西哥湾原油泄漏事件/1168473?fr=aladdin#4_4.

[5] 李金河, 汪斌, 王彦平, 等. 不同装药形状 TNT 水中爆炸近场冲击波传播的实验研究. 火炸药学报, 2018, 41(5): 461-464.

[6] 汪斌, 张远平, 王彦平. 水中爆炸气泡脉动现象的实验研究. 爆炸与冲击, 2008, 28(6): 572-576.

[7] Naval Sea Systems Command, Department of the Navy. Summary of War Damage To U.S. Battleships, Carriers, Cruisers and Destroyers from 17 October, 1941 To 7 December, 1942. Navshipsa (374), 15 September, 1943.

[8] 二战期间, 日本有多少艘军舰被击沉? https://zhidao.baidu.com/question/29153616.html.

[9] https://en.wikipedia.org/wiki/List_of_Royal_Navy_losses _in_World_War_II.

[10] 靶船的命运: 澳军退役战舰被重型鱼雷炸断沉没. 2016-03-09.http://slide.mil.news.sina.com.cn/h/slide_8_646_41009. html#p=4.

[11] Video: Turkish submarine sinks retired tanker in torpedo exercise. 2018-06-13.https://navaltoday.com/2018/06/13/video-turkish-submarine-sinks-retired-tanker-in-torpedo-exercise/.

[12] https://www.youtube.com/watch?v=zapHPqOryC0.

[13] Rayleigh L. On the pressure developed in a liquid during the collapse of a spherical void. Philosophical Magazine, 1917, 34: 94-98.

[14] Plesset M S, Prosperetti A. Bubble dynamics and cavitation. Annual Review of Fluid Mechanics, 1977, 9: 145-185.

[15] Gilmore F R, Forrest R. The growth or collapse of a spherical bubble in a viscous compressible liquid. Hydrodynamics Laboratory, California Institute of Technology Report, 1952, 26(4): 117-125.

[16] Vernon T A. Whipping Response of Ship Hulls from Underwater Explosion Bubble Loading. Technical Memorandum 86/255, Defence Research Establishment Atlantic, 1986.

[17] Blake J R, Taib B B, Doherty G. Transient cavities near boundaries: part 1 rigid boundary. Journal of Fluid Mechanics, 1986, 170: 479-497.

[18] Best J P, Kucera A A. Numerical investigation of non-spherical rebounding bubbles. Journal of Fluid Mechanics, 1992, 245: 137-154.

[19] Zhang Y L, Yeo K S, Khoo B C, et al. Three-dimensional bubbles near a free surface. Journal of Computational Physics, 1998, 146: 105-123.

[20] Zhang Y L, Yeo K S, Khoo B C, et al. 3D jet impact and toroidal bubbles. Journal of Computational Physics, 2001, 166: 336-360.

[21] Wang C, Khoo B C, Yeo K S. Elastic mesh technique for 3D BIM simulation with an application to underwater explosion bubble dynamics. Computers and Fluids, 2003, 32: 1195-1212.

[22] Popinet S, Zaleski S. Bubble collapse near a solid boundary: a numerical study of the influence of viscosity. Journal of Fluid Mechanics, 2002, 464: 137-163.

[23] Chisum J E, Young S S. Explosion gas bubbles near simple boundaries. Shock Vibration, 1997, l4: 11-25.

[24] Swegle J W, Attaway S W. On the feasibility of using smoothed particle hydrodynamics for underwater explosion calculations. Computational Mechanics, 1995, 17: 151-168.

[25] Liu M B, Liu G R, Lam K Y, et al. Smoothed particle hydrodynamics for numerical simulation of underwater explosion. Computational Mechanics, 2003, 30 (2): 106-118.

[26] Keil A H. The response of ships to underwater explosions. Transactions of the Society of Naval Architects and Marine Engineers, 1961, 69: 43.

[27] Hicks A N. Explosion induced hull whipping// Smith C S, Clarke J D.Advances in Marine Structures. Amsterdam:Elsevier Applied Science Publishers, 1986.

[28] 姚熊亮，陈建平. 水下爆炸气泡脉动压力下舰船动态响应分析. 哈尔滨工程大学学报, 2000, 21(1): 1-5.

[29] Zhang N, Zong Z. The effect of rigid-body motions on the whipping response of a ship hull subjected to an underwater bubble. Journal of Fluids and Structures, 2011, 27: 1326-1336.

[30] Zong Z. Dynamic plastic response of a submerged free-free beam to an underwater gas bubble. Acta Mechanica, 2003, 161: 179-214.

[31] Zong Z. A hydroplastic analysis of a free-free beam floating on water subjected to an underwater bubble. Journal of Fluids and Structures, 2005, 20: 359-372.

[32] 陈学兵, 李玉节. 圆柱壳在水下爆炸气泡作用下的动态塑性响应研究. 船舶力学, 2010, 14(8): 922-929.

[33] Geers T L. Doubly asymptotic approximations for transient motions of submerged structures. The Journal of the Acoustical Society of America, 1978, 64: 1500-1508.

[34] Mindlin R D , Bleich H H. Response of an elastic cylindrical shell to a transverse，step shock wave. Journal of Applied Mechanics, 1953, 20: 189-195.

[35] Chertock G. The transient flexural vibrations of ship-like structures exposed to underwater explosions. Journal of the Acoustical Society of America, 1970, 48(l): 170-180.

[36] DeRuntz J. The underwater shock analysis code and its applications. In Proceedings of the 60th Shock and Vibration Symposium, Maryland, 1989: 89-107.

[37] 刘建湖. 船舶非接触水下爆炸动力学的理论和应用. 中国船舶科学研究中心博士学位论文, 2002.

[38] Zhang N , Zong Z. Dynamic hydro-elastic-plastic response of a ship hull girder subjected to an underwater bubble. Marine Structures, 29(1): 177-197.

[39] Brennen C E. Fundamentals of Multiphase Flows. Cambridge: Cambridge University Press, 2008.

[40] Newman J N. Marine Hydrodynamics. Cambridge: MIT Press, 1977.

[41] 张亚辉，林家浩. 结构动力学基础. 大连: 大连理工大学出版社, 2007.

[42] Li Z R, Sun L, Zong Z, et al. Some dynamical characteristics of non-spherical bubble in proximity to a free surface. Acta Mechanica, 2012, 223(11): 2331-2355.

[43] Lawson N J, Rudman M, Guerra A, et al. Experimental and numerical comparisons of a large bubble. Experiments in Fluids, 1999, 26: 524-534.

[44] Gibson D C, Blake J R. Growth and collapse of a vapour cavity near a free surface. Journal of Fluid Mechanics, 1981, 111: 123-140.

[45] Wang Q X. Numerical simulation of violent bubble motion. Physics of Fluids, 2004, 16(5): 1610-1619.

[46] Klaseboer E, Hung K C, Wang C, et al. Experimental and numerical investigation of the dynamics of an underwater explosion bubble near a resilient/rigid structure. Journal of Fluid Mechanics, 2005, 537: 387-413.

[47] 李章锐. 水下爆炸气泡的边界积分法及气–液–固相互作用问题的研究 [D]. 大连理工大学博士学位论文, 2013.

[48] Zhang Y L, Yeo K S, Khoo B C, et al. 3D jet impact and toroidal bubbles. Journal of Computational Physics, 2001, 166: 336-360.

[49] Li Z R, Sun L, Zong Z, et al. A boundary element method for the simulation of non-spherical bubbles and their interactions near a free surface. Acta Mechanica Sinica, 2012, 8(1): 51-65.

[50] 李章锐, 宗智, 董婧, 等. 两个气泡相互作用的某些动力特性研究. 船舶力学, 2012, 16(7): 717-729.